安全与应急培训概论

应急管理部培训中心 编著

应急管理出版社

·北京·

图书在版编目（CIP）数据

安全与应急培训概论/应急管理部培训中心编著. ——北京：应急管理出版社，2021（2022.9 重印）
ISBN 978-7-5020-8908-5

Ⅰ.①安… Ⅱ.①应… Ⅲ.①安全生产—生产管理—安全培训—教材 Ⅳ.①X92

中国版本图书馆 CIP 数据核字（2021）第 187594 号

安全与应急培训概论

编　　著	应急管理部培训中心
责任编辑	唐小磊　孟　楠
编　　辑	徐　静
责任校对	邢蕾严
封面设计	罗针盘
出版发行	应急管理出版社（北京市朝阳区芍药居 35 号　100029）
电　　话	010-84657898（总编室）　010-84657880（读者服务部）
网　　址	www.cciph.com.cn
印　　刷	北京玥实印刷有限公司
经　　销	全国新华书店
开　　本	787mm×1092mm$^1/_{16}$　印张　17$^1/_4$　字数　397 千字
版　　次	2021 年 11 月第 1 版　2022 年 9 月第 2 次印刷
社内编号	20210713　　　　　　定价　68.00 元

版权所有　违者必究

本书如有缺页、倒页、脱页等质量问题，本社负责调换，电话:010-84657880

前　言

党的十九届五中全会通过的《中共中央关于制定国民经济和社会发展第十四个五年规划和二〇三五年远景目标的建议》中提出："防范化解重大风险体制机制不断健全，突发公共事件应急能力显著增强，自然灾害防御水平明显提升，发展安全保障更加有力。"在新发展理念下，应急管理和安全生产工作已经成为"统筹发展和安全，建设更高水平的平安中国"的核心内容之一。

应急管理和安全生产工作主要是与自然灾害和事故灾难打交道，都是涉及人的生命与健康、涉及社会安全与发展的重大问题。特别是一些重大突发事件，具有突发性与不确定性，往往伴随着巨大的破坏性。随着人的认知水平、科技水平的不断提高，人类应对灾害事故的能力在不断提升，但是，灾害和事故的类型和表现形式也在不断变化，人类永远都将与灾害和事故相伴相随。因此，我们必须不断提高风险意识，提高应对灾害和预防事故的能力。

要实现我国应急管理体系和能力现代化的战略目标，必须树立正确的理念，健全完善法律法规，运用系统的管理方法以及先进的科技手段。同时，还有一项至关重要的基础工作需要我们努力做好，这就是教育培训工作。安全与应急培训，是实现我国安全发展总体目标的一个重要环节，是一项重要的战略性、基础性工作。

习近平总书记在中共中央政治局第十九次集体学习时强调，要坚持群众观点和群众路线，坚持社会共治，完善公民安全教育体系，推动安全宣传进企业、进农村、进社区、进学校、进家庭，加强公益宣传，普及安全知识，培育安全文化，开展常态化应急疏散演练，支持引导社区居民开展风险隐患排查和治理，积极推进安全风险网格化管理，筑牢防灾减灾救灾的人民防线。2013年，习近平总书记在听取黄岛经济开发区输油管线泄漏爆燃事故情况汇报时就强调，所有企业都必须认真履行安全生产主体责任，做到安全投入到位、安全培训到位、基础管理到位、应急救援到位，确保安全生产。

在应急管理和安全生产工作中，首先要做好的是预防工作，在预防工作中构建全方位、立体化的公共安全网，需要人们形成共同的价值观，增强全社会的安全意识；同时，应加强各类培训，提升人们在安全与应急工作中的技能与效率。目前，社会已形成共识：培训是所有组织保持长盛不衰的源泉，是各级机关与各类企事业单位人力资源开发管理的重要组成部分和关键职能，是提升社会效益与经济效益的重要途径。做好安全与应急培训工作，是教育培训工作者必须肩负的重大使命。

针对安全和应急领域改革与发展的现实需求，以及安全与应急培训工作存在的培训方法手段落后、供求关系脱节、培训质量不高等突出矛盾和问题，全社会必须提高认识、加大创新力度，通过努力提高培训的质和量来树牢广大应急管理系统干部、行业企业从业人员乃至全体公民的安全理念，增加知识与技能，从而有能力迎接各种风险挑战，促进全社会实现安全发展。由此我们编写了《安全与应急培训概论》一书，力图认识安全与应急培训在推进应急管理改革发展进程中的神圣使命，找准改革时期安全与应急培训工作的定位，开创安全与应急培训的新起点、新局面和新气象，全面促进提升应急管理和安全生产的整体水平。

在应急管理改革与发展进程中，以应急管理部培训中心为代表的一批单位或机构，多年来积累了深厚而丰富的安全培训理论与实践经验，同时顺应时代大潮，在应急管理培训中进一步开展探索与创新，也有一定心得与建树。应急管理工作是时代赋予我们的新使命、新任务，涉及的领域比较宽泛，许多概念有待厘清、许多问题有待探讨，本书内容专注于培训工作，在此不作过多赘述，暂以安全生产培训为主线，并遵循应急管理改革发展的新情况，以"安全与应急培训"加以界定。

本书由张骥策划、主持编写。全书共分为九章。第一章由张骥编写，全面分析总结了进入新时代的我国各类安全风险新特点，以及应急管理和安全生产的新形势，安全与应急培训工作的重要性、内涵及特征，做好安全与应急培训的关键要素等。第二章由张庆国编写，全面总结了我国安全生产培训工作的发展历程、应急管理培训发展历程、国外安全与应急培训经验等。第三章由吴郑理编写，全面梳理了我国安全与应急培训领域的法律法规，包括应急管理部门、生产经营单位和安全培训机构相关培训规定。第四章由范艳玲编写，总结了相关培训理论基础、现代培训理念和培训组织模式。第五章由高峰青编写，分析了现代培训方法和培训技术。第六章由谭景华、王巧巧、李鑫、王闻阁、罗彬编写，论述了安全与应急培训项目和课程的开发与管理，介绍了培训效果评估方法等。第七章由张瑞华、尚丽娜、姜濛初、段鹏飞编写，分析总结了安全与应急网络培训项目策划与设计，网络课程开发与管理等问题。第八章由董喜明、高海东、殷婷茹、翁立佳编写，论述了安全与应急考试的种类与管理，考试信息化建设等内容。第九章由付晓豫编写，阐述了安全与应急培训教师的素质能力培养与师资队伍建设等问题。全书的主要编写人员以及翁翼飞和马楠参与了本书的审校工作。

本书主要作为应急管理与安全生产领域培训机构管理人员和教师学习参考资料，也可作为有志于了解掌握应急管理和安全生产领域培训相关知识的各级机关和各类企业从业人员的学习参考资料。由于应急管理事业发展日新月异，作者的能力和水平有限，书中如有不到之处，望读者给予批评指导为盼。

张　骥

2021 年 9 月

目　　次

第一章　总论 ··· 1
 第一节　应急管理与安全生产工作进入新时代 ······································· 1
 第二节　安全与应急培训——应急管理体系能力建设的基础保障 ················· 9
 第三节　安全与应急培训的内涵、特征及类型 ······································ 12
 第四节　安全与应急培训的未来发展及关键要素 ···································· 17

第二章　安全与应急培训发展历程 ·· 24
 第一节　党和国家高度重视安全生产培训工作 ······································ 24
 第二节　安全生产培训发展历程 ·· 26
 第三节　应急管理培训发展历程 ·· 34
 第四节　国外安全与应急培训经验 ··· 40

第三章　安全与应急培训相关规定 ·· 48
 第一节　应急管理部门培训规定 ·· 49
 第二节　生产经营单位培训规定 ·· 64
 第三节　安全培训机构培训规定 ·· 82

第四章　培训理论基础与现代培训理念 ·· 87
 第一节　经典学习理论 ··· 87
 第二节　培训基础理论 ··· 93
 第三节　现代培训理念 ·· 102
 第四节　培训组织模式 ·· 104

第五章　现代培训方法与技术 ··· 111
 第一节　现代培训方法 ·· 111
 第二节　现代培训技术 ·· 132
 第三节　多媒体课件制作技术 ·· 138

第六章　安全与应急培训项目开发与管理 ···································· 144
 第一节　安全与应急培训项目开发概述 ··· 144
 第二节　安全与应急培训项目开发步骤 ··· 147

第三节　安全与应急培训课程开发……………………………………… 152
　　第四节　培训效果评估、改进与成果转化…………………………… 165
　　第五节　安全与应急培训项目案例……………………………………… 169

第七章　安全与应急网络培训管理……………………………………… 177
　　第一节　互联网+安全与应急培训……………………………………… 177
　　第二节　安全与应急网络培训项目策划与设计……………………… 183
　　第三节　安全与应急网络培训课程开发与管理……………………… 191
　　第四节　安全与应急网络培训实例……………………………………… 209

第八章　安全与应急考试管理……………………………………………… 217
　　第一节　安全与应急考试的种类和管理……………………………… 217
　　第二节　安全生产知识考试……………………………………………… 223
　　第三节　特种作业实际操作考试………………………………………… 225
　　第四节　考试信息化建设及发展趋势…………………………………… 230

第九章　安全与应急培训教师的素质能力培养……………………… 235
　　第一节　安全与应急培训教师的师德修养……………………………… 235
　　第二节　安全与应急培训教师素质能力体系…………………………… 241
　　第三节　安全与应急培训教师素质能力提升…………………………… 247
　　第四节　安全与应急培训教师队伍管理………………………………… 253
　　第五节　安全与应急培训文化引领……………………………………… 261

参考文献……………………………………………………………………… 268

第一章 总 论

第一节 应急管理与安全生产工作进入新时代

在全面建成小康社会和实现中华民族伟大复兴的进程中，我国进入了一个新时代。

到"十三五"时期结束的 2020 年，中国基本实现了工业化和全面建成小康社会。按照传统工业化理论和工业化水平判别方法，实现工业化就意味着进入后工业化社会。在我国从工业社会向后工业社会转型过程中，社会的主要矛盾发生了变化，我国社会主要矛盾已经转化为人民日益增长的美好生活需要和不平衡不充分的发展之间的矛盾；同时，社会风险的形态也在发生着变化。在改革开放以来 40 年的高速增长之后，我国改革进入了深水区，影响我国经济社会发展的不确定、不稳定因素不断显现，内部外部矛盾和风险交织叠加，表现出空前的复杂性、多样性、突变性和不确定性。

为了有效应对各类安全风险，我国实时改革调整了安全生产、防灾减灾救灾，以及应急救援等应急管理工作的体制机制。2018 年，应急管理部的成立，就是一个重要标志，它是强化我国应急管理体系和能力现代化的有效途径。

一、当代各类安全风险的新特点

灾害，是对能够给人类和人类赖以生存的环境造成破坏性影响的事物总称，包括一切对自然生态环境、人类社会的物质和精神文明建设，尤其是人们的生命财产等造成危害的天然事件和社会事件。按照起因可分为人为灾害和自然灾害，按照发生部位和发生机理可划分为地质灾害、气象灾害、环境灾害、生化灾害和海洋灾害等。

人为灾害通常称为事故灾害（又称为事故灾难），是指由于事故的行为人出于故意或过失的行为，违反安全管理法规和有关规章制度，造成物质损失或者人员伤亡，并在一定程度上对内部单位或社会公共安全造成危害的事故。主要包括工矿商贸等企业的各类安全生产事故、交通运输事故、公共设施和设备事故、环境污染和生态破坏事故等。自然灾害与事故灾难有时会相伴相随，自然灾害往往会诱发或加重事故灾难的程度和损失。

在人类发展的历史进程中，我们始终面对各种灾害风险的威胁。早在一百多年前，恩格斯就曾经指出，"一个聪明的民族，从灾难和错误中学到的东西会比平时多得多""没有哪一次巨大的历史灾难不是以历史的进步为补偿的"。世界各国都非常注重从每一次的重大灾害事故中不断学习，总结经验，把用鲜血和生命换来的经验教训转化为人类社会进步的阶梯。

一般说来，农业社会及其风险是表现较为简单和确定的；工业社会及其风险表现为低度复杂、低度不确定；而后工业社会及其风险表现为高度复杂、高度不确定，表现为系统性风险，其主要特征是高度复杂与不确定、流动性强、变化快，而且往往是多种致灾因子叠加作用。近期在全球肆虐的新型冠状病毒肺炎（简称新冠肺炎）疫情就是一起超越了人类认知的重大突发公共卫生事件，不仅造成了大量的人员病亡，造成了巨大的经济损失，而且还引发了全球性的经济萧条和一些社会危机。

以自然灾害为例，2007—2017年期间，全球共发生3540起重大自然灾害，造成68.3万人死亡，共有21亿人受到不同程度的影响。联合国亚洲及太平洋经济社会委员会《2019年亚太灾害报告》指出，近两年亚太地区发生的自然灾害，特别是由于气候变化和环境退化而引起的自然灾害，在强度、频率和复杂性方面都在增加，造成巨大经济损失。2018年，全球280多起自然灾害事件几乎有一半发生在亚太地区。自1970年以来，亚太地区平均每年有1.42亿人受到灾害影响，远高于全球平均水平的3800万人。目前，年均经济损失高达6750亿美元，约占该地区GDP的2.4%。

2005年，发生在美国的卡特里娜飓风被普遍认为是美国历史上最严重的飓风，共造成1836人死亡和1250亿美元的财产损失。受灾最严重的路易斯安那州新奥尔良市80%的城区被洪水淹没，数十万人在随后的一周左右的时间内既没有被组织撤离，也没有得到大规模的灾后援助，使得他们无法获得食物、淡水和其他几乎所有的生活必需品。有人说，没有哪场灾难像卡特里娜飓风那样重创了美国人的傲慢，提醒他们灾难可能在任何地方发生。

2011年3月11日，多震之国的日本遭遇了历史上最强烈地震及最强烈海啸。9.0级的地震引发最高达10 m的大海啸，瞬间扑向几乎日本全境沿海地区。约15884人遇难，2633人下落不明。其释放的能量，相当于20多个汶川地震。2019年10月，第19号台风"海贝思"袭击日本，造成92人死亡。在"海贝思"登陆之前，日本史上最强的台风是1979年10月的"泰培"，曾造成了110人死亡。

我国是世界上自然灾害最为严重的国家之一。70%以上的城市、50%以上的人口分布在气象、地震、地质、海洋等类型灾害的高风险区；58%的国土面积、82%的省会城市、60%的地级市、54%的县城处于7度及以上地震高烈度区；69%的国土面积存在较高滑坡、泥石流、崩塌等地质灾害风险。全球气候变暖对我国的影响也正在进一步加剧。2019年年初，美国《国家科学院学报》发表研究报告，显示南极冰川融化速度是20世纪80年代的6倍，假如气候变暖趋势不缓解，预测部分地区到2100年将出现海平面上升1.8 m的极端情况，将有不少沿海城市被淹没。《第三次气候变化国家评估报告》指出，近百年（1909—2011年）我国地表平均温度上升0.9~1.5 ℃，沿海海平面1980—2012年以年均2.9 mm的速率上升，高于全球平均水平。

除了自然因素导致的风险与灾害，由于人类活动所带来的各种风险也在不断增加。近年来随着高速工业化、城市化、全球化的发展，人类生活的外部环境与条件已经大大改变，城市产业集聚，各种居民住宅及公共服务设施、超大规模城市综合体、人员密集场所、高层建筑、地下空间、地下管网等大量建设，城市内涝、火灾、交通事故、拥挤踩踏、燃气泄漏爆炸等安全风险突出。特别是工业生产的类型多种多样，规模不断扩大，各种灾害事故风险相互交织、叠加放大，形成复杂多样的灾害链、事故链，各类事故灾难层出不穷。据国际劳工组织2017年统计，每年因工伤和职业病死亡的人数大约为280万人，其中因事故死亡约 38 万人，因职业病死亡 240 万人。

2010 年 4 月 20 日，英国石油公司 BP 位于墨西哥湾的"深水地平线"钻井平台发生井喷，随后爆炸并引发大火，大约 36 小时后平台沉入墨西哥湾。此次事故造成了钻井作业人员严重伤亡，11 名死亡，17 人受伤；漏油持续大约三个月，超过 400 万桶原油流入墨西哥湾，导致至少 2500 km² 的海水被石油覆盖，对生态环境造成极大破坏。该事故对当地的自然系统和人们生活造成了巨大影响，直接经济损失达 400 亿美元以上。

随着我国工业规模不断扩大，多个行业领域的生产规模，特别是像煤炭、化工、非煤矿山、冶金等高危行业的工业规模迅速扩大，并占世界的较大比重。前些年，我国煤矿及非煤矿山领域发生重特大生产安全事故较为频繁，但近几年，化工企业和危险化学品事故呈高发多发态势，死亡人数较多、社会影响最大。因此在安全生产领域，一些深层次矛盾和问题比较突出，重特大事故时有发生，安全生产形势依然严峻复杂。

2015 年 8 月 12 日，位于天津市滨海新区天津港的瑞海国际物流公司危险品仓库发生特别重大火灾爆炸事故。事故造成 165 人遇难，8 人失踪，798 人受伤住院治疗；304 幢建筑物、12428 辆商品汽车、7533 个集装箱受损。已核定直接经济损失 68.66 亿元人民币。

2019 年 3 月 21 日，位于江苏省盐城市响水县生态化工园区的天嘉宜化工有限公司发生特别重大爆炸事故，造成 78 人死亡、76 人重伤，640 人住院治疗，事故波及周边 16 家企业，直接经济损失 19.86 亿元。事故直接原因是天嘉宜公司旧固废库内长期违法贮存的硝化废料持续积热升温导致自燃，燃烧引发硝化废料爆炸。这是一起特别重大生产安全责任事故。

在交通、建筑等领域，我国生产安全事故每年仍造成数万人死亡。在道路交通安全方面，由于机动车数量、驾驶员人数、道路里程等快速增长，交通违法行为及各种事故隐患增多，道路交通事故起数和死亡人数常年居各类事故的第一位。2016 年，我国汽车保有量为 1.94 亿辆（2019 年已达 2.5 亿辆），道路交通事故死亡人数约为 40824 人，道路交通事故万车死亡人数 2.1 人。另外，我国各类火灾频繁发生。2016 年，全国共接报火灾 31.2 万起，亡 1582 人，伤 1065 人，直接财产损失 37.2 亿元。2017 年，全国共接报火灾 27.1 万起，亡 1500 人。目前，全国共有高层建筑 60 多万栋，百米以上超高层建筑超过 7000 栋，居世界首位。高层建筑以及大型商业综合体火灾风险不断增大。

此外，我国是世界上人口最多的国家，而且经济增长快、社会变革大，在社会安全和公共卫生领域风险挑战不断加大。例如，我国在非传统领域的公共安全事件也不断增多。随着物联网、云计算、大数据、人工智能等创新技术的逐步应用，新形式的安全威胁和风险正不断滋生、扩散和叠加。一方面，我国网络安全应急响应能力不断提升，传统网络安全问题得到有效控制。另一方面，云平台、数据安全等新兴领域的安全问题不断凸显，数据泄露、云平台安全风险等问题较为突出，与 5G、区块链等新兴技术相关的网络安全挑战也在不断增大。数据已经成为世界各国重要战略资源，关键信息基础设施和数据安全关系到国家安全。人工智能技术的广泛渗透及应用、基因编辑技术的扩散及推广、5G 技术的推广及应用等，都在给人类造福的同时，也给社会带来新的安全隐患。

二、提高风险意识，努力防范和化解风险

"备豫不虞，为国常道"。党的十八大以来，习近平总书记站在总体国家安全观、推进国家治理体系和治理能力现代化的高度，把加强应急管理工作和应急能力建设，防范化解重大安全风险，切实保障人民群众生命财产安全摆在重要位置，围绕树立安全发展理念、健全公共安全体系，对安全生产、防灾减灾救灾、应急救援等工作提出了一系列新思想新论断新要求，科学回答了事关应急管理工作全局和长远发展的重大理论和现实问题。

2015年10月29日，习近平总书记在党的十八届五中全会第二次全体会议上的讲话中指出，"防风险，着力增强风险防控意识和能力。今后5年，可能是我国发展面临的各方面风险不断积累甚至集中显露的时期……如果发生重大风险又扛不住，国家安全就可能面临重大威胁，全面建成小康社会进程就可能被迫中断。我们必须把防风险摆在突出位置，'图之于未萌，虑之于未有'，力争不出现重大风险或在出现重大风险时扛得住、过得去""需要注意的是，各种风险往往不是孤立出现的，很可能是相互交织并形成一个风险综合体……要加强对各种风险源的调查研判，提高动态监测、实时预警能力，推进风险防控工作科学化、精细化，对各种可能的风险及其原因都要心中有数、对症下药、综合施策，出手及时有力，力争把风险化解在源头，不让小风险演化为大风险，不让个别风险演化为综合风险，不让局部风险演化为区域性或系统性风险，不让经济风险演化为社会政治风险，不让国际风险演化为国内风险"。

2019年1月21日，习近平总书记在省部级主要领导干部坚持底线思维着力防范化解重大风险专题研讨班开班式上的讲话时强调，"我们必须始终保持高度警惕，既要高度警惕'黑天鹅'事件，也要防范'灰犀牛'事件；既要有防范风险的先手，也要有应对和化解风险挑战的高招；既要打好防范和抵御风险的有准备之战，也要打好化险为夷、转危为机的战略主动战""防范化解重大风险，是各级党委、政府和领导干部的政治职责，大家要坚持守土有责、守土尽责，把防范化解重大风险工作做实做细做好……领导干部要加强理论修养，深入学习马克思主义基本理论，学懂弄通做实新时代中国特色社会主义思想，掌握贯穿其中的辩证唯物主义的世界观和方法论，提高战略思维、历史思维、辩证思维、创新思维、法治思维、底线思维能力……要完善风险防控机制，建立健全风险研判机制、决策风险评估机制、风险防控协同机制、风险防控责任机制，主动加强协同配合，坚持一级抓一级、层层抓落实"。

我国党和政府高度重视安全生产工作，安全生产状况得到持续改进。2013年6月6日，习近平总书记就做好安全生产工作作出重要指示："发展决不能以牺牲人的生命为代价。这必须作为一条不可逾越的红线。"2016年，习近平总书记在中共中央政治局常委会会议上又指出，各级党委和政府特别是领导干部要牢固树立安全生产的观念，正确处理安全和发展的关系，坚持发展决不能以牺牲安全为代价这条红线，不能有丝毫侥幸心理，不能不顾人民群众福祉和安全。经济社会发展的每一个项目、每一个环节都要以安全为前提，不能有丝毫疏漏。

2016年12月9日，中共中央、国务院印发《中共中央 国务院关于推进安全生产领域改革发展的意见》强调："安全生产是关系人民群众生命财产安全的大事，是经济社会

协调健康发展的标志,是党和政府对人民利益高度负责的要求。"我国安全生产领域改革发展的指导思想是:全面贯彻党的十八大和十八届三中、四中、五中、六中全会精神,以邓小平理论、"三个代表"重要思想、科学发展观为指导,深入贯彻习近平总书记系列重要讲话精神和治国理政新理念新思想新战略,进一步增强"四个意识",紧紧围绕统筹推进"五位一体"总体布局和协调推进"四个全面"战略布局,牢固树立新发展理念,坚持安全发展,坚守发展决不能以牺牲安全为代价这条不可逾越的红线,以防范遏制重特大生产安全事故为重点,坚持安全第一、预防为主、综合治理的方针,加强领导、改革创新、协调联动、齐抓共管,着力强化企业安全生产主体责任,着力堵塞监督管理漏洞,着力解决不遵守法律法规的问题,依靠严密的责任体系、严格的法治措施、有效的体制机制、有力的基础保障和完善的系统治理,切实增强安全防范治理能力,大力提升我国安全生产整体水平,确保人民群众安康幸福、共享改革发展和社会文明进步成果。

我国在防灾、减灾、救灾领域同样取得了辉煌的成就。2016年12月19日,中共中央、国务院在《中共中央 国务院关于推进防灾减灾救灾体制机制改革的意见》中强调:"防灾减灾救灾工作事关人民群众生命财产安全,事关社会和谐稳定,是衡量执政党领导力、检验政府执行力、评判国家动员力、彰显民族凝聚力的一个重要方面。"我国防灾减灾救灾体制机制改革的指导思想是:全面贯彻党的十八大和十八届三中、四中、五中、六中全会精神,以邓小平理论、"三个代表"重要思想、科学发展观为指导,深入学习贯彻习近平总书记系列讲话精神和治国理政新理念新思想新战略,切实增强政治意识、大局意识、核心意识、看齐意识,紧紧围绕统筹推进"五位一体"总体布局和协调推进"四个全面"战略布局,牢固树立和落实新发展理念,坚持以人民为中心的发展思想,正确处理人和自然的关系,正确处理防灾减灾救灾和经济社会发展的关系,坚持以防为主、防抗救相结合,坚持常态减灾和非常态救灾相统一,努力实现从注重灾后救助向注重灾前预防转变,从应对单一灾种向综合减灾转变,从减少灾害损失向减轻灾害风险转变,落实责任、完善体系、整合资源、统筹力量,切实提高防灾减灾救灾工作法治化、规范化、现代化水平,全面提升全社会抵御自然灾害的综合防范能力。

2018年10月10日,中央财经委员会第三次会议指出,我国是世界上自然灾害影响最严重的国家之一。习近平在会上发表重要讲话强调,加强自然灾害防治关系国计民生,要建立高效科学的自然灾害防治体系,提高全社会自然灾害防治能力,为保护人民群众生命财产安全和国家安全提供有力保障。

所以,全社会要努力提高底线思维、系统思维能力,加强风险管控能力,努力提升我国应急管理能力和安全生产水平,有效应对各类重大突发事件。2017年10月,习近平总书记在党的十九大报告中指出:"树立安全发展理念,弘扬生命至上、安全第一的思想,健全公共安全体系,完善安全生产责任制,坚决遏制重特大安全事故,提升防灾减灾救灾能力。"

三、改革创新适应新时代的应急管理体系

中国是一个大国,幅员广大,人口众多,历来就是灾害发生最多的国家之一,各类自然灾害频发,造成了重大的经济损失和大量的人员伤亡,有些重大灾害甚至影响了历史进

程。新中国成立以来，我国防灾减灾救灾事业取得了长足进步。特别是汶川"5·12"地震发生后的十多年来，在党中央、国务院坚强领导下，在各有关方面不懈努力下，我国成功应对了青海玉树、四川芦山、云南鲁甸、甘肃岷县漳县、四川九寨沟等一系列重大地震灾害，成功应对了甘肃舟曲特大山洪泥石流和四川茂县特大山体滑坡灾害，中国应对大灾巨灾的政治优势和组织优势得到国际社会广泛赞同。统计显示，汶川地震以后十年与前十年相比，全国年均因灾死亡人数、倒塌房屋数量均降低25%，防灾减灾救灾成效显著。

但同时也要看到，目前我国防灾减灾救灾工作与新形势新任务新要求相比，与人民日益增长的美好生活需要相比，还存在许多不协调不适应的短板。我国的自然灾害仍然具有复杂性、衍生性、严重性。2018年4月25日，习近平总书记在考察长江时指出："要认真研究在实现'两个一百年'奋斗目标的进程中，防灾减灾的短板是什么，要拿出战略举措。"习近平总书记的重要指示，为我们研究做好新时代防灾减灾救灾工作指明了方向。要认真贯彻落实总书记指示要求，着力查找短板，坚持问题导向，谋划战略举措。

我国的安全生产状况也一直在改善，因事故死亡人数在2003年达到高峰后持续下降。特别是党的十八大以来，党中央对安全生产工作空前重视，安全生产领域改革发展不断推进，安全生产形势持续稳定好转。2017年，全国发生各类生产安全事故5.3万起、死亡3.8万人，同比分别下降16.2%和12.1%；发生重特大事故25起、死亡342人，同比减少7起，分别下降21.9%和40%。仅发生一起特别重大事故，死亡36人。2002—2018年我国重特大事故情况如图1-1所示。

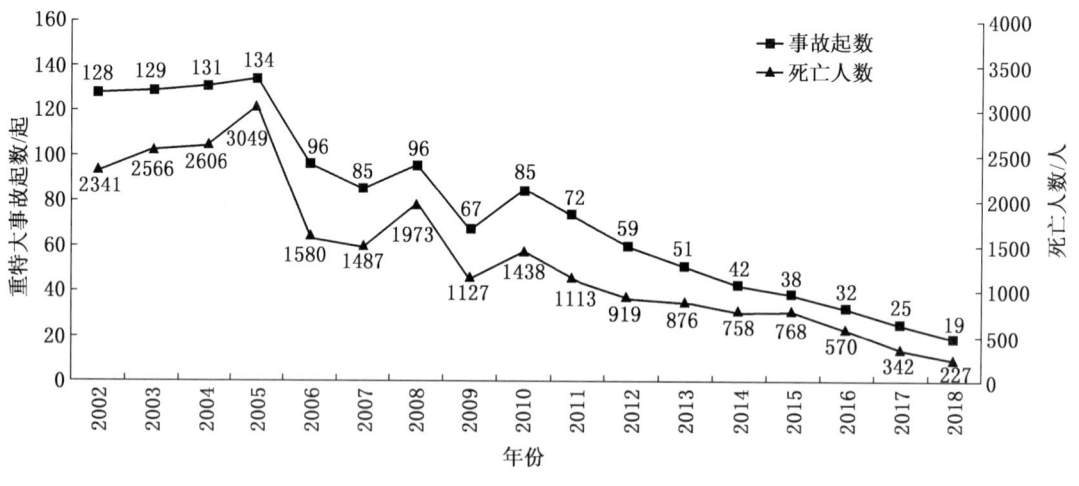

图1-1 2002—2018年我国重特大事故起数和死亡人数

目前，我国仍处于新型工业化、城镇化持续推进的过程中，安全风险防范面临着许多前所未有新情况、新挑战。一是经济社会发展、城乡和区域发展不平衡，安全监管体制机制不完善，全社会安全意识、法治意识不强等深层次问题没有得到根本解决。二是生产经营规模不断扩大，矿山、化工等高危行业比重大，落后工艺、技术、装备和产能大量存在，各类事故隐患和安全风险交织叠加，安全生产基础依然薄弱。三是城市规模日益扩大，结构日趋复杂，城市建设、轨道交通、油气输送管道、危旧房屋、玻璃幕墙、电梯设备以及人员密集场所等安全风险突出，城市安全管理难度增大。四是传统和新型生产经营方式并存，新工艺、新装备、新材料、新技术广泛应用，新业态大量涌现，增加了事故成因的数量，复合型事故有所增多，重特大事故由传统高危行业领域向其他行业领域蔓延。五是安全监管监察能力与经济社会发展不相适应，企业主体责任不落实、监管环节有漏洞、法律法规不健全、执法监督不到位等问题依然突出，安全监管执法的规范化、权威性亟待增强。因此，我国的安全生产形势依然严峻，仍处于脆弱期、爬坡期、过坎期。据估算，2011—2015年，生产安全事故直接经济损失累计5622.9亿元，间接经济损失达11245.9亿元。

习近平总书记《关于深化党和国家机构改革决定稿和方案稿的说明》（2018年2月26日）指出："为提升防灾减灾救灾能力，中央决定组建应急管理部，主要负责国家应急管理及体系建设，组织开展防灾减灾救灾工作，承担国家应对特别重大灾害指挥部工作；负责安全生产综合监督管理和工矿商贸行业安全生产监督管理等。这样做，既考虑了我国实际情况，也借鉴了国外管理经验，有利于整合优化应急力量和资源，建成一支综合性常备应急骨干力量，推动形成统一指挥、专常兼备、反应灵敏、上下联动、平战结合的中国特色应急管理体制。"

2018年4月16日，新组建的中华人民共和国应急管理部正式挂牌。应急管理部整合了原来11个部门的13项安全生产、自然灾害防控、应急救援等应急管理职责，以及国务院安委会、国家减灾委等5个国家应对灾害和事故的指挥协调机构职责，增强了应急管理工作的系统性、整体性、协同性。同时，在应急管理部下组建了国家综合性消防救援队伍，全国公安消防部队和武警森林部队20万官兵整体转隶，成为我国应急管理发展史上具有里程碑意义的事件。

应急管理部的成立是一次全新的再造重建，不仅是"物理相加"，而是要起"化学反应"，实现"1+1＞2"的效果。应急管理部改变了"九龙治水"的工作格局，实现了应急工作的综合管理、全过程管理、应急力量资源的优化管理。应急管理部的成立体现了中国共产党人为人民谋幸福、坚持"生命至上，安全第一"的初心使命，体现了我们党为实现"两个一百年"奋斗目标和中华民族伟大复兴中国梦的深谋远虑，也体现了中国特色社会主义制度的优越性。由新组建的应急管理部统筹应对各类灾害事故，在很大程度上可以实现对全灾种的全流程和全方位管理，有利于提升公共安全保障能力。这是对我国应急管理体制机制的一次系统性重塑，充分体现了社会主义制度的巨大优越性，鲜明体现了我们党对初心使命一以贯之的担当。

应急管理是针对各类突发事件（包括自然灾害、事故灾难、公共卫生事件和社会安全事件），从预防与应急准备、监测与预警、应急处置与救援到事后恢复与重建等全方位、全过程的管理。

应急管理部的职责主要体现在以下4个方面。

（1）应急准备：组织编制国家应急总体预案和规划，指导各地区各部门应对突发事件工作，推动应急预案体系建设和预案演练。

（2）应急响应：建立灾情报告系统并统一发布灾情，统筹应急力量建设和物资储备并在救灾时统一调度，组织灾害救助体系建设，指导安全生产类、自然灾害类应急救援，承担国家应对特别重大灾害指挥部工作。

（3）灾害防治：指导火灾、水旱灾害、地质地震灾害等防治工作。

（4）安全监管：负责安全生产综合监督管理和工矿商贸行业安全生产监督管理等。

应急管理部自成立以来，迅速进入并始终保持应急状态，抢险救援救灾有力有序有效，为党和人民当好"守夜人"。通过科学谋划应急体系改革、狠抓重大安全风险防控、全面加强救援力量建设、快速提升应急保障水平，我国应急管理体系不断完善，应急管理能力快速提升。

仅2018年后三个季度就累计启动了47次应急响应，召开了102次视频调度会商会，派出60余个工作组赴地方指导开展防灾救援救灾和事故处置工作，成功应对了各类自然灾害和事故灾难。2018年，全国因自然灾害失踪人口、倒塌房屋数量、直接经济损失比近五年平均值分别下降60%、78%、34%。2019年，全国因自然灾害死亡失踪人口、倒塌房屋数量、直接经济损失占GDP比重较近五年平均值分别下降25%、57%、24%。有效维护了人民群众生命财产安全和社会稳定。

例如，2018年10月10日晚，西藏和四川交界处的金沙江上游发生山体滑坡，堵塞金沙江干流河道，形成堰塞湖。11月3日，发生二次滑坡，金沙江上游水位每小时上涨约1.2 m，塌方体体量较"10·10"山体滑坡更大。应急管理部代表国务院，会同有关部门紧急响应，有效处置，成功应对，灾害没有造成人员伤亡和重大财产损失。

2018年，全国发生各类生产安全事故5.1万起、死亡3.4万人，同比分别下降3.1%和10.1%；发生重特大事故19起、死亡229人，同比减少6起，分别下降24%和33.0%。2019年，全国发生各类生产安全事故起数和死亡人数，同比分别下降13.2%和13.3%；发生较大事故、重特大事故起数同比分别下降9.5%和5.3%；工矿商贸企业就业人员10万人生产安全事故死亡人数1.474人，同比下降4.7%；煤矿发生死亡事故170起、死亡316人，同比分别下降24.1%和5.1%，百万吨事故死亡人数0.083人，同比下降10.8%；道路交通事故万车死亡人数1.80人，同比下降6.7%。安全生产形势持续好转。

尽管我国应急管理体系建设已取得巨大进步，但应急管理体系存在的条块分割、信息沟通不畅、资源难以整合、协调力度不够等问题依然存在。国家应急管理体系建设涉及各层级政府、各有关部门和社会各个方面，而且自然灾害、事故灾难、公共卫生事件、社会安全事件等各类突发事件的关联性、耦合性越来越强，这给构建新时代国家应急管理体系带来了巨大挑战。

目前，是新时代应急管理事业夯实基础、开创新局的关键阶段，要紧紧围绕防范化解重大安全风险，坚持边应急、边建设，要处理好"防"与"救""统"与"分"的关系，推进应急预案和标准体系建设，改进安全生产监管执法，逐步完成统一领导、权责一致、权威高效的国家应急能力体系构建，健全应急管理法律制度体系，实现安全生产形势稳定好转，自然灾害防治能力建设明显见效，应急救援队伍形成一套完整的制度、走出中国特色新路子，为满足人民日益增长的安全需要提供有力保障。

党的十九届四中全会审议通过的《中共中央关于坚持和完善中国特色社会主义制度

推进国家治理体系和治理能力现代化若干重大问题的决定》明确提出要健全公共安全体制机制，"完善和落实安全生产责任和管理制度，建立公共安全隐患排查和安全预防控制体系。构建统一指挥、专常兼备、反应灵敏、上下联动的应急管理体制，优化国家应急管理能力体系建设，提高防灾减灾救灾能力"。

党的十九届五中全会通过的《中共中央关于制定国民经济和社会发展第十四个五年规划和二〇三五年远景目标的建议》强调"防范化解重大风险体制机制不断健全，突发公共事件应急能力显著增强，自然灾害防御水平明显提升，发展安全保障更加有力"。在新发展理念下，应急管理工作已经成为"统筹发展和安全，建设更高水平的平安中国"的核心内容之一。

第二节 安全与应急培训——应急管理体系能力建设的基础保障

习近平总书记在党的十九大报告中指出："人与自然是生命共同体，人类必须尊重自然、顺应自然、保护自然。人类只有遵循自然规律才能有效防止在开发利用自然上走弯路，人类对大自然的伤害最终会伤及人类自身，这是无法抗拒的规律。"恩格斯曾经指出："我们不要过分陶醉于我们人类对自然界的胜利。对于每一次这样的胜利，自然界都对我们进行报复。"

安全生产与应急管理工作都是与自然灾害和事故灾难打交道，都是涉及人的生命与健康、涉及人们的生存与发展的重大问题。特别是一些重大突发事件，具有突发性与不确定性，往往伴随着巨大的破坏性。由于人的意识、认知水平、科技水平等因素，人类应对灾害事故的能力在不断提升，但是，灾害和事故的类型和表现形式也在不断变化，我们永远都将与灾害和事故相伴相随。因此，必须不断提高风险意识，提高应对灾害和预防事故的能力。

安全生产与自然灾害防控工作既有区别，又联系十分紧密。应急管理部主要负责国家应急管理及体系建设，组织开展防灾救灾减灾工作，承担国家应对特别重大灾害指挥和救援工作；还负责安全生产综合监督管理和工矿商贸行业安全生产监督管理等。所以说，安全生产被作为维护公共安全和社会稳定的基本盘与基本面，自然也就成为应急管理部门工作的基本盘和基本面。

企业是社会的基本单元，是社会财富的创造者和贡献者，企业也是安全生产的责任主体。事故一般发生在企业内部，但是往往会影响到社会，不仅涉及企业员工的安全和健康，还常常对企业以外的社区造成伤害或者对周围环境产生破坏，从而影响公共安全。所以政府有责任监管企业的安全生产，这是法律赋予的权利。应急管理工作的责任主体主要是政府，各级政府要承担应对各类重大突发事件的责任，要引导全社会力量参与到应急管理工作中来，共同维护人民群众的安全和社会稳定。

东汉荀悦在《申鉴·杂言》中提出："先其未然谓之防，发而止之之谓救，行而责之谓之戒。防为上，救次之，戒为下。"

现代工业生产系统主要是人造系统，这种客观实际给预防事故提供了基本的前提。因此，任何事故从理论和客观上讲都是可预防的，可控制的。认识这一特性，对坚定信念、防止事故发生有促进作用。因此，人类应该通过各种合理的对策和努力，从根本上消除事故发生的隐患，把事故灾难损失降低到最小限度，努力实现"零"伤亡。

应对各类自然灾害，我们同样强调预防工作，但是，这里所说的预防更加侧重于应急准备和灾害发生前的预警，及时科学的应急响应和应急救援，把灾害造成的损失降到最低程度。因此，安全生产与应急管理都强调预防工作，强调对风险的评估和对隐患的排查治理，强调对事故的预防和对灾害的应急准备和防控，强调企业和社会的应急预案建设，提高全社会的风险防范能力和安全程度。

应急管理是一项高负荷、高压力、高风险的工作，其治理体系和能力现代化任务十分艰巨。要推进我国应急管理体系和能力现代化，必须树立正确的理念、健全完善法律法规、运用系统的管理方法以及先进的科技手段。

第一，要树立"以人为本、生命至上"的安全理念，肩负起保障生命安全健康、协调社会稳定、促进经济持续发展的使命，其终极目的是"让人们的生活更美好"。文化具有凝聚力和约束力，也有导向力和创造力。应急管理工作要积极通过多种手段和媒介去打造文化合力，培育安全文化。要做到传统与新兴双轮驱动、微观和宏观双轮驱动、共性和个性双轮驱动、科学探索与技术运用双轮驱动，并将安全理念贯彻于实际工作过程中。从工作本质上说，就是追求不断地消除安全隐患、不断地完善安全系统，实现系统安全。

第二，要建立完善的法律法规体系。要坚持依法管理，运用法治思维和法治手段提高应急管理的法治化、规范化水平。要系统梳理和修订应急管理相关法律法规，在安全与应急原有法律法规的基础上抓紧研究制定应急管理、自然灾害防治、应急救援组织、危险化学品安全等方面的法律法规。推进安全生产、自然灾害防控和应急救援等应急管理的标准体系建设。要规范执法，改进安全生产监管执法，推行以信用监管为基础的企业安全承诺制，建立"互联网+执法检查"工作机制，突出重点行业领域的监管监察，严格开展执法检查工作。

第三，要强化系统管理，要健全风险防范化解机制，加强风险源头管控，坚持从源头上防范化解重大安全风险。要加强风险评估和监测预警，加强对危险化学品、矿山、道路交通、消防等重点行业领域的安全风险排查，提升多灾种和灾害链综合监测、风险早期识别和预报预警能力。要加强应急预案管理，健全应急预案体系，落实各环节责任和措施。要实施精准治理，预警发布要精准，抢险救援要精准，恢复重建要精准，监管执法要精准。根据区域自然资源条件和经济社会发展差异、行业企业特点及企业自身安全优势差异，强化"信息流"和"业务流"不断融合，建立科学的应急管理模式和管理体系，提高应急管理效能，实现应急管理的"精准化和精细化"。

第四，自然灾害和事故灾难防控，以及应急救援都是极其复杂的科学难题，单纯靠传统的治理手段与方式，很难取得根本上或者本质上的突破，达到理想的目标。要加强科学研究，利用最新科技成果，优化整合各类科技资源，提升应急管理装备技术水平，推进应急管理科技自主创新，依靠科技提高应急管理的科学化、专业化、智能化、精细化水平。要加大先进适用装备的配备力度，加强关键技术研发，提高突发事件响应和处置能力。要适应科技信息化发展大势，以信息化推进应急管理现代化，提高监测预警能力、辅助指挥决策能力、救援实战能力和社会动员能力。技术有"软""硬"两个层面,"软"技术就是运用云计算、大数据等现代信息技术和现代管理技术,实现风险的预防与"多元共治";"硬"技术则是利用先进的装备和技术手段,减少风险识别和应急管理的"时空限制",提高应急管理和安全生产的可靠性和有效性。

要实现我国应急管理体系和能力现代化的战略目标,除了上述四个重要方面外,还有一个至关重要的基础工作需要我们去努力做好,这就是教育培训工作。安全与应急培训,是为实现应急管理工作的总体目标而寓于其中的一个环节,这是一个重要的战略性、基础性环节。

大到国家和民族,小到组织和部门,人才是实现事业发展和进步的战略性资源和决定性因素,具有基础性、先导性、全局性的极端重要地位和作用,是推动包括科技变革、经济变革、政治变革、文化变革等在内的社会变革的关键,也是实现我国应急管理体系和能力现代化的关键。我国《安全生产人才中长期发展规划(2011—2020年)》中指出,"安全生产人才是安全发展第一资源,是实现安全生产状况根本好转的重要保障。"安全与应急培训的对象就是"人"。

习近平总书记在中共中央政治局第十九次集体学习时强调,要坚持群众观点和群众路线,坚持社会共治,完善公民安全教育体系,推动安全宣传进企业、进农村、进社区、进学校、进家庭,加强公益宣传,普及安全知识,培育安全文化,开展常态化应急疏散演练,支持引导社区居民开展风险隐患排查和治理,积极推进安全风险网格化管理,筑牢防灾减灾救灾的人民防线。

2013年,习近平总书记在听取黄岛经济开发区输油管线泄漏爆燃事故情况汇报时就强调:"所有企业都必须认真履行安全生产主体责任,做到安全投入到位、安全培训到位、基础管理到位、应急救援到位,确保安全生产。"

现代安全管理理论认为:只要有生产经营活动就有安全风险。安全风险并不等于隐患,也不等于就一定发生事故,事故的发生是因为存在隐患,隐患是风险控制措施缺失或者失效形成的。当隐患失控就成为了事故。隐患,包括三类,即人的不安全行为、物和环境的不安全状态、管理缺陷。

事故防控,可以通过三个环节实现。第一个环节就是风险管控,基于风险的系统化管理,对人、机器设备设施、环境、物品以及管理方面可能形成的风险进行控制。第二个环节,就是查找人、机器设备设施、环境、物品以及管理方面管控缺失或失效的隐患,然后加以解决。第三个环节,就是事故发生后的应急处置,处置得当,可以有效降低事故后果,减少事故损失。

对安全风险的控制,一般采取规范、隔离、替代、降低、消除等方法。古人云:"祸福无门,唯人自招。"统计发现,90%以上的事故由人的不安全行为等人为因素引发的。而在各种各样的人为因素中,一线工人违反劳动纪律、违反操作规程又是最直接、最主要的原因。人的行为隐患是安全生产中最大的隐患。事故中的最大受害者是事故中的死难者,而绝大多数事故中的死难者又是事故的"制造者"。安全意识淡漠、工作习惯差,安全常识不掌握、劳动纪律不执行、操作规程不遵守,是一线员工岗位违章的重要原因。因此,在诸多的监管措施中,我们就应该花费最多精力采取必要措施对症下药,扎实有效地抓好对生产一线员工的良好工作习惯的养成教育。

因此，控制人的不安全行为是首要工作。人的不安全行为的控制，首先要有"生命至上"的安全理念，然后重在规范。有规范、知道规范、执行规范是主要内容，建立责任制、制定规范、教育培训、作业管理都是必要措施。

教育培训工作在安全与应急领域具有极其重要的作用。安全培训是民心工程、素质工程、效益工程。"培训不到位是最大的隐患。"这是安全与应急领域的共识。中国平煤神马集团提出的"三基三抓一追究"安全管理模式，将安全培训作为"三基"之首（"三基"即安全培训、质量标准化和区队、班组建设三项基础），可见安全培训在企业安全生产工作中的作用之大。

在应急管理部成立之初，部党组就认识到"应急管理部是新组建的部门，适应新形势新职能新任务、满足人民群众对美好生活的向往和日益增长的安全需要，要求我们必须有过硬的能力素质作支撑""无论是应急还是管理，无论是安全生产还是自然灾害防治，都是一门科学，需要有专业精神、专业素养和专业能力。但我们很多干部不适应岗位专业要求，专业人才不足的问题十分突出"。例如，作为世界第一化工大国，我国目前共有各类危化企业21万余家，生产2800多种危化产品，产量占世界总量的40%，但是具有化学化工专业背景的安全生产监管和应急管理人员只有约4000人，仅占从事危险化学品监管人员的20%左右，高水平的专业干部更加匮乏，与精准治理、专业监管的要求还存在很大差距。解决专业人才不足的问题，首先要靠教育培训。

2020年2月28日，应急管理部印发了关于《全国应急管理干部大培训总体方案》的通知，决定自2020—2022年，利用3年时间在全国范围内开展应急管理干部大培训。培训的总体目标是：通过全国应急管理干部大培训，用习近平新时代中国特色社会主义思想武装头脑、统一思想、指导工作，确保全国应急管理干部进一步增强"四个意识"，坚定"四个自信"，做到"两个维护"，全面提高政治理论素质和专业精神、专业素养、专业能力，有效履行防范化解重大安全风险、及时应对处置各类灾害事故的重要职责，担负起保护人民群众生命财产安全和维护社会稳定的重要使命，为推进我国应急管理体系和能力现代化提供有力保证。

目前社会已形成共识：培训是所有组织保持长盛不衰的源泉，是各级机关与各类企事业单位人力资源开发管理的重要组成部分和关键职能，是提升社会效益与经济效益的最重要途径。做好安全与应急培训工作，是应急管理培训工作者为了实现应急管理总体目标而必须肩负的重大使命。

第三节 安全与应急培训的内涵、特征及类型

安全教育是以规范人的行为安全为基本目的的社会活动。安全教育与人类生存和发展密切联系，因此安全教育是终生教育。人类要生存须基于社会活动与安全的保障，而保障安全的知识和技能等内容需要用安全教育的方式来传承，所以安全教育是人类生存活动中最基本的重要形式之一。这里所说的"安全教育"，是广义的范畴，包括安全与应急教育和培训。

现代安全科学技术实践表明，安全教育与安全管理和安全工程并重，是应对风险、预防事故的三大对策之一。作为从事安全教育的专门人才，教师必须掌握开展安全教育的理论、方法、原理、技巧和技术等知识，以便使安全教育最优化。安全教育学正是针对上述需要而建立的一门学科。也就是说，在各类突发事件应对的过程中，首先要做好的仍然是预防工作，在预防工作中构建全方位、立体化的公共安全网，需要人们形成共同的价值观，增强全社会的凝聚力；同时，应加强各类培训，提升人们在安全与应急工作中的技能与效率。

我国现阶段安全与应急人才的培养主要包括3个方面，一是学历教育，二是职业教育，三是安全与应急培训。如何有效提高对安全与应急人才的教育与培训的质量，离不开先进科学的安全与应急教育培训理论、方法和技术。

培训是"培养+训练"，即通过培养加训练使受训者树立某种理念并掌握某些技能。

为了使受训者获得更先进的理念，或达到统一的科学技术规范、实现标准化作业，培训组织者通过目标规划设定、知识和信息传递、操作技能演练、作业达成评测、结果交流公告等现代培训流程，让受训者通过辅以一定技术手段的教育训练活动，达到预期水平提高的目标，从而提升个人的思想理念或工作能力。

安全与应急培训，是立足应急管理工作全方位需求而开展的对包括各级应急管理系统干部、各类企业从业人员，以及社会公众进行的有针对性的培训。尤其是中国应急管理体系的发展与特定国情，决定了各类安全与应急培训都遵循着共同的理念，应当以保护人民群众生命财产安全与身心健康为最高宗旨，从而呈现出独特的培训理念与培训文化。

一、安全与应急培训的内涵

安全与应急培训是以安全科学与教育科学为主要理论基础，以保护人的身心安全健康、保障社会安全、生产安全及探索安全教育活动的本质、发展规律为目的，综合运用社会科学与自然科学的理论与方法，对安全与应急领域中一切与教育培训活动有关的现象、规律、方法和原理等进行研究和实践的一门应用性交叉学科。

安全与应急培训的内涵包括多方面的内容。

安全与应急培训是关于安全教育方法论、安全观、安全与应急知识等的传播方法的论述。研究安全与应急培训理论的直接目的是探索关于安全教育活动的普遍性发展规律与本质，形成安全教育学的理论、研究方法与学科体系，用于指导安全与应急培训实践等活动的科学开展；其最终目的是通过教师对安全与应急意识、知识与技能等的教授，提高学员的安全与应急水平，进而提高灾害和事故防控能力、减少人员伤亡及财产损失，促进安全发展水平提升。

安全与应急培训的核心目的是对人的安全与应急教育，其教育对象、教师与受益者均为人。关于人的生理、心理、行为与认知等活动的规律与理论都是安全与应急教育科学发展、理论形成与应用实践的基础，以人为本和坚持人的核心地位是安全与应急培训基本前提之一，人的因素是安全与应急教育核心，是整个安全与应急培训理论研究与实践中必须坚持的原则。

安全与应急培训涉及的范畴包括安全与应急培训的原理、创新、方法与手段、资源开发、师资力量建设、相关法律法规、实践、技术、组织和管理等领域，研究领域与内容十分宽广。

二、安全与应急培训的特征

基于安全与应急培训的内涵和范畴，可以归纳出其明显的学科特征。

1. 安全教育培训具有显著的实践性特征

安全与应急培训虽然涉及多种类型和形式，但是，它们都源于社会与企业的安全与应急培训实践活动，又为安全与应急培训等实践活动提供理论指导，以促进安全与应急培训实践的科学与持续发展。因此，在安全教育研究过程中始终要抓住其实践特征，研究的手段、内容与目标都要围绕安全与应急培训实践去开展，以是否有利于安全与应急培训实践的发展为判断标准。

2. 安全与应急培训理论学科体系具有综合性和交叉性

安全与应急培训理论的研究任务与对象广泛涉及安全与应急培训的理论、方法、实践、教育技术与教育管理等教育培训活动领域的所有问题，安全与应急培训的理论基础广泛，涉及哲学、人文社会科学、自然科学和工程技术，其学科体系的综合性和交叉性是显然的。

3. 安全与应急培训必须依法依规

在人们的日常生活和工作过程中，所有人都可能遇到突发事件和安全问题，在安全管理和应急管理实践中，国家颁布了《突发事件应对法》《安全生产法》《消防法》等一系列法律法规来规范政府和社会的行为，这些法律法规的执行效果会影响众多人身安全和财产损失。所以，依法依规进行安全与应急培训是一个显著的特征。例如，《安全生产法》等多部法律法规对安全生产培训作出了系列规定，规范了企业的全员培训、持证上岗、从业人员准入、培训经费保障、责任追究等相关行为。

三、安全与应急培训的类型

安全与应急培训的种类众多。按教育培训的对象分可以分为企业员工教育培训、应急管理系统培训，救援人员培训、国家公务员培训、灾害信息员培训、各类学校学生的教育培训、社会公民的教育培训和培训教师培训等。按教育培训内容可以分为安全生产培训、灾害防治培训、应急救援培训、应急管理培训等。按教育培训目的可以分为知识提升培训、业务能力培训、资格证书培训。按培训机构类型可以分为各级政府专业培训机构、各级党校（行政学院）、企业内训机构、社会中介服务机构培训等。按培训的方式可以分为理论培训、实操培训、线上培训、线下培训、混合式培训、在职培训、脱产培训等。按培训方法可以分为讲授式培训、研讨式培训、演练式培训等。

安全与应急培训在针对不同对象开展时，会呈现较大的差异，差异化程度越大，越能体现其中的针对性、专业性。根据应急管理部培训中心近年来的培训实践，目前国家与地方层面开展的安全与应急培训活动，可从公务员培训、生产经营单位各类人员培训、培训机构教师和管理人员培训、社会公众教育培训等4个方面进行粗略划分。

1. 公务员培训

"政治路线确定之后,干部就是决定的因素。"教育培训历来是干部成长进步的重要途径,也是培养造就高素质干部队伍的重要保证。对各级应急管理系统干部来说,准确把握新时代、新征程对安全与应急工作的新要求,必须理清思路、明确方向,在深入学习思考中强化理论武装,全面掌握应急管理工作的思想理念、大政方针、目标任务和重大举措,立足本职工作学习应急管理相关知识,进一步提升应急管理能力与工作水平。各类公务员的安全与应急培训作为事关全局的战略性、基础性工作,在取得了显著成绩的同时也面临着许多新矛盾和新问题。

在当今这一风险社会中,各级地方干部在从事社会管理职能时,也将越来越多地面对各种突发事件,必须不断学习安全与应急的相关知识,不断提高应急管理的能力和水平。当前,各级党校(行政学院)都在加大对各级各类干部和公务员的应急管理培训,并且围绕教学需求开展培训研究,提高培训的针对性。在培训方式方法上也在不断创新,强调研讨式学习,加强模拟演练,增强理论联系实际、分析问题和解决问题的能力。

2. 生产经营单位各类人员培训

《安全生产法》等法律法规明确规定生产经营单位应负责本单位从业人员安全培训工作。生产经营单位应当按照有关法律法规,建立健全安全培训工作制度。生产经营单位应当进行安全培训的从业人员包括主要负责人、安全生产管理人员、特种作业人员和其他从业人员,未经安全生产培训合格的从业人员,不得上岗作业。

生产经营单位主要负责人和安全生产管理人员应当接受安全培训,具备与所从事的生产经营活动相适应的安全生产知识和管理能力。煤矿、非煤矿山、危险化学品、烟花爆竹等生产经营单位主要负责人和安全生产管理人必须接受专门的安全培训,经安全生产监管监察部门对其安全生产知识和管理能力考核合格,取得安全资质证书后,方可任职。

生产经营单位主要负责人安全培训应当包括下列内容:国家安全生产方针、政策和有关安全生产的法律、法规、规章及标准;安全生产管理基本知识、安全生产技术、安全生产专业知识;风险管控和隐患治理、重大事故防范、应急管理和救援组织以及事故调查处理的有关规定;职业危害及其预防措施;国内外先进的安全生产管理经验;典型事故和应急救援案例分析等。

特种作业人员是指其作业的场所、操作的设备、操作内容具有较大的危险性,容易发生伤亡事故,或者容易对操作者本人、他人以及周围设施的安全造成重大危害的作业人员。由于特种作业人员在生产作业过程中承担的风险较大,一旦发生事故,便会带来较大的损失。因此,对特种作业人员必须进行专门的安全技术知识教育和安全操作技术训练,并经严格的考试,考试合格取得国家颁发的证书后方可上岗作业。

生产经营单位的其他人员,也应接受必要的培训。例如,国家规定煤矿、非煤矿山、危险化学品、烟花爆竹等生产经营单位必须对新上岗的临时工、合同工、劳务工、协议工等进行强制性安全培训,保证其具备本岗位安全操作、自救互救以及应急处置所需的知识和技能后,方能安排上岗作业;制造业等生产单位的其他从业人员,在上岗前必须经过厂(矿)、车间(工段、区、队)、班组"三级"安全教育培训。生产经营单位可以根据工作性质对其他从业人员进行安全培训,保证其具备本岗位安全操作、应急处置等知识和技能。

生产经营单位还应开展一些经常性安全教育培训项目。例如，各级领导和管理部门的安全培训，注册安全工程师和安全评价师的继续教育培训，安全生产新知识、新技术、新工艺、新设备、新材料的培训，新的安全生产法律法规培训，新的作业场所和工作岗位存在的风险隐患、防范措施及事故应急措施培训，应急演练培训，事故案例培训等。

3. 培训机构教师和管理人员培训

对培训教师进行培训非常重要。教师的教育理念和教学行为都必须服从于时代的召唤。目前，安全与应急培训教师面临着巨大的挑战。随着社会的发展进步，人们对安全的期望越来越高，社会对安全与应急方面的培训需求越来越多，对培训的种类需求越来越多元化，对培训的质量和服务标准要求也越来越高，所以，社会对安全与应急培训需求与社会优质培训供给之间的矛盾会逐渐凸显，因而，社会对优秀培训教师的数量和水平要求会不断提升。安全和应急工作是个特殊的领域，如果培训教师没有对事业的满腔热忱与执着追求，没有高尚的师德情操作支撑，安全与应急培训工作是不可能做好的，也不可能较好地满足社会对优质培训的需求。因此，我国安全与应急培训教师的培养将会是十分重要和紧迫的任务。

优秀专职培训教师的培养与选择固然非常重要，但往往各单位和部门内部领导以及内部员工成为培训教师，与受训员工之间相互认同、更为亲近、更为贴近单位实际。例如，在企业，内训师有以下两个无可替代的优势：既具有专业知识又具有宝贵的工作经验，特别是熟悉企业的生产经营系统和风险隐患特点，能够保证所实施的培训内容与工作实际需要紧密相关，容易取得更好的培训效果。成为企业内训师应当具备足够的工作能力，受到同事的尊敬，善于与人沟通，愿意与大家分享自己的经验，关心企业的发展。培训内训师对于培养团队精神被证明是非常有效的。

4. 社会公众教育培训

我国全社会的安全与应急素质和能力偏低的问题必须给予高度重视。必须大力推行国民安全教育，将其全面纳入素质教育考核。可以考虑开启一次安全和应急的启蒙教育运动，全面打开民众的安全"心智"。可以考虑从小学到大学，安排相应的课程和技能培训，考试通过才能毕业和升学，从而强力推进安全教育入脑入心。要利用各类科学馆、消防博物馆、安全与应急体验馆，以及专业学校，广泛建立安全与应急培训基地，利用AR、VR和AI技术，配合必要的实景演练，实施安全技能和应急能力培训，从而确保民众在平常情况下可以安全地生活工作，在灾害和事故发生时能够科学地自救互救，可以正确地逃生。

我国火灾事故多发，造成巨大的人员、财产损失。根据重特大火灾事故有关统计数据，80%以上的重特大火灾事故是由于人的安全意识淡薄所致。所以全社会的安全教育十分紧迫。例如，为了提高中小学学生的消防安全素质，提高学校消防安全教育管理水平，应注意从学生个体消防安全素质形成发展规律研究入手，研究落实基于学生消防安全素质养成的全环节消防安全教育措施。把学校消防安全教育贯穿学校游戏活动、教育教学、社会实践、综合素质测评各个环节，使广大学生牢固树立消防安全意识，具备主动识险、避险的能力和正确应对火灾风险的思考、判断、行动能力。

应将安全教育渗透在职业教育之中。联合国教科文组织在《关于职业技术教育的建议》中指出"职业教育是要使受教育者获得在某一领域内从事几种工作所需要的广泛知识和基本技能"。《安全科学技术百科全书》将安全技能定义为"人为了安全地完成操作任务,经过训练而获得的完善化、自动化的行为方式"。根据以上定义,安全技能应该是职业教育的一部分。职业教育期间,在学习操作技能、操作工艺和知识的同时,还应系统学习本领域的安全注意事项。安全教育内容应该渗透在职业技术学校教育和高等教育之中,使学生毕业后除掌握操作技能外,也掌握进行该项工艺流程的安全技术措施和防护手段。2019年,在应急管理部、人力资源和社会保障部等五部委联合印发的《关于高危行业领域安全技能提升行动计划的实施意见》中要求,联合遴选公布一批安全技能提升培训能力和意愿较强的示范职业院校,引导强化高危行业安全技能培训供给,目的是进一步夯实安全技能培训基础,大幅度提升培训供给能力和质量。

全社会还要加强安全与应急的宣传力度,把宣传与教育培训紧密结合起来,使全体公民增强风险意识,树立应急观念。社区要结合"全国防灾减灾日""安全生产月"开展的活动加强宣传,增强社区居民风险意识,要"安而不忘危""存而不忘亡""治而不忘乱",时刻做好应对各类风险的挑战。社区作为最贴近居民的组织,可以采取专题辅导、模拟演练等方式对居民进行急救、灭火、防触电、地震等方面的安全与应急知识培训。

安全与应急文化决定安全与应急的行为方式,并从不同方面深刻影响着安全体系的功能和应急响应效率,因此社区要加强安全与应急文化建设,形成全民安全的文化氛围。

要善于学习借鉴国外的好经验好做法,广泛开展宣传教育培训活动。例如,日本设置了很多宣传主题,每年的3月和11月开展"全国火灾预防运动",5月或6月为"水防月"等。美国联邦紧急事务管理局从1979年起就负责应急管理课程的设置和讲授。法国在所有小学课程中设置了安全教育内容。

第四节 安全与应急培训的未来发展及关键要素

一、安全与应急培训大格局的构建

安全与应急培训是一项重要的战略性基础性工作。针对安全和应急领域改革与发展的现实需求,针对安全与应急培训工作存在的培训方法手段落后、供求关系脱节、培训质量不高等突出矛盾和问题,全社会必须提高认识、加大创新力度,通过努力提高培训的质和量来改变广大应急管理系统干部与企业从业人员的理念、知识与技能,从而使其职业理想及工作行为与应急管理事业发展相匹配,使各类相关人员更好地胜任相应的工作岗位,有能力迎接各种风险的挑战,促进全社会实现安全发展。

构建中国特色的大国应急体系,需要对应急管理工作进行系统谋划,也需要对其中的安全与应急培训工作进行专门部署。必须胸怀大局、把握大势,深刻认识安全与应急培训在推进应急管理改革发展进程中的神圣使命,找准改革时期安全与应急培训的历史方位,开创安全与应急培训的新时代和新气象,通过培训工作的进一步开展,全面提升应急管理的系统化水平。

构建安全与应急培训工作大格局,需要把握以下3个原则。

1. 以培训彰显"安全"与"应急"内涵

无论是把握应急管理工作全局,还是强化作为其中基本盘的安全生产工作,都是为了贯彻落实习总书记关于安全生产、防灾减灾救灾和应急救援等重要论述的科学制度安排,是对各类风险与事故长期性、复杂性、严峻性的战略考量,是推进国家治理体系和治理能力现代化的重要内容,是实现国家长治久安的制度保障,其根本宗旨是为人民谋幸福、为民族谋复兴,体现了中国共产党的初心和使命,体现了中国特色社会主义制度的优越性。在全局工作中,安全与应急培训正是重要的题中之义,是做好各项安全和应急工作的最基础、最重要一环,也是自然灾害防控和事故灾难预防的关键所在。

2. 坚持立足当前、着眼长远,以目标为导向

安全与应急培训与应急管理事业发展息息相关,必须面向社会、面向培训需求办学,改变"为培训而培训、有什么培训什么"的传统做法,树立"按需培训"理念,以满足需求为依据进行培训设计。不断完善优化安全与应急培训治理体系,适度引入市场机制,鼓励社会广泛参与,落实教育培训机构自主权力,平衡并整合政府、社会、市场与教育培训机构的力量,设置必要的约束机制和考核评估机制保障教育培训质量。同时,结合安全生产、自然灾害防治、应急救援等应急管理工作中发现的问题,坚持问题导向和目标导向,从源头出发,有针对性地设计各类安全与应急培训项目、培训管理方案,创新安全与应急培训的形式和方法,加强师资队伍建设,不断提高培训质量。

3. 全方位构建安全与应急培训体系

无论是各级应急管理系统的干部培训,还是各类企业从业人员的培训,每一类安全与应急培训都非常重要并有其各自不同特点。做好安全与应急培训工作,必须充分地认识到安全与应急培训的重要意义,要加强顶层设计。要在当前安全与应急培训现状的基础上提前布局,结合国家"十四五"规划来谋划安全与应急培训工作的指导思想、总体要求、基本原则和重点任务。需要树立正确的培训理念,需要研究各类培训对象的培训需求,研究他们的知识、素质、能力模型,建立有针对性的培训课程体系、方法体系、师资体系、评价考核体系。做好安全与应急培训工作,同样要理顺应急管理系统各级政府部门之间的培训责任关系,加强各级政府部门对企业和社会的安全与应急培训指导,加强培训工作的研究、交流与合作,形成全社会密切合作、齐心协力抓培训的良好格局。通过编织全方位、立体化的安全与应急培训体系,积极组织开展各类培训活动,有效提升应急管理系统人才队伍建设,提升企业安全生产与风险防范的能力,提高全社会的安全水平,实现全社会安全发展。

二、安全与应急培训的发展趋势

美国经济学家、诺贝尔经济学奖得主舒尔茨认为,单纯从自然资源、实物资本和劳动力的角度,不能解释生产力提高的全部原因。人,作为资本和财富的转换形态,其知识和能力是社会进步的决定性原因。但是这种知识和能力的取得不是无代价的,需要通过投资才能形成,对人员进行教育培训就是这种投资中的重要形式。

知识经济时代以信息和知识的大量生产与传播为主要特征,当信息和知识以每年20%左右的递增速率发展,学习者将会发现自己时常处于"知识贫乏"的境地,已有的知识变得支离破碎，要学的知识太多、学习的速度太慢……这是由于个人学习的有限性、滞后性与知识增长的无限性、快速性产生的极大反差造成的。

在处于改革发展时期的应急管理领域，人们此类感受显得尤为迫切。无论是各级领导干部，还是各类企业从业人员，以及各类中介机构，都会有"知识恐慌"的危机感，人们迫切需要不断加强自身学习，增强做好工作的本领。安全与应急培训工作只有在观念、方法、内容等方面进行变革，才能适应时代发展的需要。

安全与应急培训工作变革趋势，应从以下3个方面得到体现。

1. 培训者由"知识传播"向"知识生产"转变

现代教育培训要求培训组织与实施者必须进行知识更新、教学创新。一条途径是将原始信息或知识进行加工、处理和包装，使之成为人们容易和乐于接受的"产品"形式；另一条途径是在综合分析原有知识的基础上，提出新观点、新理论和新方法，创建新的知识体系。因此，教育培训工作者将由"知识传播者"转变为"知识生产者"。

2. 学习者由"承袭式"向"创新式"转变

教育培训的基本功能是传授某一方面的知识与技能，培养为现实服务的合格人才。传统的人才培养理念与方式已难以适应多变的环境，现代教育培训需要超前性，其目标不仅仅是培养现实人才，还要培养未来人才。除对培训者有相应的要求外，受训者的学习方式也要相应地与时俱进。学习者要由"承袭式"向"创新式"转变，同时也必然要求培训内容由"补缺型"向"挖潜性"转变。

传统培训遵循的是"缺什么、补什么"的原则，多着眼于从业者的"应知应会"及操作技能掌握、基本知识应用、解决具体问题能力等方面的"补缺"培训。在安全与应急培训中，知识与技能仅为"补缺"而提供是远远不够的，现代社会的安全风险具有明显的不确定性、高度的复杂性与多变性，应把挖掘学员潜力作为培训的重点，尤其把思维变革、观念更新、潜能开发等纳入培训的内容，甚至作为重点，才能使受训者能够从培训中真正学会思考、学会创新、善于应变，实现个人潜能的有效释放。

3. 注重组织发展和个人发展相结合

传统上，在安全与应急培训领域，对什么样的人开展什么样的培训，都是基于单位或企业自身发展的要求提出的，很少考虑受训人自身发展的要求，这导致在很多培训中，受训人不积极、收效并不理想。应急管理事业的发展，企业全员安全生产责任制的落实，全社会安全意识和应急技能的提升，都需要全社会所有公民的安全意识和安全能力的提升。生命安全与健康是每个人事业发展的前提，除了需要考虑组织实现安全发展的需求外，更要重视对个人职业生涯的设计与规划，要为个人潜能的发挥与事业的发展创造条件，而个人的安全意识和应急能力成为个人发展的前提和保障。安全与应急培训不再是单纯的技能提升，而应作为一种系统化的投资，是对未来生命安全和健康的投资与保险。因此，极大地调动受训者的积极性，有利于促进安全与应急培训获得更加理想的效果。

三、安全与应急培训的关键要素

有人曾说，摩托罗拉每投入1美元用于培训，便会有30美元的产出。不论以上数字是否准确，对照一下国内培训行业的实际状况，我们大部分企业在培训方面的投入产出比是多少？这是我们广大培训工作者必须思考的问题。做任何事都是要讲效益的，而每个组织因其性质不同，追求的效益也不一样。比如，企业培训目标一般更侧重追求企业实现经济效益，而政府组织的培训目标则更加侧重于实现社会效益。一般来说，不管组织的类型如何，培训工作追求的往往是多目标的，通过培训，学员获得了知识、素质和能力的提升，其结果既会给组织带来经济效益，也会产生一定的社会效益，安全与应急培训更会给组织和社会带来安全效益。

培训效果不好，有人说是因为培训不得其法，也有人说是因为培训不得其人。如同没有高水平的教练，就不会训练出高水平运动员的道理一样，一个低水平的培训教师，又怎能培训出高水平的学员？许多组织一直苦恼于培训的效益低微，其根本问题不一定是培训课程不好，也不一定是学员不够努力，而往往是许多培训教师没有很好地遵循培训的"三一律"。所谓"三一律"，就是培训如果要收到良好的效果，一定要实现三个方面的转化，形成三位一体化，即：将外在的学习要求转化为学员内在的学习需求；将外在的知识、理念与技能转化为学员内在的素质和能力；将内在的素质和能力转化为外在的行为。

在教和学的过程之中，如果培训教师没有将学习需求、素质和能力、行为习惯三位一体化，没有把握好某些关键的教学转化环节，必然造成培训效果不理想的结果。安全与应急培训的根本目标，不仅是要让受训者获取安全与应急方面新的知识，掌握新的技能，更要使受训者从风险意识、安全素质与创新思维方面提到提升，这就需要对培训工作进行专门的、深入的、有价值的研究，努力提高培训效果。

做好安全与应急培训涉及方方面面的内容，以下主要从培训项目（课程）开发、设计与实施，培训方法与技巧，培训教师的能力与素养3个关键要素进行探讨。

（一）培训项目（课程）开发、设计与实施

培训开发是人力资源管理的一个重要职能。主要目的是为长期战略绩效和近期绩效提升，确保组织成员在组织战略需要和工作要求的环境下，综合考虑组织发展目标和员工个人发展目标的基础上，对员工进行的一系列有计划、有组织的学习与训练活动。

培训开发分培训项目开发与培训课程开发两个层面。如果将培训相关的活动分为个体层次、组织层次、战略层次这三个层次，那么，培训项目开发更多是从战略层与组织层来考虑，培训课程开发则更多从个体层次来考虑。

1. 加强培训项目开发与管理

一个合格的培训机构负责人，应该同时具备两种角色能力：培训管理者和培训教师。培训教师通过经验沉淀、历练积累，成长为培训机构负责人。前台的讲越来越少，后台的导越来越多。作为管理者，担负着对培训活动的计划、组织、控制和提高的责任，很重要的一项职能就是构建组织的培训体系。同时，必须从效益的角度，做好市场需求分析和调研，根据组织的整体发展战略、人力资源战略，以及安全目标，以目标为导向、以问题为导向，研究确定组织的培训需求，制订切实有效的培训计划。要研究制定合适的培训课程体系，运筹各种培训资源，平衡组织内外各种关系，协调不同课程的内容衔接以及授课教师之间的配合协作，保证组织的培训确实有效。作为培训教师，又应该能够深度参与培训活动，掌控培训整个过程，借助质量管理PDCA循环模式，实时评价和改进培训工作，不断优化培训效果，以确保培训目标的实现。

制定培训计划要解决好5W1H，即：为什么制定该培训计划（Why）？达到什么培训目标（What）？在何处何地实施该计划（Where）？由什么人负责完成计划（Who）？什么时间完成计划（When）？如何完成计划（How）？只要解决好了5W1H，就能够有效保障培训计划具有可行性和可操作性。

培训项目管理是至关重要的工作，培训项目管理的核心成果是"培训大纲与培训方案"，它也主要是培训机构负责人和管理者的主要任务，要确保"做正确的事！"

应急管理部制定的2020—2022年《全国应急管理干部大培训总体方案》，以及培训大纲就是在应急管理系统人才调研的基础上，以问题为导向，为实现我国应急管理体系和能力现代化为目标而研究制定的全面提高应急管理系统干部政治理论素质和专业精神、专业素养、专业能力的重大培训计划。

2. 做好培训课程的开发设计

课程开发设计就好像剧本创作。就是要将授课内容有效地组织起来，成为一个有机的整体，从而实现该课程的任务，也支撑整个培训项目的目标得以实现。

课程设计包括：课程内容与数据，素材收集，讲义编写，预先演练等环节。设计课程可以采用结构化设计方法，将课程内容进行结构化整合，让内容逻辑清晰，便于表达，科学合理组织内容的顺序，便于理解。只有将知识体系化、结构化，才能明晰课程的内在逻辑。然后再添加相应的内容，这样才会有血有肉、精彩纷呈。课程名称的设计十分重要，需在明确培训对象、培训主题的基础上设计课程名称。

课程设计的主要成果——课件或者讲义等教学材料。课程设计主要是培训教师的任务，它是确保"把正确的事做好！"的前提。

需要强调的是，在培训的不同阶段，培训需求的含义是不完全一样的，但却是每一项工作的基础。无论是项目开发，还是课程开发，对培训需求的调研与考量都要贯穿始终。课程开发时所指的培训需求，需要更多注重学员的反应，比如培训的环境，受训人员的特点，岗位现状与受训者愿望之间的差距等。与项目开发的"宏观战略性"相比，课程开发更呈现出"微观战术性"。

（二）培训的方法与技巧

培训模式可以形式多样，好的培训模式可以事半功倍，不好的培训模式不能起到实际效果。培训模式主要是指培训的方法与技巧。根据不同的培训主题和学员，要选择相应的培训模式，它应该与班级的大小、学员的背景相一致。培训内容决定形式，培训形式又影响内容。

例如，情境培训理论认为，培训方法与技术不是僵化和死板的，而是需要变化的，要根据不同的具体情境，实施不同的培训，从而达到提高培训效果的目的。

培训效果是多种因素的函数：

$$E = f(T, O, S)$$

式中　E(effectiveness)——培训效果；
　　　T(trainer)——培训教师；
　　　O(object)——培训对象；
　　　S(situation)——培训情境（培训的方式方法、环境、背景等）。

目前常用的培训方法有课堂讲授法、课堂研讨法、案例分析法、现场演示法、角色扮演法、游戏带动法、技能操作法等。基于安全与应急类培训的特点，体验式、讨论式、案例式、实操式的培训方式，讲练一体的培训方法将得到越来越广泛应用。

E-learning 就是在线学习或网络学习，是基于多媒体网络及网络技术平台构成的全新的网络学习环境。其优点是，费用低、受限少、资讯广、存储易，但也存在个性化不足，针对性不强等问题。随着信息技术的快速发展，特别是全球肆虐的新冠肺炎疫情助推了在线学习的方式方法创新，网络学习的缺点也在得以弥补。现代化的教学手段、远程教育等将进一步拓宽培训的空间和时间，有效缓解工学矛盾。"互联网+培训"将占据重要的培训地位，无纸化、网络化、多媒体化的教材也将发挥更积极的作用。

在选择培训模式时，应该也必须考虑性价比问题。培训成本包括经济成本、时间成本、精力成本和机会成本，而培训后效果又难以衡量和预测，因而要关注对培训的投入与产出比。

需要指出的是，培训模式的选择与培训教师的个人授课风格、技巧密切相关，不同风格和背景的教师即使采用同样的培训方法也可能会产生完全不同的培训效果。

（三）培训教师的能力与素养

进入应急管理新时代，新的教育培训理念的产生，以及人们对教育培训工作的期待，使广大安全与应急培训教师在面临事业发展新机遇的同时，也迎来巨大挑战。促进培训教师的专业发展，提升培训教师的专业素质，建设培训教师的专业队伍，是安全与应急培训为应急管理事业提供支撑保障的关键。总之，能否做好安全和应急培训工作，取决于我们能否培养出一大批合格的新时代的优秀培训教师。

一名优秀的安全与应急培训教师应该具备以下3个方面的能力和素养（图1-2）。

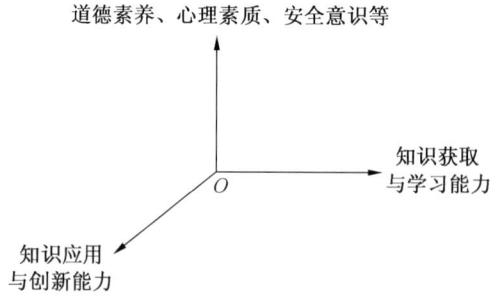

图1-2 安全与应急培训教师的素养和能力模型

1. 较高的职业道德和专业素养

安全与应急培训教师除了应该具备一般培训教师从事培训工作所应必备的基础性和综合性素养外，还应该具备一些与安全和应急工作相关的特殊素养要求，比如，这个行业常常要与灾害和事故打交道，救民于水火、助民于危难，应该具有"生命至上、安全第一"的崇高理念，应该具有高尚的道德素养，较高的安全意识，较好的心理素质。虽然近些年培训教师的专业素养普遍得到发展，但与高标准还有较大差距。师德是教师职业道德的简称，是教师进行教育教学工作时，处理各种关系应遵循的道德准则和行为规范。由于教师职业在社会的特殊地位和教育对社会发展的重要性，其内涵远远超出了教师职业本身和一般的道德范围。安全与应急培训工作因涉及人的生命安全与健康，在如此重大的课题面前，对师德要求的标准之高，更是超乎寻常。

2. 较强的知识获取与学习能力

当今社会是知识经济时代，知识和信息以超常的速度生产和更新，即使是终生学习也无济于事，必须不断培养和提高自己的"知识获取与学习能力"否则我们将会被海量的信息所淹没。教师的成长不可能是一次性完成的，有很多知识和技能需要在入职后不同阶段养成和发展起来，需要循序渐进地推行，还需要足够的人力与物力投入。一些学者提出，培训教师的基础能力除了人们普遍认同的交流技能、业务管理、个人技能、行业知识以及技术素养等之外，还应该包括"学习技术"，或者说是"知识获取与学习能力"。尤其在日新月异的应急管理改革新形势下，"学习技术"的掌握与运用对安全与应急培训教师是十分有意义的。

3. 较强的知识应用和创新能力

优秀培训教师的工作不应该是"授人予鱼"，而是应该"授人予渔"，真正做到"传道、授业、解惑"。一要教化高尚的道德观念和正确的安全理念；二要传授专业知识和解决问题的原则、方法、技巧；三要答疑解惑，解开困顿、迷惑。教师的"知识应用和创新能力"是关键。在现代风险社会，各种风险交织叠加，表现出极端的复杂性和多变性，灾害和事故随时可能发生和降临，安全与应急培训教师应时常能够敏锐感知技术更新脉搏，将信息技术应用作为培训创新的突破口，通过构建技术支持的培训模式，以培训学员为主体，宣导理念、训练技能、解决问题、改变个人行为，进而提升组织绩效，不断提升教师自身和培训学员的"知识应用和创新能力"。

第二章 安全与应急培训发展历程

　　切实有效做好安全与应急培训工作，是强化红线意识、坚守底线思维的基本要求，是推动应急管理体系和能力现代化的重要基础工作。我国一直以来都非常重视安全教育培训，新中国成立70多年来先后颁布了一系列安全教育培训法律、法规、规章、制度等，建设了一大批各级各类的安全生产培训机构、基地，广泛开展了各级各类人员的安全培训教育，为安全生产形势不断好转发挥了积极的作用。

　　本章从我国安全生产培训发展脉络出发，以安全生产培训法制化、规范化、规模化到科学化、精准化过程以及安全与应急培训的展望为视角，较为详尽地阐述了安全与应急培训发展历程、国外安全与应急培训经验借鉴等内容，旨在使安全培训管理者和从业者全面系统地了解国内外安全与应急培训的发展历程，进一步强化安全与应急培训工作，为提高各级应急管理干部和从业人员素质能力作出积极贡献。

第一节 党和国家高度重视安全生产培训工作

　　习近平总书记强调，所有企业都必须履行安全生产主体责任，做到安全投入到位、安全培训到位、基础管理到位、应急救援到位，确保安全生产。

　　早在新中国成立之初，国民经济和国家工业基础都比较薄弱，但党和国家坚持把加强职工技术教育、安全培训放到重要位置。

　　1949年9月，中国人民政治协商会议第一届全体会议通过了《中国人民政治协商会议共同纲领》。它是新中国的建国纲领，也可以说是新中国的"临时宪法"，规定了新民主主义经济建设的根本方针，确立了我国的政治制度和政府组织原则。这部"临时宪法"在强调对职工权益进行保护的同时，在第四十七条规定，"注重技术教育，加强劳动者的业余教育和在职干部教育……以应革命工作和国家建设工作的广泛需要。"这充分体现了国家高度重视发展职业技术教育，在此之后我国相继出台了多部关于发展职业安全与技术教育的政策与决定。

　　1950—1962年，是国民经济的重要恢复时期。周恩来总理于1952年签发了《政务院关于整顿和发展中等技术教育的指示》，为职工技术教育发展指明了方向。10年左右时间，全国技工学校从3所增至400余所，学生从3600人增至18.3万人；中等技术学校从500余所增至871所，学生从9.8万人增至39.2万人。职业教育开始蓬勃发展，为社会经济运行提供了强有力的支撑。而安全培训工作，始终贯穿于职工技术教育的发展进程中。

　　1950年，重工业部发布了《关于大力发展安全技术教育的指示》，要求彻底清除所有厂矿中存在的危及生产安全的各种现象，以保证不再发生灾害事故，并决定在各企业单位、各厂矿中广泛开展安全教育。安全教育的主要内容包括思想教育、安全技术知识教育、遵守工作制度和劳动纪律教育等，以此克服单纯对事故进行处理善后的消极观点，树立了积极防范的安全思想。《指示》明确提出："各级领导干部应从思想上认识安全工作的重要性，广泛开展安全技术知识的教育；各单位首长必须亲自负责建立各级固定的安全组织，添设专门安全工作人员，结合广大职工，组成安全网，有系统地进行这一工作。"

1954年，劳动部印发了《关于进一步加强安全技术教育的决定》，提出安全教育工作领导责任制，规定了企业领导、管理人员、爆破等特殊岗位人员、新工人等安全教育要求，并要求对新工人必须进行入厂教育、车间教育、班组教育等"三级教育"，经考试合格后才准许独立操作。首次确立了对新工人进行"三级教育"的要求。

1954年，燃料工业部组织召开全国煤矿第四次工作会议，提出"安全第一"方针，要求必须树立"安全为了生产，生产必须安全"的指导思想。1955年，煤炭工业部成立，陆续颁布了《煤矿安全生产暂行规定》《煤矿保安暂行规程》。1963年，颁布了《煤矿企业安全工作条例》《煤矿安全监察工作条例》，对煤矿安全培训工作作出了明确的规定。

1956年5月，中共中央批转劳动部党组《关于最近伤亡事故和加班加点的严重情况及意见的报告》指出，"各地党委、劳动部门、产业部门和工会组织必须引起足够的注意，严格督促和检查各企业采取各种紧急措施，有效地扭转这种严重情况。劳动部门必须早日制定必要的法令制度，同时迅速将国家监察机构建立起来，对各产业部门及其所属企业中的劳动保护工作进行经常性的监督检查。"

1956—1963年，国务院先后颁布了"三大规程"和"五项规定"。"三大规程"是指《工人安全卫生规程》《建筑安装工程技术规程》和《工人职员伤亡事故报告规程》；"五项规定"是指《关于加强企业生产中安全工作的几项规定》中的五项规定。这是我国改革开放之前在安全生产管理方面非常重要的法规规定，对推动当时安全生产工作发挥了重要作用。"五项规定"的第三部分为"关于安全生产教育"专题，对企业单位职工安全生产教育进行了较为全面的规定。其中第二条规定，"对于电气、起重、锅炉、受压容器、焊接、车辆驾驶、爆破、瓦斯检验等特殊工种的工人，必须进行专门的安全操作技术训练，经过考试合格后，才能准许他们操作"，首次提出了特殊工种工人持证上岗作业的要求。同时国务院明确指出：安全生产教育是安全生产工作的重要内容，要求企业把安全生产教育作为安全管理工作必须坚持的一项基本制度。

"文化大革命"10年浩劫，新中国成立以来多年积累的劳动保护、安全生产工作成果，遭受严重冲击和破坏，安全培训工作不可避免地受到了严重影响。据统计，在1971—1975年期间，也是煤矿等行业领域安全问题和安全生产事故比较严重的一个时期。

1978年10月，中共中央发布了《关于认真做好劳动保护工作的通知》，明确指出：加强职工安全生产培训工作具有重要意义。

1979年，国家劳动总局发布了《关于建立劳动保护室的意见》，在《意见》中提出先由上海、黑龙江、四川、北京、天津5个省市选点建立劳动保护室，总结经验，逐步在其他地区推广。

改革开放以后，在党和国家的高度重视下，安全生产教育培训工作逐渐步入正轨，从法律法规标准制度，到体制机制，再到基地、教师队伍、教材等基础建设水平都得到了全面提升，对提高干部职工的安全素质和能力，预防生产安全事故发挥了积极作用。

第二节　安全生产培训发展历程

新中国成立 70 多年来，安全生产培训工作不断发展。管理体制上，从各行各业分别管理发展到归口管理；培训方式上，从理论培训为主发展到今天的理论培训、实操培训并重，从单一的线下培训发展到今天的线上线下相结合的混合式培训；培训方法上，从课堂讲授式培训发展到今天的案例式、模拟式、互动式、体验式、桌面推演式等多种方式相结合；管理手段上，从原始的管理模式，发展到现代化、信息化、系统化管理；培训内容上，从注重知识型向注重能力型转变，从注重供给型向注重需求型转变；培训范围上，从局部领域、关键岗位培训发展到全员培训等。梳理总结 70 多年来安全生产培训工作所走过的历程，经历了法制化、规范化、规模化过程，现已进入科学化、精准化阶段。

一、安全生产培训法制化过程

安全生产培训起步之初，党和国家高度重视安全培训法律法规的建设和研究工作，陆续出台了一系列安全培训法律法规、规章制度和规定。

1950 年，重工业部就发布了《关于大力发展安全技术教育的指示》，要求："各级领导干部应从思想上认识安全工作的重要性，广泛开展安全技术知识的教育。"

1954 年，劳动部印发了《关于进一步加强安全技术教育的决定》，要求对新工人必须进行入厂教育、车间教育、班组教育等"三级教育"，经考试合格后才准许独立操作。这也是我国首次确立了对新工人的"三级教育"要求，至今仍坚持这一规定。同年，燃料工业部组织召开全国煤矿第四次工作会议，提出"安全第一"的方针，要求必须树立"安全为了生产，生产必须安全"的指导思想。1955 年以后，煤炭工业部陆续颁发了《煤矿安全生产暂行规定》《煤矿保安暂行规程》《煤矿企业安全工作条例》《煤矿安全监察工作条例》，为煤矿安全培训法规、规章、制度建设奠定了坚实的基础。

1956 年，国务院颁发的《工人安全卫生规程》《建筑安装工程技术规程》和《工人职员伤亡事故报告规程》等"三大规程"和《关于加强企业生产中安全工作的几项规定》。对企业单位职工安全生产教育进行了较为全面的规定。首次确立并规定了特殊工种工人持证上岗的作业制度。

1975 年，国家计委在北京召开全国安全生产会议。会议要求各地区、各部门和企业，在教育和发动群众加强安全管理的基础上，要做到发生事故"三不放过"，即：事故原因分析不清不放过，事故责任者和群众没有受过教育不放过，没有防范措施不放过。1977 年，国家计委印发了这次《全国安全生产工作会议纪要》。明确要求把安全生产责任制度、安全教育培训制度、安全检查制度、编制安全计划制度、事故调查处理制度等建立健全起来。

十一届三中全会以后，全国安全生产工作进入了新的发展阶段，尤其到了 1979 年，我国安全生产立法进入一个重要年份。国家计委、国家经委、国家劳动总局重申"三大规程"和"五项规定"，要求切实贯彻执行。在国家走上改革开放的快车道，进入全面建设具有中国特色社会主义新的历史时期，安全生产培训工作也得到快速发展。

1979年，煤炭工业部对《煤矿企业安全工作条例》《煤矿安全监察工作条例》进行修订，出台《煤矿企业安全工作试行条例》《煤矿安全监察试行条例》。《煤矿企业安全工作试行条例》对煤矿安全培训工作作出了明确规定，指出：各煤矿要经常对职工进行安全思想教育。组织职工学习党的安全生产方针、政策和安全规程、技术操作规程、作业规程。明确了从业人员安全教育培训的责任部门，规定了新工人必须经过"三级教育"并经考核及班组评议合格后方能独立工作，对测风员、瓦斯检查员、放炮员、绞车司机、采煤机司机、机车司机、电钳工、通风机司机、压风机司机、运煤机司机、钻机司机、水泵工、锅炉工、信号工、火药工、电气等技术工种，需进行安全操作技术的专门训练，经考试合格，并发给合格证方准担任工作。《煤矿企业安全工作条例》是煤矿职工安全技术培训史上的重要文献，比较系统地对煤矿职工安全技术培训进行了规范，标志着煤矿安全技术培训工作进入了"有法可依"的一个新阶段。

1980年4月，国务院批转《关于在工业交通企业加强法制教育严格依法处理职工伤亡事故的报告》。要求加强法制教育，严格依法处理伤亡事故。1982年12月4日，第五届全国人民代表大会第五次会议通过并公布《中华人民共和国宪法》，第四十二条中的"加强劳动保护，改善劳动条件"等规定，在我国劳动保护、安全生产法律体系中具有最高的法律效力。

1982年，国务院颁发《矿山安全条例》，从法规层面对安全培训提出要求，规定特殊工种经专门训练、考试合格后方能独立工作。同年，国务院又在《关于加强领导，防止企业继续发生重大伤亡事故的紧急通知》中重申：必须加强对广大职工的安全教育和安全技术培训工作，特别是对新工人必须坚持入厂、进车间、上岗前"三级"教育培训。

1982年5月，煤炭工业部印发了《煤炭工业工人技术培训工作试行条例》，进一步强调安全教育的重要性。对煤矿工人安全技术培训工作进行全面系统的规定。

1985年，劳动部颁发了《特种作业人员安全技术考核管理规则》国家标准，1990年颁发《厂长、经理职业安全卫生管理资格认证规定》，1991年颁发《特种作业人员安全技术培训考核管理规定》。

1987年，煤炭工业部颁发了《煤矿职工安全技术培训条例》，提出煤矿职工安全技术培训，以贯彻"强制培训、岗位培训、经常教育、广泛宣传"为原则，对职工实行正规的培训。培训目标：一是了解党和国家在安全生产方面的方针、政策、法规，熟悉国务院颁发的《矿山安全条例》和煤炭工业部颁发的《煤矿安全规程》等有关规定；二是掌握防止瓦斯、煤尘、顶板、水、火等自然灾害的基本知识；三是熟悉职责范围内的灾害预防计划、措施，并会抢救、会自救。

1993年，国家颁布了《矿山安全法》，要求矿山企业必须对职工进行安全教育培训，未经安全教育培训的，不得上岗作业。矿山企业安全生产的特种作业人员必须接受专门培训，经考核合格取得操作资格证书的，方可上岗作业。

1994年，国家颁布了《劳动法》。该法规定：劳动者享有获得劳动安全卫生保护的权利，接受职业技能培训的权利；用人单位必须对劳动者进行劳动安全卫生教育，防止劳动过程中的事故，减少职业危害；从事特种作业的劳动者，必须经过专门培训并取得特种作业资格。

1996年,国家颁布了《煤炭法》。该法规定:矿长必须依法培训合格,取得矿长资格证书,煤矿企业应当对职工进行安全教育培训,未经安全教育培训的,不得上岗作业。

1999年,国家经贸委颁布了《特种作业人员安全技术培训考核管理办法》,全面规范了特种作业人员的安全技术培训、考核、发证等工作。

2000年,国家颁布了《煤矿安全监察条例》。该条例规定:对矿长不具备安全专业知识的、特种作业人员未取得资格证书上岗作业的、分配职工上岗作业前未进行安全教育培训的煤矿责令限期改正。

2002年,国家颁布了《危险化学品安全管理条例》。该条例规定:危险化学品单位从事生产、经营、储存、运输、使用危险化学品或者处置废弃危险化学品活动的人员,必须接受有关法律、法规、规章和安全知识、专业技术、职业卫生防护和应急救援知识的培训,并经考核合格,方能上岗作业。

2002年,国家颁布《安全生产法》,对高危行业企业安全培训责任、任务、对象、内容、考核、发证、罚则等进行了全面的规定。

在《安全生产法》出台以后,安全生产培训又相继出台一系列部门规章。2004年,国家安全生产监督管理局(国家煤矿安全监察局)公布《安全生产培训管理办法》。2006年,国家安全生产监督管理总局公布《生产经营单位安全培训规定》。2010年,国家安全生产监督管理总局公布《特种作业人员安全技术培训考核管理规定》。2012年,国家安全生产监督管理总局公布《安全生产培训管理办法》《煤矿安全培训规定》。安全培训法律体系基本健全,安全培训有法可依的局面基本形成。

二、安全培训规范化过程

随着安全培训法律法规、规章的建立健全和完善,安全培训管理体系、规范标准体系以及基础保障体系建设工作也取得长足进展,促进了安全生产培训工作的规范化水平不断提升。

1979年5月,国家劳动总局发出《关于建立劳动保护教育室的通知》后,在国家投资的30个企业中,建设劳动保护教育室。1980年7月,国家劳动总局召开了10个省市劳动保护教育室建设情况汇报会,总结经验、推广示范。

1986年,煤炭工业部按照相关法律法规和规章要求,组织编写并印发了《煤矿职工安全技术培训大纲》。包括局(矿)长、总工程师、安监人员、采掘区(队)长、通风区(队)长、机电区(队)长、井下电钳工、测风工、瓦斯检查工、提升司机、电机车司机、放炮工等岗位的安全技术培训大纲。大纲对培训目标、培训对象、课程内容、学时分配、实验与实习等都作出规定,极大促进了煤矿安全技术培训工作的标准化、规范化、制度化。

1990年10月,劳动部颁布《厂长、经理职业安全卫生管理资格认证规定》,要求厂长、经理须经过安全管理资格的考核认证,不合格者须进行培训达到合格,合格证作为厂长、经理对本企业实施安全管理的资格凭证。其中规定,培训工作由各级劳动部门负责,可委托同级劳动保护教育中心或会同企业主管部门共同实施;培训内容,应按全国统一的《厂长、经理职业安全卫生管理知识培训教学大纲》进行;培训教材,应采用由劳动部或省级劳动部门指定的统编教材,授课时间不少于42学时;各级劳动部门应组织师资培训。同时,考核发证工作由各级劳动部门负责。1991年,劳动部为了加强特种作业人员安全技术培训考核管理工作,颁布了《特种作业人员安全技术培训考核管理规定》,制定并印发了《厂内机动车辆驾驶人员安全技术培训考核大纲》《建筑登高架设作业人员安全技术培训考核大纲》《电工作业人员安全技术培训考核大纲》《金属焊接、切割作业人员安全技术培训考核大纲》《起重机司机安全技术培训考核大纲》和《起重司索、指挥作业人员安全技术培训考核大纲》等6个特种作业人员安全技术培训考核大纲,规范了特种作业人员安全技术培训考核工作。

1994年,煤炭工业部印发了《煤矿局、矿长安全培训考核发证的规定》,决定对局矿长实行"资格证书制度"。强调煤矿安全生产必须坚持"管理、装备、培训并重"的原则,各企业都必须把安全技术培训作为重要的基础工作,按照"强制培训、分级管理、考核发证、提高素质"的要求,有组织、有计划地对局、矿长进行安全技术培训和考核发证工作。随后又印发了《煤矿安全技术培训中心达标标准及评定办法》《煤矿安全技术培训中心实验室装备标准》,对煤矿安全技术培训中心的基础设施建设、组织机构和教师配备、教学任务、培训质量、教学管理、后勤保障服务以及实验室的装备标准、安全教育展室、电化教学装备等各方面作出了全面系统的规定。同年,又组织编写、修订了包括局矿长、特种作业人员、井下各工种的安全技术培训大纲和统编教材共20多种,并于1995年2月印发全国。

2000年,国家煤矿安全监察局印发《煤矿安全培训机构及教师资格认证办法》,对一级、二级、三级、四级煤矿安全培训机构的软硬件标准和培训任务等进行规范,对各级煤矿安全培训机构、培训教师资格实行认证管理,并于2001年组织制、修订、印发30余类包括不同培训对象的煤矿安全培训教学大纲。

2001年,国家安全生产监督管理局(国家煤矿安全监察局)印发《关于安全技术培训工作有关问题的通知》指出:

(1)国家局组织、指导本系统安全生产监察人员、煤矿安全监察人员的培训、考核和全国企业安全生产技术培训工作;依法组织、指导并监督特种作业人员的考核工作和企业主要经营管理者的安全资格考核工作。

(2)安全培训要坚持"统一领导、归口管理、分级培训、教考分离"原则。

(3)本系统安全监察人员、煤矿安全监察人员培训、考核、发证和中央企业经营管理者的培训工作由国家局负责;企业经营管理者和特种作业人员的安全培训、考核、发证工作由省级安全生产监督管理机构负责。

(4)安全监察人员、企业经营管理者、特种作业人员的安全资格证书均由国家统一监制。

(5)安全技术培训大纲、基本教材、考核标准等均由国家局统一制定。

(6)安全培训机构认定评价标准和安全培训教师资格认定制度、办法由国家局负责制定。

2002年11月,《安全生产法》出台后,国家安全生产监督管理局(国家煤矿安全监察局)相继印发了《关于进一步做好安全生产培训机构资格申报及认定工作的通知》《关于加强和规范安全生产培训管理工作的通知》。强调安全生产培训是安全生产领域一项重要的基础性工作，是贯彻"安全第一，预防为主"方针的具体体现。《通知》要求，安全培训工作必须依照《安全生产法》及相关配套法规进行，必须树立为基层服务、为企业服务、为安全生产服务的思想，必须坚持"统一规划，归口管理，分级实施，分类指导，教考分离"原则。国家安全生产监督管理局依法组织、指导全国安全生产技术培训工作；负责省级安全生产监察员、本系统煤矿安全监察员的培训、考核和发证工作；负责或委托有关单位开展中央管理企业生产经营单位主要负责人、安全生产管理人员的培训考试工作。各省（区、市）安全生产监督管理部门负责所辖区域市（地）县（市）级安全生产监察员，生产经营单位主要负责人、安全生产管理人员，以及特种作业人员的培训、考核和发证工作。各省级煤矿安全监察局和北京、新疆生产建设兵团煤矿安全监察办事处负责辖区内煤炭生产经营单位主要负责人、安全生产管理人员，以及特种作业人员的培训、考核和发证工作。全国建立四级安全生产培训机构，一级安全生产培训机构负责国家局和省局安全生产监察员培训，中央企业生产经营单位主要负责人、安全生产管理人员培训，二级和三级安全生产培训机构师资培训等；二级安全生产培训机构负责本省（区、市）所辖地、市和县级安全生产监察员培训，省属生产经营单位的主要负责人、安全生产管理人员培训，数量较少的特种作业人员培训，四级安全培训机构师资培训等；三级安全生产培训机构负责本地区特种作业人员，所属生产经营单位主要负责人、安全生产管理人员培训等；四级安全生产培训机构负责上述范围之外的生产经营单位主要负责人和从业人员的安全生产技能培训。一级安全生产培训机构由国家局审核认定；二级安全生产培训机构由省（区、市）安全生产监督管理部门组织申报，国家局或国家局委托的省（区、市）安全生产监督管理部门负责组织认定；三级和四级安全生产培训机构由各省（区、市）安全生产监督管理部门或委托的地(市)安全生产监督管理部门组织认定。安全生产监察员、煤矿安全监察员的监察执法证书，危险物品生产、经营、储存单位和矿山、建筑施工单位主要负责人、安全生产管理人员安全资格证书，以及特种作业人员操作证书等，均由国家局统一监制，并按有关规定分级颁发。国家局负责组织制定统一的上述须发证人员培训大纲和考核标准。

2002年12月，国家安全生产监督管理局（国家煤矿安全监察局）又印发了《关于生产经营单位主要负责人、安全生产管理人员及其他从业人员安全生产培训考核工作的意见》和《关于特种作业人员安全技术培训考核工作的意见》。这两个意见的出台，对生产经营单位主要负责人、安全生产管理人员、特种作业人员以及其他从业人员的安全生产培训考核工作作了进一步的要求和规范。

2003年9月，国家安全生产监督管理局（国家煤矿安全监察局）印发了《关于成立国家安全生产监督管理局（国家煤矿安全监察局）培训工作指导委员会的通知》，委员会由国家局领导担任主任，人事司等有关司局和培训中心负责同志担任委员。职责为：在国家安全监督管理局统一领导下，研究拟定全国安全生产培训规划及有关政策；审定各类人员培训大纲、考核标准和考试题库；研究安全生产培训工作中的重大问题，并提出相应政策。委员会下设专家组和办公室。专家组由业内安全生产专家和安全生产培训专家组成，负责制定各类人员的培训大纲和考核标准，评审和推荐优秀教材，建设考试题库，评审培训机构资格，监督检查培训质量等。指导委员会办公室设在国家安全生产监督管理局职业安全技术培训中心（应急管理部培训中心前身）。安全生产培训工作指导委员会的成立，对加强安全生产培训工作基础保障体系建设，提高安全培训考试工作规范化水平和质量发挥了积极作用。

2004年6月，国务院作出了《对确需保留的行政审批项目设定行政许可的决定》，将安全培训机构资质认定列入确需保留的行政审判项目，设定为政府行政许可。同年，国家安全监督管理局颁布《安全生产培训管理办法》，明确了安全生产培训概念定义和培训对象范围界定，进一步规定了培训机构条件标准、资质审批颁发、监督管理等要求，进一步规范了培训机构和生产经营单位所从事的安全生产培训活动，进一步强调安全生产培训工作实行"统一规划、归口管理、分级实施、分类指导、教考分离"原则，明确国家安全生产监督管理局（国家煤矿安全监察局）指导全国安全生产培训工作，依法对全国的安全生产培训工作实施监督管理等。

2005年，国家安全生产监督管理局升格为国家安全生产监督管理总局，为国务院直属单位，明确了负责指导、监督管理全国安全生产培训工作的职责，对安全生产培训工作进行了规范和加强。

2006年，国家安全生产监督管理总局发布了《生产经营单位安全培训规定》。规定了生产经营单位从业人员是指生产经营单位主要负责人、安全生产管理人员、特种作业人员和其他从业人员；规定国家安全生产监督管理总局指导全国安全培训工作，依法对全国安全培训工作实施监督管理。国务院有关主管部门按照各自职责指导监督本行业安全培训工作，并按照本规定制定实施办法。国家煤矿安全监察局指导监督检查全国煤矿安全培训工作。各级安全生产监督管理部门和煤矿安全监察机构按照各自的职责，依法对生产经营单位的安全培训工作实施监督管理；进一步规范了生产经营单位主要负责人、安全生产管理人员以及除特种作业人员之外的其他从业人员安全培训职责、培训内容、培训大纲、培训学时以及监督管理等。

2007年，国家安全生产监督管理总局印发了《关于印发〈一、二级安全培训机构认定标准（试行）〉的通知》，对安全培训机构的准入认定和复审评估条件进行了全面系统的规定，并提出安全培训机构的数量要"结合本地区安全培训机构的布局和需要"，实行"总体规划、合理布局、总量控制"。基于上述相关政策与规定，国家安全监督管理总局、各省级安全生产监督管理部门、煤矿安全监察机构根据自身行政许可的范围，相继颁布了各级安全生产培训机构的评估标准。

2010年，国家安全生产监督管理总局颁布了《特种作业人员安全技术培训考核管理规定》。进一步明确了特种作业概念、特种作业范围、特种作业目录。进一步规范了特种作业人员的安全技术培训、考核、发证、复审、监督管理以及对违法行为的处罚等。

2012年，国家安全生产监督管理总局修订了《安全生产培训管理办法》，并重新以总局令第44号颁布实施。对进一步加强安全生产培训管理、规范安全生产培训秩序、提高安全生产培训质量发挥了积极作用，促进了安全生产培训工作的健康发展。同年5月，国家总局又颁布了《煤矿安全培训规定》。2014年，根据安全生产法有关规定和国务院放管服的有关要求，国家安全生产监管总局对上述几个安全生产培训考试工作的部门规章又统一进行了两次修订。2017年，针对煤矿安全培训考试的特殊性要求，又重新修订并颁布

《煤矿安全培训规定》，进一步规范、强化、细化了安全生产培训考试工作。

2012年，《国务院安委会关于进一步加强安全培训工作的决定》出台，对安全培训责任、培训管理制度、培训基础保障建设、培训质量体系、培训监督检查管理等各方面都一一进行了规定和规范。

根据《安全生产法》等法律，《安全生产培训管理办法》《生产经营单位安全培训规定》《特种作业人员安全技术培训考核管理规定》《煤矿安全培训规定》等部门规章和规范性文件相继出台，地方规章也相继问世。在全国范围内，一是形成了国家、省、市、县四级安全培训管理体制，分级实施，分工明确，责任明晰；二是建成了四级安全培训机构体系，全国依法认定建成了四级安全培训机构共4000多家，全国培训基地网络基本形成，各级各类培训机构各司其职、各尽其责；三是研究开发了高危行业领域生产经营单位"三项岗位"人员（生产经营单位主要负责人、安全管理人员和特种作业人员）和其他从业人员等培训大纲、考核标准上百种，国家和地方考试题库共几十万道考试题目，国家组织开发的规范性培训教材和地方、社会、机构组织的适应性培训教材、读本、资料、图册等成千上万种；四是建立了安全培训教师基本规范和培训大纲，经国家和地方分级分类培训考核的专兼职培训教师、企业内训师等达几十万人；五是"互联网+安全培训"战略得到快速推进，2015年建成并正式上线运行国家级的"全国安全监管干部网络学院"，面向全国安全监管干部，2019年经应急管理部批准，迭代升级为"全国应急管理干部网络学院"，面向全国县级以上应急管理系统干部及相关人员，逐步开放至乡镇及街区；六是安全生产培训、考试信息化建设工作得到快速发展，物联网、大数据、人工智能等现代技术在安全生产培训、考试领域得到广泛运用，推动了安全培训考试工作的信息化和规范化。到2019年，全国安全生产考试基本实现了计算机化考试全覆盖，每年通过全国考试平台使用统一题库组织考试500余万人次。目前，全国证书信息查询平台共存储档案数据5195万条，其中有效证书数据1497万条，2015年平台上线以来为各级政府部门、用人单位及持证人员提供证书真实性查询核验超1亿多次，有效解决证书跨省兼容难、异地复审难、统一查验难等突出问题，对打击假证也发挥了积极作用。

三、安全培训规模化过程

党的十六大提出"大规模培训干部、大幅度提高干部素质"的战略部署和要求。随后，中共中央印发了《2006—2010年全国干部教育培训规划》。

按照国务院的部署要求，大力开展安全生产培训工作，扩大培训规模，提高培训质量，大幅度提高干部职工安全素质和能力。2005年12月，国务院第116次常务会议上就提出了安全生产源头治本和政策治本的12项措施，其中一项重要的措施就是"加强教育培训，增强从业人员的安全意识，增加安全知识，提高从业人员的安全素质"。作为安全生产培训归口管理部门的国家安全生产监督管理总局，按照党中央、国务院的要求，大力开展安全生产培训工作。一是分级开展实施了各级政府部门分管干部的安全生产培训工作，在中组部的大力支持下，2003—2013年期间，组织举办了17期"市（地）领导干部安全生产专题研究班"，共培训市（地）级政府分管领导干部800多人次，基本实现了市（地）领导干部轮训一遍。各省、市（地）安全生产监管部门按照分级负责、分类实施原则，全面开展了市、县、乡（镇）领导干部的培训工作；二是大规模开展全国安全生产监管执法干部、应急救援干部的轮训工作。按照持证上岗的要求，全国安全生产监管执法资格培训、考试及取证做到全覆盖，省级以上安全生产监管执法人员执法资格培训、考试及复训工作由国家总局负责，其他安全生产监管执法人员执法资格培训、考试及复训工作由省级安全生产监管部门负责；三是广泛开展企业"三项岗位"人员及其他从业人员的全员培训工作。其中企业"三项岗位"人员必须持证上岗，其他从业人员必须培训合格后上岗；四是分级分类开展安全培训专兼职教师、企业内训师及实操考评员的培训工作，并广泛开展"安全评价师""注册安全工程师"的考前辅导培训和继续教育培训工作。

近年来，随着工业化、城镇化、现代化建设快速推进，呈现了城市发展区域化、集群化，企业发展园区化、集团化，人居发展城镇化的发展态势，全国企业总量大幅度增加，农村大批富余劳动力进城务工。到2020年，全国各类高危行业企业迅速发展到1800多万户，从业人员约7.7亿人，农民工占比将近1/3，高危行业企业从业人员安全素质偏低的现状还没有得到根本解决，以及新技术、新工艺、新设备、新产品越来越多地被使用，都给安全生产和安全培训工作带来严峻挑战和重大冲击，也带来了安全生产培训规模的不断扩大。据统计，"十一五"期间，全国累计培训安全监管监察人员17余万人次，培训高危行业企业"三项岗位"人员2200余万人次，培训农民工8200余万人次；"十二五"期间，全国累计培训安全监管监察人员60余万人次，培训高危行业企业"三项岗位"人员2600余万人次，培训农民工7700余万人次。

四、安全培训科学化、精准化

党的十八大以来，党中央、国务院对干部教育培训工作提出更高要求。2013年9月，中共中央印发了《2013—2017年全国干部教育培训规划》，2015年10月，中共中央印发了《干部教育培训工作条例》，明确了干部教育培训是建设高素质干部队伍的先导性、基础性、战略性工程。2018年11月，中共中央印发了《2018—2022年全国干部教育培训规划》，对培训目标、培训对象、培训机构、教材、师资队伍等基础建设，以及培训内容规范、培训方式方法创新、考核评价和质量评估管理等都提出规范化、科学化要求。

党的十八大刚刚闭幕后的2012年11月底，出台了《国务院安委会关于进一步加强安全培训工作的决定》（简称《决定》），这个《决定》的出台对安全生产培训工作来说，有着里程碑式的意义，也是国务院安委会印发的第一个关于安全培训工作的专门决定。《决定》明确提出：牢固树立"培训不到位是重大安全隐患"的意识，坚持"依法培训、按需施教"工作理念，以落实持证上岗和先培训后上岗制度为核心，以落实企业安全培训主体责任、提高企业安全培训质量为着力点，全面加强安全培训基础建设，扎实推进安全培训内容规范化、方式多样化、管理信息化、方法现代化和监督日常化，努力实施全覆盖、多手段、高质量的安全培训。《决定》要求：到"十二五"时期末，高危企业"三项岗位"人员100%持证上岗，以班组长、新工人、农民工为重点的企业从业人员100%培训合格后上岗，各级安全监管监察人员100%持行政执法证上岗，承担安全培训的教师100%参加知识更新培训，安全培训基础保障能力和安全培训质量得到明显提高。

2014年，《安全生产法》重新修订并颁布实施，对安全培训、安全考试、持证上岗、责任追究以及组织保障等进行了详细的规定。

2014 年，在前期煤矿计算机化考试系统应用经验基础上，开始全面推行高危行业领域"三项岗位"人员计算机化考试，并于 2015 年在全国推广。而《特种作业安全技术实际操作考试标准》的出台，更标志着安全培训考试工作从注重理论考试向理论与实操考试相结合发展，为推动特种作业实操培训和考试工作发挥了积极作用。

2015 年，原国家安全生产监督管理总局对《安全生产培训管理办法》《生产经营单位安全培训规定》和《特种作业人员安全技术培训考试管理规定》进行了第二次修正。对安全培训机构、安全培训、安全考核、安全培训的发证、安全培训监督管理、法律责任等方面的规定，要求更加精细化、精准化，可操作性更强。

2016 年 12 月，中共中央、国务院印发的《中共中央 国务院关于推进安全生产领域改革发展的意见》要求：将安全生产监督管理纳入各级党政领导干部培训内容。把安全知识普及纳入国民教育，建立完善中小学安全教育和高危行业职业安全教育体系。把安全生产纳入农民工技能培训内容。严格落实企业安全教育培训制度，切实做到先培训、后上岗。推进安全文化建设，加强警示教育，强化全民安全意识和法治意识。

2018 年，应急管理部成立后，面对应急管理新时代、新特点、新要求，对应急管理、安全生产培训考试工作的针对性、有效性提出更高要求。2019 年以来，应急管理部培训中心按照应急管理部的部署和要求，开展了《高危行业中央企业总部主要负责人安全生产知识和管理能力学习考核要点》《高危行业中央企业总部主要负责人安全生产知识和管理能力考试题库》《应急管理部初任公务员培训大纲》《应急管理部系统新任职处级干部培训大纲》《安全生产行政执法资格培训大纲和考核标准》《基层应急管理干部培训教材》《安全生产行政执法人员培训教材》《非煤矿山和工贸行业安全生产执法人员培训大纲和教材》《煤监干部培训大纲和示范教材》《金属非金属矿山安全生产知识和管理能力学习考核要点》《陆上石油天然气开采单位主要负责人和安全管理人员安全生产知识和管理能力考试题库》《电工考试实操手册（样本）》《石油天然气开采实操手册（样本）》《特种作业培训机构基本规范》《安全生产网络培训平台基本规范》等一系列有针对性的课题研究工作，为更加科学精准地做好新时代安全与应急培训考试工作提供支撑和保障。

按照实施国家"互联网＋"战略的要求，"互联网＋培训"工程也得到强有力的推进，全国"应急管理干部网络学院""应急管理网络学院"以及各地的应急管理及安全生产网络学习平台正在为提升应急管理干部、安全生产监管执法人员、企业应急救援和安全生产管理人员的素质能力发挥积极作用，也标志着安全与应急培训工作从注重单一的线下培训向注重线上线下相结合方向发展。

第三节　应急管理培训发展历程

一、国家应急管理体系创建时期的应急管理培训工作

（一）我国现代应急管理体系的创建

2003 年，一场突如其来的"非典"传染病疫情在中国大地爆发，这是新中国成立以

来的一次重大公共卫生事件，给政府、社会以及百姓带来了不小的冲击。

2003年的"非典"疫情让大家认识了什么是传染性病毒及其带来的重大社会危害，也暴露了国家应对重大突发公共卫生事件的短板和不足，党和政府都认识到建立健全应急管理体制的重要性、紧迫性，推进了我国现代应急管理体系建设工作。我国现代应急管理体系的核心被表述为"一案三制"，即应急预案体系与应急管理体制、机制、法制。

2003年4月13日"非典"疫情发生后，国务院总理温家宝在全国非典型肺炎防治工作会上提出"沉着应对，措施果断；依靠科学，有效防治；加强合作，完善机制"的工作总要求，4月14日，温家宝在国务院常务会议上提出，要建设突发公共卫生事件反应机制，做到"中央统一指挥，地方分级负责；依法规范管理，保证快速反应；完善检测体系，提高预警能力；改善基础条件，保障持续运行"。7月28日，在全国防治"非典"工作会议上，党中央、国务院第一次明确指出，政府除常态管理以外，要高度重视非常态管理。10月，党的十六届三中全会《决定》指出，要"建立健全各种预警和应急机制，提高政府应对突发事件和风险的能力"。同年11月，国务院成立了应急预案工作小组，重点推动突发公共事件应急预案编制工作和应急体制、机制、法制建设工作。

2004年1月9日，《国务院关于进一步加强安全生产工作的决定》提出了"加快全国生产安全应急救援体系建设，尽快建立国家生产安全应急救援指挥中心"的要求。

2004年3月25日，国务院办公厅在郑州召开"部分省（市）及大城市制订完善应急预案工作座谈会"，确定把围绕"一案三制"开展应急管理体系建设，制定突发公共事件应急预案，建立健全突发公共事件应急体制、机制、法制，提高政府处置突发公共事件能力，作为当年政府工作重要内容。4月6日和5月22日，国务院办公厅分别印发了《国务院有关部门和单位制定和修订突发公共事件应急预案框架指南》和《省（区、市）人民政府突发公共事件总体应急预案框架指南》。

2005年4月国务院印发了《关于实施国家突发公共事件总体应急预案的决定》，之后相继发布了《国家突发公共事件总体应急预案》以及25件专项应急预案。国务院有关部门印发了80件部门应急预案。各省、自治区、直辖市全部制定并印发了《突发公共事件应急预案》。6月7日，国务院、中央军委公布《军队参加抢险救灾条例》。7月22日，国务院召开首次"全国应急管理工作会议"，会议要求各地成立应急管理机构。会议指出：加强应急管理工作要遵循"健全体制、明确责任；居安思危、预防为主；强化法制、依靠科技；协同应对、快速反应；加强基层、全民参与"的原则。同年12月，国务院成立应急管理机构，即国务院应急管理办公室（国务院总值班室），履行应急值守、信息汇总和综合协调的职能。

2006年3月14日，十届全国人大四次会议表决通过的《国民经济和社会发展第十一个五年规划纲要》专门强调公共安全工作，将应急管理工作首次列入国家经济社会发展规划。《纲要》指出，要"建立健全应急管理体系，加强指挥信息系统、应急物资保障、专业救灾抢险队伍、应急标准体系以及运输、现场通讯保障等重点领域和重点项目的建设，健全重特大自然灾害发生后的社会动员机制，提高处置突发公共事件能力"。

2006年5月31日，国务院第138次常务会议讨论通过了《中华人民共和国突发事件应对法（草案）》并提请全国人民代表大会常务委员会审议。2006年6月，国务院发布了

《国务院关于全面加强应急管理工作的意见》，提出了"加强应急管理机构和应急救援队伍建设""统筹规划应对突发公共事件所必需的基础设施建设""各专项应急指挥机构要进一步强化职责，充分发挥在相关领域应对突发公共事件的作用""加快国务院应急平台建设，完善有关专业应急平台功能""形成连接各地区和各专业应急指挥机构、统一高效的应急平台体系"等内容。2006年9月，国家安全生产监督管理总局和国务院国有资产监督管理委员会联合召开"中央企业应急管理和预案编制工作现场会"。要求2006年年底前，所有中央企业都要完成预案编制工作，2007年年底前，各级各类企业都要完成应急预案编制工作，形成"横向到边，纵向到底"的企业应急预案体系。2006年12月，国务院办公厅印发《"十一五"期间国家突发公共事件应急体系建设规划》，12月31日，国务院应急管理专家组成立。

2006年10月，党的十六届六中全会通过的《中共中央关于构建社会主义和谐社会若干重大问题的决定》进一步要求，要"完善应急管理体制机制，有效应对各种风险。建立健全分类管理、分级负责、条块结合、属地为主的应急管理体制，形成统一指挥、反应灵敏、协调有序、运转高效的应急管理机制，有效应对自然灾害、事故灾难、公共卫生事件、社会安全事件，提高危机管理和抗风险能力。按照预防与应急并重、常态与非常态结合的原则，建立统一高效的应急信息平台，建设精干实用的专业应急救援队伍，健全应急预案体系，完善应急管理法律法规，加强应急管理宣传教育，提高公众参与和自救能力，实现社会预警、社会动员、快速反应、应急处置的整体联动。坚持安全第一、预防为主、综合治理，完善安全生产体制机制、法律法规和政策措施，加大投入，落实责任，严格管理，强化监督，坚决遏制重特大安全事故。"党中央的这些决策和要求为我国的应急管理工作指明了方向。

2007年2月28日，《国务院办公厅转发安全监管总局等部门关于加强企业应急管理工作意见的通知》强调，加强企业应急管理，是企业自身发展的内在要求和必须履行的社会责任。2007年5月19日，国务院在浙江省绍兴诸暨市召开全国基层应急管理工作座谈会。会议指出，要建立起"横向到边、纵向到底"的应急预案体系；建立健全基层应急管理体系，将应急管理工作纳入干部政绩考核体系；建设"政府统筹协调、群众广泛参与、防范严密到位、处置快捷高效"的基层应急管理工作体制；深入开展科普宣教和应急演练活动；建立专兼结合的基层综合应急队伍尽快制定完善相关法规政策。

2007年8月30日，第十届全国人民代表大会常务委员会第二十九次会议审议通过《中华人民共和国突发事件应对法》，自2007年11月1日起施行。至此，我国现代应急管理体系基本建成。

（二）现代应急管理教育培训工作

2003年发生的"非典"疫情，推进了我国现代应急管理体系的构建，使中国对应急管理事业有了更深刻、更系统的认识，也催生了我国应急管理教育培训工作。

一方面，在各级政府大力支持下，有关院校和科研机构专家、学者积极探索推进应急管理学科建设及科研教育工作，旨在培养应急管理专门人才。第一，学科建设艰难起步。早在2004年，经教育部批准，河南理工大学开设了我国第一个公共安全应急管理本科专业，并于2005年开始招生。随后，暨南大学、防灾科技学院、中国劳动关系学院、华南农业大学等院校相继开展应急管理本科教育方向设置。第二，推动科研工作积极开展。中科院政策研究所的相关团队积极推进应急管理研究工作：2005年，举办了第一届全国"应急管理理论与实践"研讨会，以后每年一次；创办了《应急管理汇刊》，连续举办多期针对高年级本科生、研究生、博士生的"现代应急理论与研究方法"培训班，对应急管理教育培训与研究工作起到了积极推动作用。第三，学院制的开展进一步推动应急管理教育培训。2007年，中央财经大学挂牌成立了国内首家危机管理学院，开辟了我国应急管理学院制的先河。随后，暨南大学、河南理工大学先后成立应急管理学院。第四，研究生教育发展拓宽了我国应急管理教育渠道，提升了应急管理教育水平。最早开展应急管理研究生教育的包括：北京师范大学、中科院、清华大学、南京大学、中央党校（国家行政学院）等国家院所，与此同时，全国很多院校也纷纷在相关学科开展了应急管理相关方向的研究。

另一方面，应急管理培训工作也得到快速推进。第一，从应急管理培训对象范围划分，有应急管理干部培训、灾害救援专业人员技能培训、安全生产应急救援培训、灾害信息员培训、消防人员培训、全民应急知识和防灾知识宣传教育等。第二，从开展应急管理培训主体划分，有国家相关部门、有关院校和培训机构、企业、行业协会学会等都积极开展各类应急管理培训工作。第三，从培训内容上划分，紧紧围绕国家应急管理体系建设、队伍建设，以"一案三制"为主要培训内容，紧密结合应急管理队伍管理和指挥能力以及救援人员的素质和技能提升所需要的知识和技能等。第四，强化应急管理培训、演练实战化。

二、新时代应急管理教育培训工作

（一）新时代应急管理工作

党的十八大提出要加强防灾减灾体系建设，习近平总书记站在总体国家安全观的高度，把加强应急管理和应急能力建设，防范化解重大安全风险，切实保障人民群众生命财产安全摆到重要位置，把应急管理纳入国家治理体系和能力现代化的重要内容。2013年11月，中央成立了由习近平任主席的中央国家安全委员会，统筹协调涉及国家安全的重大事项和重要工作。2014年4月15日，在中央国家安全委员会第一次会议上，习近平总书记详细阐述了总体国家安全观。此后，我国又颁布了新的《中华人民共和国国家安全法》，出台了《国家安全战略纲要》。

2015年5月，中共中央政治局组织了以健全公共安全体系为题的集体学习，习近平总书记强调指出，"坚持以防为主、防抗救相结合，坚持常态减灾和非常态救灾相统一，全面提高全社会抵御自然灾害的综合防范能力"。

2016年7月，在唐山大地震40周年之际，习近平总书记在唐山考察工作时指出，当前和今后一个时期，要着力做好以下几方面工作。一是要加强组织领导，牢固树立灾害风险防范意识，完善中央层面应急决策和指挥机制，加强各部门应急联动、信息共享、资源统筹。大灾当前，各级领导干部特别是主要领导干部要靠前指挥、科学决策，确保预案到位、措施到位、责任到位、行动到位。二是要健全体制，加强各种自然灾害管理全过程综合协调，强化资源统筹和工作协同，强化地方党委和政府在防灾减灾救灾工作中的主体责任,完善军地协同联动、救援力量调配、物资储运调配等应急联动机制,加强救灾应急专业队伍建设,健全救灾物资储备体系,进一步完善灾害救助制度。三是要完善法律法规,开展防灾减灾综合立法,继续推进实施综合防灾减灾规划,进一步明确公民、法人和其他组织在防灾减灾救灾工作中的责任和义务。四是要推进重大防灾减灾工程建设,加强灾害监测预警和风险防范能力建设,完善灾害预警发布机制,组织展开自然灾害综合风险普查,提高城市建筑和基础设施抗灾能力,提高农村住房设防水平和抗灾能力,加强应急避难场所建设,夯实国家综合防灾减灾救灾基础。五是要加大灾害管理培训力度,提升应急处置能力和科学决策水平,发挥专家智库和科学技术的作用,建立防灾减灾救灾宣传教育长效机制,全面提高全社会风险防范意识和技能、灾害救助能力。六是要引导社会力量有序参与,建立巨灾保险和再保险制度,积极推进防灾减灾救灾国际交流合作,积极借鉴国外成功做法和经验。

2016年12月9日,中共中央、国务院印发了《中共中央 国务院关于推进安全生产领域改革发展的意见》;12月19日,又印发了《中共中央 国务院关于推进防灾减灾救灾体制机制改革的意见》,奠定了安全生产、防灾减灾救灾等应急管理体制机制改革发展的基本思路和工作目标。

2017年10月,党的十九大胜利召开,十九大报告指出,"树立安全发展理念,弘扬生命至上、安全第一的思想,健全公共安全体系,完善安全生产责任制,坚决遏制重特大安全事故,提升防灾减灾救灾能力"。

2018年2月26日,习近平总书记在《关于深化党和国家机构改革决定稿和方案稿的说明》中指出:"我国是灾害多发频发的国家,必须把防范化解重特大安全风险,加强应急管理和能力建设,切实保障人民群众生命财产安全摆到重要位置。为提升防灾减灾救灾能力,将国家安全生产监督管理总局的职责和国办、公安部、民政部、国土资源部、水利部、农业部、林业局、中国地震局涉及应急管理的职责,以及国家防汛抗旱总指挥部、国家减灾委员会、国务院抗震救灾指挥部、国家森林防火指挥部的职责整合,组建应急管理部。主要负责国家应急管理及体系建设,组织开展防灾减灾救灾工作,承担国家应对特别重大灾害指挥部工作;负责安全生产综合监督管理和工矿商贸行业安全生产监督管理等。这样做,既考虑了我国实际情况,也借鉴了国外管理经验,有利于整合优化应急力量和资源,建成一支综合性常备应急骨干力量,推动形成统一指挥、专常兼备、反应灵敏、上下联动、平战结合的中国特色应急管理体制。公安消防部队、武警森林部队转制后,同安全生产等应急救援队伍一并作为综合性常备应急骨干力量,由应急管理部管理。发生一般性灾害时,由各级政府负责,应急管理部统一响应支援。发生特别重大灾害时,应急管理部作为指挥部,协助中央组织应急处置工作。"明确了我国应急管理体制改革的思路、任务、目标和要求。

2018年3月13日,十三届全国人大一次会议第四次全体会议通过了应急管理部机构改革方案。4月16日,应急管理部正式挂牌。成立应急管理部,是我国应急管理史上的一个重要里程碑,是我国防范化解重大安全风险、进一步完善公共安全体系的重要举措,对于推动国家治理体系和治理能力现代化建设具有重要意义。

2018年11月9日,国家综合性消防救援队伍授旗仪式在人民大会堂举行,习近平总书记向国家综合消防救援队伍授旗并致训词。总书记指出："组建国家综合性消防救援队伍，是党中央适应国家治理体系和治理能力现代化作出的战略决策，是立足我国国情和灾害事故特点、构建新时代国家应急救援体系的重要举措，对提高防灾减灾救灾能力、维护社会公共安全、保护人民生命财产安全具有重大意义。"总书记重要训词，充分肯定了消防救援队伍在维护人民群众生命财产安全、维护社会稳定中作出的历史贡献，明确标定了新时代消防救援队伍应急救援主力军和国家队的战略定位，鲜明提出"对党忠诚、纪律严明、赴汤蹈火、竭诚为民"的四句话方针。

（二）新时代应急管理教育培训工作发展与展望

应急管理部组建后，形成了全国约30万人的应急管理干部队伍；完成公安消防、森林消防部队的转制后，新组建约20万人的国家综合性消防救援队伍；依靠国家财政投入建立68支约1.24万人的国家级安全生产应急救援队伍（其中，7支国家矿山应急救援队，14支区域矿山应急救援队，47支中央企业矿山、化工应急救援队）；还有包括水上搜救、海上溢流、紧急医疗救援、防汛抗旱、铁路事故救援、抗震救灾、核事故救援等专业救援队伍以及企事业单位的兼职救援队伍等。逐渐形成一支由应急管理系统干部、综合性消防救援队伍、专业性应急救援队伍、企事业单位兼职应急救援队伍、社会应急救援队伍以及大批志愿者组成的全国应急管理和救援力量。

针对如此庞大的应急救援力量，其素质、能力的持续提升已然成为各级政府、教育培训部门、有关院校、企业、机构的核心话题，现实的需求对安全生产、防灾减灾救灾、应急救援等应急管理教育培训工作提出新的挑战、新的要求。

首先，新时代应急管理普通教育、职业教育应时快速发展。在先期应急管理学院建设基础上，2019年9月，教育部规划中心公布2020年首批"应急安全智慧学习工场"暨应急管理学院建设名单，全国共有19所高校入选。包括滁州学院、大连交通大学、防灾科技学院、华北科技学院、河北工程大学、济南大学、集美大学、吉林建筑大学、昆明理工大学、辽宁石油化工大学、南京信息工程大学、沈阳化工大学、太原理工大学、西安科技大学、西北大学、辽宁工业大学、中国矿业大学、中国海洋大学、浙江安防职业技术学院等。这些学校集结了目前国内应急管理专业教育的最优质资源，具备开展应急安全智慧学习工场建设的各项基础条件，后续将在项目组的指导下，根据自身特色及区位特征开展相应的学院、实训基地、产业园区乃至总部基地的建设。19所应急管理学院，将集合安全科技教育体验基地、安全高水平产教融合实训基地、先进安全技术成果转化中心、安全大数据中心、城市应急指挥平台、应急救援志愿者培训等功能，并以应急管理学院为共享核，助推区域公共安全网络和城市安全发展体系建设，构建环高校全民安全能力提升与安全产业培育新引擎。2019年12月，由湖南安全技术职业学院、重庆安全技术职业学院、江苏安全技术职业学院、广西安全工程技术职业学院、兰州资源环境职业技术学院、辽源职业技术学院等6家职业院校共同发起的应急安全职业教育联盟在湖南长沙成立，应急管理部培训中心作为联盟指导单位出席了成立仪式。有关高校、职业院校、学会、协会、救援组织、企业等68家单位加盟。相信应急安全职业教育联盟的成立必将助推全国安全与应急职业教育培训工作。

其次，全国应急管理教育培训院校、机构、组织等加快转型升级，积极探索应急管理教育培训的途径和办法，以适应新时代应急管理培训的新要求。从国家层面，依托中央党校（国家行政学院）、应急管理部培训中心、中国消防救援学院、华北科技学院、防灾科技学院、减灾中心以及省部共建院校等机构大力开展应急管理、灾害防治、应急救援等培训工作。从各地来看，全国32个省（区、市）通过采取自建、合作共建、联合办学等方式大都建立了应急管理培训基地。应急管理部培训中心按照部党组要求升级建设"全国应急管理干部网络学院"，并于2019年投入使用，面向全国开展应急管理系统干部政治理论、党性修养、专业知识、专业能力等网络培训工作；中国消防救援学院也建成了"国家消防救援网络学院"，将面向综合性消防救援队伍和企业、社会的消防救援从业人员开展网络培训。

应急管理进入新时代，应急管理培训工作也将按照新特点、新要求，大力开展培训基地建设、师资队伍建设、培训资源建设、教材和信息化等基础建设，努力提高应急管理教育培训的针对性、有效性，为全面提升应急管理人员素质能力，推进应急管理体系和能力现代化建设作出积极贡献。

第四节　国外安全与应急培训经验

国外发达国家和国际组织在防控应对突发事件和灾害救援的实践中，积累了一系列安全与应急培训的经验。

一、国外安全培训经验介绍

（一）职业健康安全管理体系（OHSMS）简介

1995年上半年，国际社会成立了由中、美、英、法、德、日、澳、加、瑞士、瑞典以及国际劳工组织与世界卫生组织等代表组成的特别工作组，并召开了第一次工作会议，拉开了职业健康安全管理体系（OHSMS）的序幕。经过许多国家与国际组织的努力，OHSMS已成为被普遍认可的国际性标准，它是组织（企业）建立职业健康安全管理体系的基础与主要依据。

因为人的不安全行为往往是事故的最直接因素，因此，OHSMS标准的要素结构中，培训是其中非常重要的一环。建立健全的OHSMS体系，实行层层负责、人人负责的方针，制定有效的运行程序，明确维护健康、创造安全舒适的生产和生活环境，是每位管理者及员工的责任和义务，而所有承担职责的人员，都应该在接受相关的培训后，拥有正确的认识与实施正确的行为。其中，管理层应为实施、控制和改进职业健康安全管理体系提供必要的资源，包括人力资源和专项技能、技术培训资源；而员工则要进行专门化的培训，尤其是特种作业人员必须保证其能够安全地在存在危害及危险因素的环境条件下进行正确的生产操作。

OHSMS管理是一项复杂的工作，往往涉及企业全部或大部分人员的活动，除专门制定的职责外，组织的所有员工对其自身和他人的安全健康都负有基本责任。鉴于员工的OHSMS意识和能力在体系实施中的重要作用，企业应抓住关键，使处于每一层次和职能的人员，都能够尽可能完全地承担本岗位责任。所以，全体人员都应根据其教育、培训和经历进行有针对性的培训,从而具备有效实施 OHSMS、完成职业安全工作任务的能力。

为培养员工的 OHSMS 的意识和能力,企业对员工进行教育培训一般包括了下述对象与对应内容。

(1) 使全体员工了解本企业的职业安全计划及个人在其中的作用和职责。

(2) 对新雇员及那些在企业内部不同部门、场所、车间、工种、任务间进行岗位变动的人员进行入门(入场)培训。

(3) 对在岗员工进行日常教育培训,内容应包括岗位知识及技能的 OHSMS 教育培训计划;工作开始前需了解的所从事工作的危害风险预防措施及程序等。

(4) 对所有从业员工、承包人及其他人员,如临时工等,进行职业安全职责培训,以便他们在以后的工作中能认识到他们所负责的工作中的危害性、危险性因素。

(5) 在风险评估与控制技术方面,对设计人员、维护人员及负责制定工作程序与方法的人员进行培训。

(6) 对厂长(经理)或组织的董事及高级管理人员进行培训。

为系统规划并确保教育培训的良好效果,应非常注重其中的方法与程序,并尽量使培训内容精准。一般包括:国家和当地政府的 OHSMS 方面的法律、法规,具体工艺流程中的 OHSMS 要求以及实施计划,人员急救、自救和人身保护,设备、工具和仪器操作使用及维护,水、电、信设备设施安全使用,油料、化学药品及其他有害物质的安全处理方法,突发事件的应急程序及演练等。其中不能忽视对于承包人、临时工及参观人员的培训,应根据实际尽可能针对导致危害及危险的状况进行培训。

企业对员工的职业安全教育和培训应有完善的程序,以确定各个岗位(尤其是具有重大 OHSMS 责任或其工作可能产生重大影响的岗位)员工所需的知识和技能,建立人员上岗制度,制定教育和培训计划,保持培训记录。尤其要保证关键岗位的员工上岗前,都能够得到必要的培训,已经具备从事本岗位安全工作所需的能力。

(二) 国际劳工组织以培训促职业安全发展

自 1919 年国际劳工组织(ILO)建立以来,就把改善劳动者的就业与工作条件、促进职业安全卫生作为核心工作内容。该组织携手国际标准化组织(ISO)等组织,对职业健康安全管理体系标准化问题进行了深入研究,很大程度上促进了 OHSMS 在国际上的兴起。

国际劳工组织长期以来把职业培训作为首要任务。其职业培训政策的主要框架是:建设富有效率的国家培训制度,强调政府与私有部门的职责分担模式,维护培训的公平,构建科学、完善的培训模式。国际劳工组织为更好地适应不同发展阶段国家的国情,提出了"对培训制度的改善,应建立在宽泛的基础和范围上"的理念,把需求驱动导向作为培训新模式的核心。

在国际劳工组织的一些主要活动当中,如国际劳工立法、技术援助和技术合作、研究和出版有关的公约、建议及相关会议和活动的成果等,都会将职业健康培训渗透其中。该组织提倡的"人人享有体面劳动"的战略思想已被各国普遍接受,所强调的正是体面劳动与社会保障、教育培训之间紧密与直接的联系。

在开展国际劳工立法工作时,国际劳工组织一般会采用国际劳工公约和国际劳工建议书两种形式。其中，1981年通过的《职业安全和卫生及工作环境公约》（第155号公约），在世界范围内产生了较大的影响。中国于2006年经全国人民代表大会常务委员会批准，加入了这项国际公约，这标志着中国政府向世界承诺：中国将与其他缔约国一样，进一步改善劳动条件和工作环境，不断提高工人的职业安全卫生水平，并接受全世界的监督。

155号公约在"国家政策的原则"中要求，"为使安全和卫生达到适当水平，对有关人员在这方面或另一方面的培训，包括必要的进一步的培训、资格和动力"；在"国家一级的行动"中要求，"以适合本国情况和惯例的方式，鼓励将职业安全和卫生及工作环境问题列入各级的教育和培训，包括高等技术、医学和专业的教育以满足所有工人培训的需要"；在"企业一级的行动"中要求，"工人及其企业中的代表应受到职业安全和卫生方面的适当培训"。国际劳工组织对用人单位的要求是：确保员工获得必要的信息、指导、培训和督导，并使用合适的语言。

国际劳工组织在发展工人职业安全技能方面，做了大量的具体工作。在各类与职业安全相关的培训中，非常注重学员达到某一种安全技能或标准，拥有安全地进行生产活动的基本能力或预控能力，即：完成某一职业所需的相关安全理论知识，同时还应具有全面操作的技能，拥有职业安全方面的工作态度与职业道德等。

（三）欧盟职业教育框架中的安全培训

欧盟职业教育与培训体系为欧洲劳动力市场培养高水平的技术技能型人才发挥了巨大作用，为欧洲经济发展这个核心主题提供了可靠保障。欧盟职业教育与培训是一个宽泛的概念，各成员国内部对职业教育与培训的界定、组织结构、所指等，都有或多或少的差异，均有其本土历史的、经济的、文化的、政治的传统因素为背景。

但职业教育是各国培养技术技能型人才的主要方式，而技术技能型人才是推动欧盟经济发展的关键要素。所以，各国都是从立法的角度规定职业教育和培训过程中的课程设计、教学安排、最终考核等内容，同时，使职业教育和培训依靠市场机制赢得繁荣和发展。其中，德国的"双元制"培训模式，有较强的代表性。

"双元制"培训模式中，对职业安全的培训目标是：较强的安全操作技术与动手能力；服从专业所需的安全知识；良好的安全职业道德和安全态度；能适应工厂所需和协作工作；对企业有感情；以较好的个人防护保证健康；对事故的预防能力、控制能力等综合能力提升。

为达到这个目标，培训需要企业学员的培训与学校教育相结合，其中，企业安全培训由行业协会负责监督与管理，职业学校的组织、管理则由各州负责。一般来说，受训者兼有双重身份，一方面，受训者根据企业签订的安全培训合同进行培训；另一方面，受训者在职业学校里接受安全理论教学。企业必须严格按照联邦政府颁布的安全培训规章及培训大纲进行实践技能的培训；职业学校则遵循州文化部门制定的教学计划、大纲对学生进行安全理论知识的传授。所有的教育培训都要适应企业需要，以职位能力为本位，确定安全培训目标，在此基础上形成以职业安全能力为核心的课程结构、教学内容与培训方法。

（四）日本职业安全培训模式

日本政府、安全卫生组织、有关部门或一些私人机构，对企业安全培训一向非常重视，在其《劳动安全卫生法》等有关法律法规中，对安全培训进行了明确规定。

针对企业不同的培训对象，日本规定了6类强制性安全培训，主要包括：安全管理员培训；新员工培训；调入人员培训；特殊培训；班组长培训；一般员工的健康培训。除了调入人员培训与一般员工的健康培训，其他4类人员都明确规定了对培训讲师的要求，包括培训讲师的培养方法、教学计划和教学时间。在有关管理者看来，培训讲师的培养非常重要，为各类职业安全培训担任教师的，主要来自行业界、大学、研究院所等，一般都有着较高的理论水平或实践能力。

班组长是企业最基层的管理者，其主要职责是：明确车间何处存在问题和困难，召集班组全体人员解决存在的问题。基于此，对班组长进行必要的安全培训，主要是为了使其具备与岗位相适应的安全管理技能。作为确保员工现场安全操作的有效管理人员，日本《劳动安全卫生法》制定时就已经充分认识到班组长培训的重要性，该法律中对班组长培训提出了专门的要求。而班组长培训讲师的培养，除规定了教学计划、教学时间、培训教师以外，还规定了具体的教学方法，目的是更好地提高教学效果。

在日本，专家普遍认为安全培训有3个关键点，即"如何让学员理解""如何传达正确的内容""如何提高培训效果"，所以，需要提前制定安全培训指导方案。安全培训指导方案是实施安全培训、提高培训效果的重要保障，可以通过提前准备，确保不漏过所有的培训内容和要点，并对其进行有序思考，对难点、疑点等进行调查、整理和分析，确保在预定时间内达到培训目的。

一般采用四阶段法编制安全培训指导方案。第一阶段：引入——阐述培训的重要性，调动参加受训人员的积极性，使学员接受培训、认真听讲、投入培训之中。第二阶段：讲解——按照顺序，逐一说明培训的有关内容。第三阶段：应用——加深学员对培训内容的理解，确认并提高、加深学员理解程度。第四阶段：确认——对培训情况进行总结，明确学员回到单位或部门后应实施的具体事项、预期目标及工作方法。

二、国外应急培训工作

应急培训是提高人们应急能力和知识水平的必要手段，是应急救援行动成功的前提和保证。西方发达国家普遍重视应急培训行动的实施，尽管各个国家的管理体制、文化环境、重点防范的危机类型等各不相同，但无一例外地都注重整个培训体系的建立与完善。

（一）美国

美国有多个不同层次的应急培训的组织管理机构。美国联邦紧急事务管理局（FEMA）不但是联邦政府处理灾害的专业机构，而且还是对州、地方政府应急管理部门人员与公众进行事前准备、事后应对处置的教育培训组织机构。

美国应急管理学会（EMI）是FEMA的下属单位，主要负责对联邦、各州、地方和政府机构、志愿者组织、公共机构、私人部门开展四个主要方面（减灾、灾害防备、应急响应、灾后恢复）的培训，负责对各州应急培训服务机构和学校的应急培训服务进行管理。FEMA下属的国家准备委员会（National Preparedness Directorate，NPD）、国家整合中心（National Integration Center，NIC）的培训与训练整合秘书处（TEL）负责设置课程，分别从意识、执行和管理与规划层面入手，对初始响应者（执法者、消防人员、有害物质管理人员、突发事件医护人员、工程一线人员等）进行培训，培训课程达到100多种。

安全与应急培训概论

2008年1月，美国国土安全部发布了作为美国应对突发事件行动指南的《国家应急反应框架》。《框架》对美国的应急反应体系作了全面、科学的阐述，将有效的应急反应分为准备阶段、反应阶段、重建阶段3个阶段，其中，培训是准备阶段的一项核心任务。

美国的培训方式有4种：一是机关培训，由机关自己主办，课程也由各机关自行确定；二是部门培训，培训政府各部门的官员；三是由大学进行，公务员委员会或政府各部门会与大学合作，选派或支持公职人员到大学学习相关课程；四是在职培训，专业的危机管理人员在工作岗位上学习，提高工作水平。

这些培训内容因受训者职位不同而各不相同，但普遍重视应急管理基本理论和基本技能等内容。如EMI的减灾课程要求培训对象掌握对各类灾害（包括地震、洪水、龙卷风、溃坝、山崩、飓风和其他自然灾害）的预测分析模型、风险分析模型的构建，并能操作应急平台等。灾害管理与恢复课程针对应急人员就灾害中的职责、义务、功能和程序提供培训。而部分自修课程，如应急管理者课程，则从应急管理的范围、应急管理者的义务和权利等方面入手，并明确应急管理的四大总体方向——防灾、准备、响应和恢复，以这些为依据设计课程。培训专业人员时，还要求其参加各种实战演练，提高实战能力。

通过各类培训，专业人员基本上都掌握了一种甚至多种救援技能。同时，EMI还负责指导基层组织、志愿者组织的救援培训，使其掌握一定的救援技能。

在培训评估方式上，美国EMI把任务层（Task-level）、行动层（Activity-level）、能力层（Capability-level）的分析，与基于演练的培训评估相结合，方法先进而有效。

（二）英国

英国应急规划学院（EPC）是政府应急管理培训的核心部门，下设在内阁办公室的公民紧急秘书处（Civil Contingencies Secretariat，CCS），它是地方和中央政府唯一的常设应急培训机构。

英国的危机管理很注重对危机应对人员（包括地方和中央政府主要应急管理者、核安全应急管理者、新闻发言人、应急恢复战略管理者、地方政府官员和政府高级官员、基础设施规划与应急响应者、道路交通应急管理者、高校应急管理者、健康规划官员）的培训工作。其培训工作可分为两个大类：一类是关于危机应对准备的培训，包括对管理工作人员进行风险评估、业务持续管理、危机规划等方面的培训；另一类是关于危机应对的培训，它是指对管理工作人员在危机事件爆发以后如何开展危机应对工作的能力进行培训，培训的内容主要有各种规划的内容、个人在执行规划中的职责、应对危机的关键技能和知识等。

值得注意的是，在英国的危机管理当中，实战演练也是一种重要的培训。危机规划学院（The Emergency Planning College）是英国危机管理培训任务的主要承担者，也是英国仅有的一个常设的全国性的各类危机应对主体相互交流经验的平台。

（三）日本

日本总务省（Ministry of Internal Affairs and Communications）下设的消防厅（Fire and Disaster Management Agency，FDMA）是负责应急管理、灾害救援培训工作的政府管理机构。消防与灾害管理学院（Fire and Disaster Management College，FDMC）为消防与灾害管理人员、消防志愿者以及普通公民提供所需的培训课程和教育项目。

日本经过近半个世纪的研究和探索，在应急管理方面积累了丰富的经验。灾前的预防预警、救灾时的应急救援系统以及灾后重建与恢复等防灾对策，已经走在世界前列，尤其是防灾教育方面，具有独特和全面的教育系统。日本在其公务员培训制度中，将人事管理、业务管理、危机管理作为晋升所必须经历的培训。其中危机管理培训是很有特色的，如担任课长的候选人要经历实施计划失败的考验才能担任职务，这是一种风险意识和危机处理能力的培养。从2003年起，危机管理和防止恐怖活动成为防灾训练的新内容。

（四）澳大利亚

澳洲应急管理中心是澳洲应急管理的核心机构，该组织通过包括预防、准备、应急及恢复重建在内的全面手段，促进澳洲国家应急管理措施的实施。该中心下辖四个小组，其中就包括教育和培训小组，其主要职责是：教育和培训的开发与传播，应急管理资格的标准制定和课程的开发与维护，应急管理研究和小区教育。

澳大利亚政府对高级公务员培训的宗旨是，紧密结合公共行政管理在理论和实践上面临的新挑战，使政府高级公务员具备应对新挑战的能力，不断更新管理理念，汲取先进经验，更好地解决实际问题。应急管理培训是其中重要的一项，因为应急管理工作要求各级政府、政府各职能部门高效、协同运作，需要公务员具备相应的较高的应急管理素质和能力。澳洲在建立应急管理体系的时候，也非常注重对公务员进行相关的教育和管理。

（五）俄罗斯

俄罗斯为了管理自然灾害以及各种事故，成立了俄罗斯联邦民防应急和减灾部，也称特别情况部，以更好地处理由灾难引发的事故。在俄罗斯特别情况部承担的使命中，就包括组织人员培训相关内容，并设立了专门负责训练的机构，包括一个民防学院，若干培训中心，一所全俄罗斯民防科学研究院和一所全俄监控与实验控制中心等。

三、国外安全与应急培训经验借鉴

发达国家较早探索了适合本国发展需要的职业安全、应急管理模式，为达到让人们常备预警之心、常存应对之计的效果，尽力在"非常态"事件发生之前，使职业安全与应急管理培训覆盖每一位相关者。其培训中呈现的组织有序化、培训专业化、演练实战化和参与普及化等经验，值得我们学习借鉴。

（一）组织有序化

发达国家往往将职业安全与应急培训制度法制化、经费保障专项化。特别是在组织机构设置方面，会在全国范围内设立从中央到地方的专门培训机构，同时充分利用高校、科研院所等充足的教育资源，开展广泛合作与专业研究。而各专业应急部门、志愿者组织、民防团体、社区、学校等，则充分考虑受众的特点，开展有针对性的多层次、多角度、全方位的应急培训。

美国联邦紧急事务管理局（FEMA）在全国范围内设立了3个应急培训中心，从联邦政府、州政府到地方政府，都设有专门机构和全职工作人员，进行应急教育、宣传、专业培训。日本应急组织体系实行中央、都道府县、市町村三级制，各级灾害应对组织都做出了相对应的应急培训计划，不少高校也开设有"危机管理"专业，专门培养高层次的防灾救灾、应急管理人才。德国应急管理人员的培训主要由联邦民事保护与灾难救助局

（BBK）下属学院负责，志愿者培训主要由联邦技术救援局（THW）所属的两所技术救援培训学院负责，公民教育由政府部门与学校、社会组织、企业及个人进行，所有的培训都独具特色。

（二）培训专业化

为使职业安全与应急培训更具专业性，各国都十分注重加强职业安全与应急培训基地的建设，对培训课程、师资力量、培训方式方法等，投入了大量的财力和人力，建立了许多适应案例式、模拟式、演练式教学要求的专用教室与实验室，并配备了相关设备，遵循职业安全与应急培训的规律和特点，适应提高能力的要求。

美国应急管理培训设置了综合应急管理课程、专业及高级专业培训课程、教育培训课程、各灾种培训课程、灾害应急操作和灾后恢复课程，要求紧急救援专业人员必须经过严格培训后持证上岗。日本灾害救援任务主要由消防、警察、自卫队和医疗机构等承担，这些机构负责对相关人员进行培训，构成了日本现今较为严密的灾害救援体系。德国的应急管理培训非常注重专业性，相关人员会在危机管理、应急规划及民事保护学院（AKNZ）和隶属于THW的联邦技术救援学院进行系统学习，有资格授课的基本上都是某一方面的专家。

（三）演练实战化

特别是应急管理培训工作，尤其注重实践性、实战性。各国在应急管理培训方面往往都大量采用模拟演练方法，目前国际上普遍提倡"参与式"培训方法以及情境模拟（Simulation）和角色扮演（Role_player）等现代化教学方式，建构以演练课程为主，兼顾理论课程的标准化、模块化课程体系。

这些课程通过设置突发事件情境，利用视觉、听觉等多种辅助手段，引导学员参与到演练的过程中来，在演练的活动、表现和体验中不断反思自己的行为与表现，从而提高培训对象的应急指挥决策、沟通协调等多种能力和水平。

德国的应急管理课程体系非常注重操作性，演练课程占全部课程的一半甚至以上。以AKNZ的Ⅱ级课程为例，在为期2天的培训中，指挥部演练的内容占到1天半，可见其对实际操作能力的重视。美国政府每年定期依据防灾救灾活动表，进行紧急灾害应急演练，展示防灾教育的成果。日本政府和相关灾害管理机构，经常组织全国范围内的大规模灾害演练，为求演练更切合实际，都道府县等政府在必要时要在指定区域禁止人车通行，这些必要的限制让公众对紧急情况的应对有更真切的认识。德国应急管理培训大量采用模拟演练方法，无论是机构设置、任务分工、演练流程还是实战内容的设计，都尽可能符合受训人员在应急管理工作中的实际情形。

（四）参与普及化

各国在职业安全与应急知识教育方面非常重视大众的参与，通过号召并组织民众积极参与多种形式的演习，培养公众的防灾理念和习惯，提高实际应急能力。

美国出版了大量公共安全应急救援知识的普及读物，既有针对成人、儿童的，也有针对特殊人群的，在读物中传授基本的防灾知识和方法。政府部门会通过电视节目专门播映爆发危机的教育系列片，互联网上也设有专门的网站。FEMA在网络上制作了应急指挥系统的学习课件，民众可以很方便地了解应急救援计划和工作流程，这些课件模拟了几乎所有可能对公民生命和财产安全所造成威胁的突发事件,并指导民众如何应对。

日本的应急教育从中小学抓起,从小就培养公民的防灾意识。日本各都道府县教育委员会基本上都会编写《危机管理和应对手册》或者《应急教育指导资料》等教材,指导各类中小学开展灾害预防和应对教育。同时,日本政府设立多个"防灾日",全国各地方政府、居民区、学校和企业都要举行各种防灾演习,提醒大家关注灾害管理,促进公众参与灾害管理的自觉意识。

德国应急志愿者体系发达,全德有超过2300万人从事志愿服务,并隶属不同的志愿者服务组织,如:德国工人助人为乐联盟(ASB)、德意志生命救助协会(DLRG)、德国红十字会(DRK)、德国约翰尼特事故救援团(JUH)、德国消防队(DFV)等,由志愿者组织牵头对志愿者进行培训。对庞大的志愿者队伍的日常培训,多在周末与假日开展,极大地提高了应对危机时公民的自我保护和相互救助的能力。

另外,美、德、日、韩等国家的政府十分重视消防志愿者的教育和培养。建立了一套专门的消防教育体系,形成了各自特色的志愿消防行动的经费筹措渠道,还采用立法或行政手段,最大限度地保证消防志愿者获得应有的福利保障。

纵观这些国家,一般都是通过一个适合本国特色的有效而完整的管理模型(流程、制度或管理办法)来保证职业安全与应急管理培训工作,并形成一个综合的培训系统。这个系统主要包含职业安全与应急管理培训组织体系、课程体系、培训效果评估体系、培训系统支持体系等,同时还注重调动多方面的资源来进行师资保障。

第三章　安全与应急培训相关规定

近年来，在党中央、国务院的高度重视下，安全与应急培训工作取得了新的进展和成效。法规、标准和制度不断完善，管理体制基本理顺，考核体系初步建立，监督检查机制基本形成，基地建设、教材研发、师资培训等基础工作进一步加强。

认真学习领会、贯彻落实相关法律法规、规章规定中涉及安全与应急培训工作的规定及要求，对各级应急管理部门和煤矿安全培训监管机构、生产经营单位以及安全培训机构做好安全与应急培训工作具有十分重要的意义。

本章全面梳理了宪法以及安全生产和应急管理相关的法律、行政法规、部门规章、规范性文件、国家/行业标准中关于安全与应急培训工作的规定，并按照应急管理部门、生产经营单位、安全培训机构三个培训责任主体，分别阐述了各自在安全与应急培训工作方面的职责、要求和做法。同时尽可能引用原文，便于读者学习，能够按照党的十九届四中全会提出的"各级党委和政府以及各级领导干部要切实强化制度意识，带头维护制度权威，做制度执行的表率，带动全党全社会自觉尊崇制度、严格执行制度、坚决维护制度"，"推动广大干部严格按照制度履行职责、行使权力、开展工作"。

在宪法、法律、行政法规、规章相互之间的效力即法的效力层次（效力等级关系）方面，《立法法》作出了明确规定。第八十七条规定"宪法具有最高的法律效力，一切法律、行政法规、地方性法规、自治条例和单行条例、规章都不得同宪法相抵触"；第八十八条规定"法律的效力高于行政法规、地方性法规、规章。行政法规的效力高于地方性法规、规章"；第九十一条规定"部门规章之间、部门规章与地方政府规章之间具有同等效力，在各自的权限范围内施行"；第九十二条规定"同一机关制定的法律、行政法规、地方性法规、自治条例和单行条例、规章，特别规定与一般规定不一致的，适用特别规定；新的规定与旧的规定不一致的，适用新的规定"。简要地说就是上位法高于下位法，即宪法＞法律＞行政法规＞规章；同一位阶的，特别规定优于一般规定，新的规定优于旧的规定。

需要说明的是，2018年3月13日，国务院机构改革方案公布，组建应急管理部，原国家安全生产监督管理总局的职责并入应急管理部，不再保留国家安全生产监督管理总局。2020年9月22日，国家矿山安全监察局"三定"规定明确，将国家煤矿安全监察局更名为国家矿山安全监察局，设在地方的25个煤矿安全监察局相应更名为矿山安全监察局，将应急管理部的非煤矿山安全监督管理职责划入国家矿山安全监察局。由于一些涉及安全生产、应急管理的法规、部门规章正在或尚未修改，因此，本章引用法规、规章条款原文中的"国家安全生产监督管理总局"或"国家安全监管总局"对应国务院机构改革后的"应急管理部"，"安全生产监督管理部门"对应现在的"应急管理部门"，"煤矿安全监察机构"对应现在的"矿山安全监察机构"。

第一节 应急管理部门培训规定

应急管理部的成立给我国应急管理干部队伍建设与教育培训提出了挑战,应急人才的培养是首要的大事,应急管理实践需要更专业的人才和理论。各级应急管理部门要把安全与应急培训纳入安全生产和应急管理工作总体部署,统筹规划,同步推进,切实加强对安全与应急培训工作的指导、组织和监督管理,服务好新时代应急管理工作大局,推进应急管理体系和能力现代化。

一、安全与应急培训管理体制

(一)全国干部培训管理体制

2015年10月,中共中央印发的《干部教育培训工作条例》,对干部培训管理体制作出了明确规定。第五条规定"全国干部教育培训工作实行在党中央领导下,由中央组织部主管,中央和国家机关有关工作部门分工负责,中央和地方分级管理的体制";第六条规定"中央组织部履行全国干部教育培训工作的整体规划、制度建设、宏观指导、协调服务、督促检查等职能。全国干部教育联席会议成员单位按照职责分工,负责相关的干部教育培训工作。中央和国家机关各部门负责指导本行业本系统的业务培训";第八条规定"干部所在单位按照干部管理权限,负责组织实施本单位的干部教育培训工作"。由此,应急管理部作为国务院组成部门,负责指导、组织和监督全国应急管理系统干部培训工作。

(二)应急管理部门安全与应急培训管理体制

安全与应急培训是安全生产、应急管理重要的基础性工作,也是应急管理部门的法定职责。

2016年12月,中共中央、国务院印发的《中共中央 国务院关于推进安全生产领域改革发展的意见》明确"安全生产监督管理部门负责安全生产法规标准和政策规划制定修订、执法监督、事故调查处理、应急救援管理、统计分析、宣传教育培训等综合性工作"。同期印发的《中共中央 国务院关于推进防灾减灾救灾体制机制改革的意见》明确"将防灾减灾纳入国民教育计划,加强科普宣传教育基地建设,推进防灾减灾知识和技能进学校、进机关、进企事业单位、进社区、进农村、进家庭","定期开展社区防灾减灾宣传教育活动,组织居民开展应急救护技能培训和逃生避险演练,增强风险防范意识,提升公众应急避险和自救互救技能"。《自然灾害救助条例》第六条规定"各级人民政府应当加强防灾减灾宣传教育,提高公民的防灾避险意识和自救互救能力"。《安全生产培训管理办法》第四条、《生产经营单位安全培训规定》第五条对安全培训管理体制作出了明确规定。应急管理部"三定"规定主要职责中明确"负责应急管理、安全生产宣传教育和培训工作"。

因此,应急管理部作为负责全国应急管理、安全生产综合监督管理工作的部门,指导并依法对全国安全与应急培训工作实施监督管理。国家矿山安全监察局作为全国矿山安全监察机构,负责矿山安全生产宣传教育,指导推进全国矿山企业安全培训工作。此外,鉴于安全生产应急救援专业性较强的特点，国家安全生产应急救援中心作为应急管理部直属事业单位，负责指导全国安全生产应急救援培训工作，但不涉及培训工作的监管执法权。

县级以上地方各级人民政府应急管理部门，包括省、自治区、直辖市人民政府、市（地、州）人民政府和县（市、区）人民政府应急管理部门，作为本级人民政府应急管理、安全生产的"常备军"，对本行政区内安全与应急培训工作负有组织和监督管理责任。

为落实国务院行政审批制度改革精神，理顺煤矿安全培训管理体制，《煤矿安全培训规定》第三条规定"省、自治区、直辖市人民政府负责煤矿安全培训的主管部门（以下简称省级煤矿安全培训主管部门）负责指导和监督管理本行政区域内煤矿企业从业人员安全培训工作。省级及以下煤矿安全监察机构对辖区内煤矿企业从业人员安全培训工作依法实施监察"。"省级煤矿安全培训主管部门"是指由省、自治区、直辖市人民政府指定的负责本行政区域内煤矿企业安全培训管理工作的部门，即常规意义上的"行业管理部门"；"省级及以下煤矿安全监察机构"是指原省级煤矿安全监察局及其分局，现为矿山安全监察机构，只负责依法对辖区内矿山安全培训工作实施监察。煤矿安全培训主管部门、矿山安全监察机构以下统称为"矿山安全培训监管机构"。

（三）国务院有关主管部门安全与应急培训职责

由于安全生产涉及各行业、各领域，不同行业、不同领域的情况和特点差别很大，其安全生产监督管理具有很强的专业性。因此，除应急管理部外，还必须充分发挥国务院有关主管部门在安全生产监督管理上的优势和作用。国务院有关主管部门即《安全生产法》所指的"对有关行业、领域的安全生产工作实施监督管理的部门"。

安全生产监管和自然灾害防治，与人民群众生命财产安全息息相关。一方面，要守住安全生产基本盘、基本面，定期分析研判安全生产形势，建立常抓严管长效机制；另一方面，要推动构建全方位全过程多层次的自然灾害防治体系，统筹应对各灾种，有效覆盖防灾减灾救灾各环节，建立快速响应和高效救援机制。

按照深化党和国家机构改革方案要求，应急管理部重点理顺与相关部门的职能划分，处理好"统"与"分"的关系，界定好"防"与"救"的职责。应急管理部作为综合部门，承担国务院安委会、国家减灾委和国务院抗震救灾、国家防汛抗旱、国家森林草原防火等指挥协调机构的办事机构职责，承担统筹自然灾害防治的主要责任。"防"是各部门工作责任，涉灾部门在本行业领域负责预防工作，应急管理部门做好统筹协调和综合防范工作。"救"是应急管理部门的主要职责，涉灾部门要防止事态扩大，做到灭早灭小。

据此，国务院有关主管部门应当按照各自的职责，依法对分管领域内的安全与应急培训工作实施监督管理。其职责分工如下：公安部门负责对道路交通安全，民用爆炸物品公共安全及购买、运输、爆破作业安全，烟花爆竹公共安全，危险化学品公共安全等安全与应急培训工作实施监督管理；工业和信息化部门负责对通信业、民用船舶制造、民用爆炸物品生产和销售等安全与应急培训工作实施监督管理；住房和城乡建设部门负责对建筑业、市政建设、房地产业等安全与应急培训工作实施监督管理；交通运输部门负责对铁路、公路、水路、民航等安全与应急培训工作实施监督管理；生态环境部门负责对核与辐射安全与应急培训工作实施监督管理；市场监管部门负责对特种设备安全与应急培训工作实施监督管理；自然资源部门负责对地质灾害教育培训工作实施监督管理；水利部门负责对洪水干旱灾害防治教育培训工作实施监督管理；国家林业和草原管理部门负责对森林和草原防火宣传教育培训工作实施监督管理等。

二、安全生产执法人员与应急管理人员培训

《中华人民共和国宪法》第二十七条规定"一切国家机关实行精简的原则，实行工作责任制，实行工作人员的培训和考核制度，不断提高工作质量和工作效率，反对官僚主义"；第一百零七条规定"县级以上地方各级人民政府依照法律规定的权限"，"任免、培训、考核和奖惩行政工作人员"。《干部教育培训工作条例》第二条规定"干部教育培训是建设高素质干部队伍的先导性、基础性、战略性工程，在推进中国特色社会主义伟大事业和党的建设新的伟大工程中具有不可替代的重要作用"。《干部教育培训工作条例》第十二条、《公务员培训规定》第六条分别规定"干部有接受教育培训的权利和义务""公务员有接受培训的权利和义务"。由此可见，对应急管理干部进行培训的重要作用，同时也是机关工作的重要职责，并且还是应急管理干部的权利义务。

此外，有关规定对地方党政领导干部安全与应急培训也作出了规定。如《中共中央 国务院关于推进安全生产领域改革发展的意见》要求"将安全生产监督管理纳入各级党政领导干部培训内容"；《地方党政领导干部安全生产责任制规定》第五条地方各级党委主要负责人安全生产职责中，要求"将安全生产方针政策和法律法规纳入党委理论学习中心组学习内容和干部培训内容"，第八条县级以上地方各级政府分管安全生产工作的领导干部安全生产职责中，要求"统筹推进安全生产社会化服务体系建设、信息化建设、诚信体系建设和教育培训、科技支撑等工作"；2015年4月印发的《国务院办公厅关于加强安全生产监管执法的通知》要求"地方各级人民政府要把安全法治纳入领导干部教育培训的重要内容"；2012年11月印发的《国务院安委会关于进一步加强安全培训工作的决定》要求"市（地）及以下政府分管安全生产工作的领导同志要在明确分工后半年内参加专题安全培训"。

（一）安全生产执法人员培训

安全生产执法人员是指县级以上各级人民政府应急管理部门、煤矿安全培训主管部门、矿山安全监察机构等从事安全生产监管监察行政执法的人员，包括依法委托的乡镇（街道）承担简易执法事项的人员。

2020年9月印发的《关于深化应急管理综合行政执法改革的意见》明确，整合地方应急管理部门有关危险化学品等行业领域安全生产监管，以及地质和水旱灾害、森林草原火灾等有关应急抢险和灾害救助、防震减灾等方面的行政处罚、行政强制职能，组建应急管理综合行政执法队伍。严格实施执法人员持证上岗和资格管理制度。

安全生产执法人员接受培训既是权利也是义务。

安全生产执法人员培训由各级应急管理部门、矿山安全培训监管机构在各自的职责范围内实施。《安全生产培训管理办法》第八条规定"国家安全监管总局负责省级以上安全生产监督管理部门的安全生产监管人员、各级煤矿安全监察机构的煤矿安全监察人员的培训工作。省级安全生产监督管理部门负责市级、县级安全生产监督管理部门的安全生产监

管人员的培训工作"。

应当严格落实安全生产执法人员持证上岗和继续教育制度。《中共中央 国务院关于推进安全生产领域改革发展的意见》要求"建立健全安全生产监管执法人员凡进必考、入职培训、持证上岗和定期轮训制度"。《国务院办公厅关于加强安全生产监管执法的通知》要求"加强安全生产监管执法人员法律法规和执法程序培训,对新录用的安全生产监管执法人员坚持凡进必考必训,对在岗人员原则上每3年轮训一次,所有人员都要经执法资格培训考试合格后方可执证上岗"。《国务院安委会关于进一步加强安全培训工作的决定》要求"各级安全监管监察人员要经执法资格培训考试合格,持有效行政执法证上岗;新上岗人员要在上岗一年内参加执法资格培训考试;执法证有效期满的,要参加延期换证继续教育和考试"。《关于深化应急管理综合行政执法改革的意见》要求,建立执法人员入职培训、定期轮训和考核制度,入职培训不少于3个月,每年参加不少于2周的复训。

《安全生产监管监察职责和行政执法责任追究的规定》第三十一条规定"对行政执法人员的责任追究"包括"离岗培训";第三十三条、第三十四条规定了行政执法人员离岗培训的情形,即"违法或者不当行政执法行为的情节较轻、危害较小的""在年度行政执法评议考核中被确定为不称职的";第四十三条还规定了"离岗培训和暂扣行政执法证件的,还应当写明培训和暂扣的期限等"。

目前,应急管理部针对省级以上应急管理部门的安全监管人员,每年采取集中调训、网络培训等方式开展执法资格培训、专题培训。国家矿山安全监察局对矿山安全监察人员进行培训。

(二)应急管理人员培训

2016年7月28日,中共中央总书记习近平在河北唐山市调研考察时强调,防灾减灾救灾事关人民生命财产安全,事关社会和谐稳定,是衡量执政党领导力、检验政府执行力、评判国家动员力、体现民族凝聚力的一个重要方面。习近平总书记要求当前和今后一个时期,要加大灾害管理培训力度、建立防灾减灾救灾宣传教育长效机制。2019年11月29日,习近平总书记在主持中共中央政治局第十九次集体学习时强调,应急管理是国家治理体系和治理能力的重要组成部分,承担防范化解重大安全风险、及时应对处置各类灾害事故的重要职责,担负保护人民群众生命财产安全和维护社会稳定的重要使命。

应急管理部门是一个新组建的部门,面临着发展机遇期与风险攻坚期的矛盾、标准高与起步晚的矛盾、责任重与底子薄的矛盾,应急管理体系和能力还存在认知短板、制度短板、能力短板和革命精神不足等问题。加快推动形成中国特色大国应急体系,实现党中央明确提出的应急管理体系和能力现代化这一目标,首先是实现"人的现代化",这就要加强党的创新理论武装,坚定理想信念,坚守初心使命,增强革命精神,全面建设让党信得过、靠得住、能放心的干部队伍。由于应急管理系统干部来自不同的部门和单位,对应急管理工作的了解把握和组织实施参差不齐,因此,做好应急管理培训工作,建设高素质的应急管理干部队伍,是全面加强应急管理,提高应对自然灾害、事故灾难,保护人民群众生命财产安全和维护社会稳定的迫切要求,是推动应急管理治理体系和治理能力现代化的重要举措。

应急管理培训就是通过对应急管理人员所需知识和能力的培训，有效增强各级领导干部和应急救援人员等应急管理意识及素质，全面提升应急管理水平和能力。根据培训对象不同主要分为地方人民政府领导干部培训、应急管理部门干部培训、应急救援队伍培训等。

1. 负有处置突发事件职责的工作人员培训

《突发事件应对法》第二十五条规定"县级以上人民政府应当建立健全突发事件应急管理培训制度，对人民政府及其有关部门负有处置突发事件职责的工作人员定期进行培训"。《自然灾害救助条例》第十二条规定"县级以上地方人民政府应当加强自然灾害救助人员的队伍建设和业务培训"。2017年10月，国务院办公厅印发的《消防安全责任制实施办法》第四条要求"县级以上地方各级人民政府应当落实消防工作责任制"，"采取政府购买公共服务等方式，推进消防教育培训、技术服务和物防、技防等工作"；第八条要求市、县级人民政府"加强消防宣传教育培训，有计划地建设公益性消防科普教育基地，开展消防科普教育活动"；第十二条要求"县级以上人民政府工作部门应当按照谁主管、谁负责的原则"，"加强消防宣传教育培训，每年组织应急演练，提高行业从业人员消防安全意识"。

负有处置突发事件职责的工作人员包括地方人民政府领导干部、应急管理干部、政府新闻发言人等。对政府及其部门负有处置突发事件职责的工作人员进行应急管理培训，就是要增强应急管理干部素质和能力，造就一支能应对自然灾害和事故灾难、适应应急管理体系现代化建设需要的高素质、专业化的危机应对管理队伍。政府及其应急管理部门领导干部应急管理培训的重点是增强应急管理意识，提高统筹常态管理与应急管理、指挥处置应对突发灾害事故的水平。一般应急管理干部培训的重点是熟悉、掌握应急准备与演练、监测预警、信息化管理等相关工作制度、程序、要求，提高为领导决策服务和组织开展应急管理工作的能力。基层应急管理干部培训的重点是熟悉并普及自然灾害、防灾减灾知识和技能，增强社会动员能力，提高现场监管和第一时间应对突发事件的能力。政府新闻发言人应急管理培训的重点是熟悉、掌握突发灾害事故的新闻发布工作要求，提高舆论引导能力和水平。

2. 应急救援队伍培训

在应急救援队伍培训方面，《中共中央 国务院关于推进防灾减灾救灾体制机制改革的意见》要求"加强救灾应急专业力量建设，充实队伍，配置装备，强化培训，组织军地联合演练"，"完善政府与社会力量协同救灾联动机制，落实税收优惠、人身保险、装备提供、业务培训、政府购买服务等支持措施"；《突发事件应对法》第二十六条规定"县级以上人民政府应当加强专业应急救援队伍与非专业应急救援队伍的合作，联合培训、联合演练，提高合成应急、协同应急的能力"，第二十八条规定"中国人民解放军、中国人民武装警察部队和民兵组织应当有计划地组织开展应急救援的专门训练"。通过联合培训、演练提升共同应对能力，对于提高全社会应对突发事件的能力，及时有效控制、减轻和消除突发事件引起的严重社会危害，保护人民生命财产安全，维护国家安全、公共安全、环境安全和社会制度，构建社会主义和谐社会具有重要意义。此外，《森林防火条例》第二十一条规定"专业的和群众的火灾扑救队伍应当定期进行培训和演练"。《草原防火条例》第二十四条规定"扑火队应当进行专业培训,并接受县级以上地方人民政府的指挥、调动"。《生产安全事故应急条例》第十一条规定"应急救援队伍建立单位或者兼职应急救援人员所在单位应当按照国家有关规定对应急救援人员进行培训;应急救援人员经培训合格后,方可参加应急救援工作"。

目前,我国应急救援队伍主要包括国家综合性消防救援队伍、各类专业应急救援队伍和社会应急力量,人民解放军和武警部队是我国应急处置与救援的突击力量,担负着重特大灾害事故的抢险救援任务。综合性消防救援队伍如消防救援队伍、森林消防队伍;专业应急救援队伍如矿山、危险化学品、地方与企业消防和森林防灭火、地震和地质灾害救援队伍等;社会应急力量发展迅速,截至2021年4月,全国从事防灾减灾救灾的社会应急力量已备案1755支,应急志愿者有62万余人。

各级各类应急救援队伍培训的重点是熟练掌握突发灾害事故处置救援和安全防护技能,提高在不同情况下实施救援和协同处置的能力。国家综合性消防救援队伍是我国应急救援的主力军和国家队,教育训练重点是强化全员练兵比武竞赛,定期开展地震、山岳、水域、空勤救援等特种灾害事故处置专业培训,以适应"全灾种、大应急"任务需要。专业应急救援队伍的培训,按照隶属关系和管理责任,由其主管的部门分别组织实施。社会应急力量基本上由志愿者组成,已成为我国应急救援体系的重要组成部分。据了解,蓝天应急救援队在全国已经有3万多名注册志愿者。需要有关部门通过制定能力分级和分类技术标准,建立健全符合各自特点的队员准入、岗前培训、技能训练和应急演练等管理制度与实施,引导其规范有序参与应急救援工作,构建"政府主导、社会协同"的大应急格局。

(三)社会公众应急宣传教育

针对社会公众的应急知识普及和宣传教育即应急宣传教育,是应急管理工作的重要组成部分,是自然灾害和事故灾难预防中非工程性预防的重要措施,是为应急管理工作奠定群众基础的重要途径,是提高全社会减灾救灾能力的重要保障。《中共中央　国务院关于推进防灾减灾救灾体制机制改革的意见》要求"将防灾减灾纳入国民教育计划,加强科普宣传教育基地建设,推进防灾减灾知识和技能进学校、进机关、进企事业单位、进社区、进农村、进家庭","定期开展社区防灾减灾宣传教育活动,组织居民开展应急救护技能培训和逃生避险演练,增强风险防范意识,提升公众应急避险和自救互救技能"。《防洪法》第三十一条规定"地方各级人民政府应当加强对防洪区安全建设工作的领导,组织有关部门、单位对防洪区内的单位和居民进行防洪教育,普及防洪知识,提高水患意识"。《防震减灾法》第七条规定"各级人民政府应当组织开展防震减灾知识的宣传教育,增强公民的防震减灾意识,提高全社会的防震减灾能力"。《消防法》第六条规定"各级人民政府应当组织开展经常性的消防宣传教育,提高公民的消防安全意识。机关、团体、企业、事业等单位,应当加强对本单位人员的消防宣传教育。应急管理部门及消防救援机构应当加强消防法律、法规的宣传,并督促、指导、协助有关单位做好消防宣传教育工作。教育、人力资源行政主管部门和学校、有关职业培训机构应当将消防知识纳入教育、教学、培训的内容"。因此,各级人民政府组织开展应急知识宣传教育是一项基本职责。要求各级政府组织开展应急知识宣传教育,增强公民的防灾减灾意识,提高全社会的防灾减灾能力。实践表明,自救和互救是灾害发生后灾区基本救助形式之一,而具有减灾知识和减灾意识的公民,他们的行为选择往往具有理智性和科学性,往往能获得保护自我以及保护他人的良好效果。所以,提高公民在灾害中自救、互救的能力,对应急救助十分重要,尤其是对挽救生命至关重要。

三、培训大纲、考核与发证

（一）培训大纲与考核标准

安全培训大纲在安全培训过程中占有重要地位,是整个培训活动开展的依据。没有培训大纲,培训就会漫无目的,无主次轻重。同时,安全生产涉及的面很广,不同行业、领域生产经营活动性质和危险程度、安全生产条件、安全管理内容等存在很大差别,不同岗位安全生产知识和管理能力要求也大不相同,如果培训大纲搞"大锅烩",那么培训不可能取得好的效果。可见,分行业、分岗位的培训大纲有利于提高培训工作的针对性,从而保证培训质量。

考核标准既是对从事安全生产执法和生产经营活动的人员安全生产知识、技能的必备要求,也是对安全培训效果进行检验的标准。制定切实有效的安全培训考核标准并组织实施,是保障相关人员"合格"上岗、依法依规开展安全生产工作的重要"关卡"。

《安全生产培训管理办法》第六条规定:"安全培训应当按照规定的安全培训大纲进行。

"安全监管监察人员,危险物品的生产、经营、储存单位与非煤矿山、金属冶炼单位的主要负责人和安全生产管理人员、特种作业人员以及从事安全生产工作的相关人员的安全培训大纲,由国家安全监管总局组织制定。

"煤矿企业的主要负责人和安全生产管理人员、特种作业人员的培训大纲由国家煤矿安监局组织制定。

"除危险物品的生产、经营、储存单位和矿山、金属冶炼单位以外其他生产经营单位的主要负责人、安全生产管理人员及其他从业人员的安全培训大纲,由省级安全生产监督管理部门、省级煤矿安全培训监管机构组织制定。"

《煤矿安全培训规定》第十三条规定"国家煤矿安全监察局组织制定煤矿企业主要负责人和安全生产管理人员安全生产知识和管理能力考核的标准,建立国家级考试题库。省级煤矿安全培训主管部门应当根据前款规定的考核标准,建立省级考试题库,并报国家煤矿安全监察局备案";第二十三条进一步明确"国家煤矿安全监察局组织制定煤矿特种作业人员培训大纲和考核标准,建立统一的考试题库";第三十四条明确"省级煤矿安全培训主管部门负责制定煤矿企业其他从业人员安全培训大纲和考核标准"。

《国务院安委会关于进一步加强安全培训工作的决定》要求"有关主管部门要定期制定、修订各类人员安全培训大纲和考核标准,根据安全生产工作发展需要和企业安全生产实际,不断规范安全培训内容"。

这些规定明确了不同类别人员的安全培训大纲和考核标准由各级应急管理部门、煤矿安全培训主管部门等按照职责分工组织编制并定期制修订。结合 2018 年和 2020 年机构改革职责调整,具体分工为:应急管理部负责组织制定安全生产执法人员、高危行业生产经营单位"三项岗位"人员以及从事安全生产工作的相关人员的培训大纲和考核标准，国家矿山安全监察局负责组织制定矿山安全生产执法人员、矿山企业"三项岗位"人员的培训大纲和考核标准；省级应急管理部门负责组织制定高危行业生产经营单位其他从业人员、一般行业生产经营单位主要负责人、安全生产管理人员和其他从业人员的培训大纲和考核标准，省级煤矿安全培训主管部门负责组织制定煤矿企业其他从业人员的培训大纲和考核标准。

"从事安全生产工作的相关人员"是指从事安全教育培训工作的教师、危险化学品登记机构的登记人员和承担安全评价、咨询、检测、检验的人员及注册安全工程师、安全生产应急救援人员等。

需要注意的是，特种作业人员不限于生产经营单位，机关、事业单位、社会组织等也有使用特种作业人员的情况，如常见的电工。

（二）培训考核

安全培训考核工作应当坚持教考分离、统一标准、统一题库、分级负责的原则。"教考分离"指培训与考试考核分别由不同的部门负责组织实施；"统一标准，统一题库"指考核标准、考试题库统一制定；"分级负责"指国家、省级、市级应急管理部门、煤矿安全培训主管部门在各自职责范围内负责考核工作的组织实施。

1. 考核对象

《安全生产法》第二十七条规定："危险物品的生产、经营、储存、装卸单位以及矿山、金属冶炼、建筑施工、运输单位的主要负责人和安全生产管理人员，应当由主管的负有安全生产监督管理职责的部门对其安全生产知识和管理能力考核合格。"

《生产经营单位安全培训规定》第二十四条规定："煤矿、非煤矿山、危险化学品、烟花爆竹、金属冶炼等生产经营单位主要负责人和安全生产管理人员，自任职之日起6个月内，必须经安全生产监管监察部门对其安全生产知识和管理能力考核合格。"

因此，各级应急管理部门、煤矿安全培训主管部门应当按照规定和职责分工，对安全生产执法人员、应当接受安全生产知识和管理能力考核的生产经营单位主要负责人和安全生产管理人员、特种作业人员以及从事安全生产工作的相关人员这4类人员进行安全培训考核。而高危行业生产经营单位除"三项岗位"人员外的其他从业人员，一般行业生产经营单位主要负责人、安全生产管理人员和其他从业人员的安全培训考核工作，应当由生产经营单位自行组织，或由其委托的安全培训机构、考试机构考核。

2. 考核实施

《安全生产培训管理办法》第二十条规定："国家安全监管总局负责省级以上安全生产监督管理部门的安全生产监管人员、各级煤矿安全监察机构的煤矿安全监察人员的考核；负责中央企业的总公司、总厂或者集团公司的主要负责人和安全生产管理人员的考核。

"省级安全生产监督管理部门负责市级、县级安全生产监督管理部门的安全生产监管人员的考核；负责省属生产经营单位和中央企业分公司、子公司及其所属单位的主要负责人和安全生产管理人员的考核；负责特种作业人员的考核。

"市级安全生产监督管理部门负责本行政区域内除中央企业、省属生产经营单位以外的其他生产经营单位的主要负责人和安全生产管理人员的考核。

"省级煤矿安全培训监管机构负责所辖区域内煤矿企业的主要负责人、安全生产管理人员和特种作业人员的考核。

"除主要负责人、安全生产管理人员、特种作业人员以外的生产经营单位的其他从业人员的考核,由生产经营单位按照省级安全生产监督管理部门公布的考核标准,自行组织考核。"

该条款对各级安全生产执法人员、生产经营单位"三项岗位"人员和其他从业人员安全培训考核作出了明确分工。需要注意以下4点。

一是该条规定未明确是高危行业的生产经营单位,但其前提是在《安全生产培训管理办法》第十八条规定的考核范围内,因此,应急管理部门、煤矿安全培训主管部门只负责依法应当接受安全生产知识和管理能力考核的高危行业生产经营单位主要负责人和安全生产管理人员,以及特种作业人员的安全培训考核。

二是对中央企业安全培训考核的职责分工,与2011年5月印发的《国家安全监管总局 国务院国资委关于进一步加强中央企业安全生产分级属地监管的指导意见》保持一致,进一步明确了对中央企业安全培训考核分级、属地实施的原则。

三是《煤矿安全培训规定》已将"中央管理的煤矿企业总部(含所属在京一级子公司)主要负责人和安全生产管理人员考核"的职责调整为国家煤矿安全监察局(现国家矿山安全监察局)负责;将由"省级煤矿安全培训监管机构考核"的职责调整为"省级煤矿安全培训主管部门及其委托的设区的市级人民政府煤矿安全培训主管部门"负责。因此,应急管理部门和省级矿山安全监察机构不再负责煤矿企业主要负责人、安全生产管理人员和特种作业人员的考核工作。

四是上述安全培训考核的职责分工,既包括对初次发证前的考核,也包括对证书延期复审、特种作业操作证3年1次复审前的考核。

此外,为强化考核工作的实施,需要完善安全培训考试机制。2016年12月印发的《国务院安全生产委员会关于加快推进安全生产社会化服务体系建设的指导意见》要求"按照教考分离、统一标准的要求,深入推进考试机构建设,加快建立布局合理、设施完善、专业齐全的考试体系。协调推进安全生产基础知识考点、特种作业实际操作考点建设。完善考试大纲、考核标准和考试题库建设,建立定期修订机制,实现国家题库与省级题库相结合。建立更加严格的考试管理制度,提升考务队伍业务能力"。

3. 考核档案

《安全生产培训管理办法》第二十一条规定:"安全生产监督管理部门、煤矿安全培训监管机构和生产经营单位应当制定安全培训的考核制度,建立考核管理档案备查。"应急管理部门、煤矿安全培训主管部门和生产经营单位是组织实施各类考核的责任部门。为规范考核管理,应当建立相关考核制度,建立考核档案和信息库,做到有据可查。

(三)发证与复审

1. 证书颁发

不同类别人员经初次考核合格后,颁发相应的合格证书。《安全生产培训管理办法》第二十三条规定"安全生产监管人员经考核合格后,颁发安全生产监管执法证;煤矿安全监察人员经考核合格后，颁发煤矿安全监察执法证；危险物品的生产、经营、储存单位和矿山、金属冶炼单位主要负责人、安全生产管理人员经考核合格后，颁发安全合格证；特种作业人员经考核合格后，颁发《中华人民共和国特种作业操作证》（以下简称特种作业操作证）；危险化学品登记机构的登记人员经考核合格后，颁发上岗证；其他人员经培训合格后，颁发培训合格证"；第二十四条规定"安全生产监管执法证、煤矿安全监察执法证、安全合格证、特种作业操作证和上岗证的式样，由国家安全监管总局统一规定。培训合格证的式样，由负责培训考核的部门规定"。这就明确了执法证、安全合格证、特种作业操作证、上岗证的式样由应急管理部统一规定，由各级应急管理部门、煤矿安全培训主管部门按照"谁考核、谁发证"的原则负责颁发。培训合格证的颁发同样按照"谁考核、谁发证"的原则实施，如高危行业生产经营单位其他从业人员、一般行业生产经营单位主要负责人、安全生产管理人员和其他从业人员的培训合格证，由生产经营单位或其委托的安全培训机构、考试机构颁发。

为提高工作效率，《安全生产培训管理办法》第二十二条规定："接受安全培训人员经考核合格的，由考核部门在考核结束后10个工作日内颁发相应的证书。"这对各级应急管理部门、煤矿安全培训主管部门颁发证书工作提出了时限要求。

特种作业操作证和省级以上应急管理部门、煤矿安全培训主管部门颁发的生产经营单位主要负责人、安全生产管理人员的安全合格证，在全国范围内有效。

2. 复审

各类证书一般都设定了有效期限，如《安全生产培训管理办法》第二十五条规定"安全生产监管执法证、煤矿安全监察执法证、安全合格证的有效期为3年"，《特种作业人员安全技术培训考核管理规定》第十九条规定"特种作业操作证有效期为6年"。

初次领取的证书有效期届满，如果持证人继续从事原岗位工作，需要按规定"提前"向发证部门提出延期复审的申请，通过考核并经发证部门复审合格，颁发新的同类证书。"延期"就是延续证书的有效期，一般予以延续一个周期，即与原有效期等长。此后的延期复审管理以此类推。延期复审需要培训的人员，还应当参加相应的复训，即复审培训。

《安全生产培训管理办法》第二十五条规定安全生产监管执法证、煤矿安全监察执法证、安全合格证"有效期届满需要延期的，应当于有效期届满30日前向原发证部门申请办理延期手续"。

根据省级以上应急管理部门、煤矿安全培训主管部门颁发的生产经营单位主要负责人、安全生产管理人员的安全合格证，在全国范围内有效的规定，考虑到持证人到省外从事同类岗位工作的情况和深化"放管服"改革的要求，应当允许持证人可以向"原发证部门"提出延期复审申请，也可以向从业所在地发证部门提出延期复审申请并办理延期手续。

特种作业操作证的情况有些特殊。该证书原来的有效期也为3年，为减轻特种作业人员的负担，2004年在制定《安全生产培训管理办法》时，将证书有效期改为6年，每2年复审1次；2010年在制定《特种作业人员安全技术培训考核管理规定》时，又将"每2年复审1次"改为"每3年复审1次"，连续从事本工种10年以上且无违规的，复审时间可以延长至每6年1次。

《特种作业人员安全技术培训考核管理规定》第二十二条规定"特种作业操作证需要复审的,应当在期满前 60 日内,由申请人或者申请人的用人单位向原考核发证机关或者从业所在地考核发证机关提出申请",第二十三条"特种作业操作证申请复审或者延期复审前,特种作业人员应当参加必要的安全培训并考试合格"且"安全培训时间不少于 8 个学时"。因此,特种作业操作证持证人无论是在第 1 个 3 年提出复审还是在证书 6 年到期提出延期复审之前,都应当参加至少 8 个学时(煤矿是"不少于 24 学时")的安全培训,并通过考核和经发证部门复审合格。不同的是,第 1 个 3 年复审合格的,不换发证书,发证部门只是在"特种作业操作证及安全生产知识和管理能力考核合格信息查询平台"内登记,通过特种作业操作证上的二维码即可查询到复审情况,而延期复审合格的,发证部门应当颁发新的特种作业操作证。

(四)培训教材与教师队伍建设

培训教材、师资队伍、培训基地建设是安全与应急培训三项基础工作。《国务院安委会关于进一步加强安全培训工作的决定》要求有关主管部门应鼓励行业组织、企业及培训机构编写针对性、实效性强的实用教材;要分行业组织编写企业职工安全生产应知应会读本、建立生产安全事故案例库和制作警示教育片,要分行业建立"三项岗位"人员安全培训示范视频课程体系,上网发布,逐步实现优质培训资源社会共享;将示范课程作为教师培训的重要内容。《安全生产培训管理办法》第七条规定:"国家安全监管总局、省级安全生产监督管理部门定期组织优秀安全培训教材的评选。安全培训机构应当优先使用优秀安全培训教材。"因此,应急管理部、省级应急管理部门和煤矿安全培训主管部门应定期组织优秀安全与应急培训教材、示范课程的评选活动,并大力推广优秀教材、示范课程的应用。

为不断提高安全与应急培训教材编写水平,保证培训质量,2011 年,原国家安全监管总局成立了全国安全生产教育培训教材编审委员会,具体工作由原国家安全监管总局培训中心承担。截至 2019 年底,原国家安全监管总局培训中心、应急管理部培训中心组织编写了各类培训教材共 66 种、76 本,正式出版的 64 种、64 本,涉及安全监管监察人员、生产经营单位主要负责人、安全生产管理人员、特种作业人员、其他从业人员以及重特大事故案例汇编等培训教材。其中,由"全国安全生产教育培训教材编审委员会"组织编写并正式出版的教材 48 种、48 本,并且均按照相应人员的培训大纲编写。

培训教师是从事安全生产、应急管理工作的相关人员,其素质与能力直接关系到安全与应急培训教学的质量与效果。

《干部教育培训工作条例》第三十九条规定:"按照政治合格、素质优良、规模适当、结构合理、专兼结合的原则,建设高素质干部教育培训师资队伍。"《国务院安委会关于进一步加强安全培训工作的决定》要求"有关主管部门要加强承担安全培训的教师培训,定期开展教师讲课大赛,建立安全培训师资库"。《国务院安全生产委员会关于加快推进安全生产社会化服务体系建设的指导意见》要求"分行业和工种,遴选优秀教师队伍,建立国家和省级师资库","实施安全生产培训名师名课工程"。

各级应急管理部门、煤矿安全培训主管部门应以培训机构、行政学院、高等院校和中央企业为依托,培养、建立一支安全与应急培训教研骨干队伍,为加强安全与应急培训提供有力的师资保障。同时,从具有较深理论功底和丰富实践经验的党政领导干部、企业管理人员中选定一批兼职教师。建立安全与应急培训师资库,按照择优入库、动态管理的原则,促进优质师资资源共享。

四、培训经费管理

《干部教育培训工作条例》第五十条规定"干部教育培训经费列入各级政府年度财政预算,保证干部教育培训工作需要。加强干部教育培训经费管理,厉行节约,勤俭办学,提高经费使用效益"。《公务员培训规定》第三十条规定"公务员培训所需经费列入各级政府年度财政预算,并随着财政收入增长逐步提高。对重要培训项目予以重点保证。加强对公务员培训经费的管理,完善有关规定,厉行勤俭节约,保证专款专用,提高培训经费使用效益"。

各级应急管理部门、煤矿安全培训主管部门应将各类干部安全与应急培训作为重要培训项目,纳入财政保障范围,在现有干部教育培训经费中统筹安排,专款专用,保证安全与应急培训工作的需要。

为进一步规范中央和国家机关干部培训经费管理,2016年12月印发的《中央和国家机关培训费管理办法》,要求对培训费用实行年度计划和预算管理,同时明确了培训费用支出范围和标准。

《中央和国家机关培训费管理办法》第八条明确"本办法所称培训费,是指各单位开展培训直接发生的各项费用支出,包括师资费、住宿费、伙食费、培训场地费、培训资料费、交通费以及其他费用";第九条明确"除师资费外,培训费实行分类综合定额标准,分项核定、总额控制,各项费用之间可以调剂使用。综合定额标准如下:一类培训是指参训人员主要为省部级及相应人员的培训项目。二类培训是指参训人员主要为司局级人员的培训项目。三类培训是指参训人员主要为处级及以下人员的培训项目。以其他人员为主的培训项目参照上述标准分类执行。综合定额标准是相关费用开支的上限。各单位应在综合定额标准以内结算报销";第十六条规定"培训举办单位应当注重教学设计和质量评估","所需费用纳入部门预算予以保障"。其中,一类培训综合定额标准为760元/人天,二类培训综合定额标准为650元/人天,三类培训综合定额标准为550元/人天。该"综合定额标准"既包括培训天数加报到撤离各1天,也包括参训人员加10%以内工作人员的费用,"师资费"在"综合定额标准"外单独核算。

除财政预算资金外,应急管理部门、煤矿安全培训主管部门应推动依法从工伤保险基金提取工伤预防费用,用于工伤预防的宣传培训,并督促安全生产责任险保险机构为参保企业提供安全技能培训服务。

五、培训信息化建设

随着计算机与信息技术的飞速发展,信息化建设已成为安全与应急工作发展的必然趋势,在安全生产、应急管理过程中占据着越来越重要的地位。安全与应急培训工作要突破传统培训和管理模式的束缚,走向培训现代化,就必须以培训信息化作为支撑。实践证明,培训信息化在提高安全与应急培训工作效率、降低成本、扩大培训覆盖面、实现培训资源共建共享等诸多方面,都起到了积极的促进作用。

安全与应急培训信息化建设包括培训数据信息化管理、网络教育培训与考试等。具体内容有：构建教育培训信息化管理平台，实现教育培训资源、考核发证、证书查询、师资管理、学员管理、考试试题、报表统计等基础数据库信息化；网络教育培训基础设施建设，建立网络教育培训平台，开发利用视频直播、点播、论坛互动交流、人工智能交互、远程监控、大数据分析、网络培训资源管理等平台运行服务系统。

《干部教育培训工作条例》第二十七条规定："充分运用现代信息技术，完善网络培训制度，建立兼容、开放、共享、规范的干部网络培训体系。提高干部教育培训教学和管理信息化水平，用好大数据、'互联网＋'等技术手段。"

《国务院安委会关于进一步加强安全培训工作的决定》要求"加强安全培训管理信息化建设。编制安全培训信息管理数据标准。开发安全培训信息管理系统。健全'三项岗位'人员、安全监管监察人员培训持证情况和考试题库、培训机构、考试机构、培训教师等数据库，实现全国安全培训数据共享"。《国务院安全生产委员会关于加快推进安全生产社会化服务体系建设的指导意见》要求"加强安全培训数据平台建设，实行考试、发证、网上审核、档案管理网上生成、考试远程视频监控、培训和证书信息全国联网查询"。

《安全生产培训管理办法》第十八条规定安全生产执法人员、"三项岗位"人员的考核考试分步推行有远程视频监控的计算机考试。

《煤矿安全培训规定》第十八条规定"煤矿企业主要负责人和安全生产管理人员的考试应当在规定的考点采用计算机方式进行。考试试题从国家级考试题库和省级考试题库随机抽取"；第二十七条规定"煤矿特种作业操作资格考试应当在规定的考点进行，安全生产知识考试应当使用统一的考试题库，使用计算机考试"。

2019年5月，应急管理干部网络学院开通运行。2020—2022年为期3年的"应急管理干部大培训"，在2020年4月16日应急管理部挂牌两周年之际，以第一期网上专题培训班开班为标志正式启动。

网络教育培训、考试等信息化建设，将在后面专门章节中予以介绍。

六、培训监督检查

人是生产力中最具有决定性的力量和最活跃因素，代表生产力的发展要求，要充分发挥人的作用就必须加强培训、提高素质。搞好安全与应急培训就是保护和发展生产力。从另一个角度看，推动人的全面发展、全体人民共同富裕首先要保障人的生命安全，实现我国安全生产状况的根本好转，必须致力于提高全民的安全文化素质，安全与应急培训就是保障人的生命安全重要的基础工作。应急管理部门、煤矿安全培训监管机构作为安全与应急培训监督管理职能部门，应加强对安全与应急培训工作的指导和事中事后监管力度，加强对生产经营单位落实安全培训主体责任的监督检查，并督促生产经营单位安全培训主体责任落实落地。

（一）监督检查的主客体

《安全生产培训管理办法》第二十八条规定："安全生产监督管理部门、煤矿安全培训监管机构应当依照法律、法规和本办法的规定，加强对安全培训工作的监督管理，对生产经营单位、安全培训机构违反有关法律、法规和本办法的行为,依法作出处理。"

《生产经营单位安全培训规定》第二十五条规定:"安全生产监管监察部门依法对生产经营单位安全培训情况进行监督检查,督促生产经营单位按照国家有关法律法规和本规定开展安全培训工作。"

上述规定明确了安全与应急培训监督检查的主体与客体。主体为应急管理部门、矿山安全培训监管机构,客体主要为生产经营单位和培训机构。上级机关还应对下级机关等安全与应急培训管理工作情况进行监督检查。

(二)对生产经营单位安全与应急培训的监督检查

《安全生产培训管理办法》第三十条规定:"安全生产监督管理部门、煤矿安全培训监管机构应当对生产经营单位的安全培训情况进行监督检查,检查内容包括:(一)安全培训制度、年度培训计划、安全培训管理档案的制定和实施的情况;(二)安全培训经费投入和使用的情况;(三)主要负责人、安全生产管理人员接受安全生产知识和管理能力考核的情况;(四)特种作业人员持证上岗的情况;(五)应用新工艺、新技术、新材料、新设备以及转岗前对从业人员安全培训的情况;(六)其他从业人员安全培训的情况;(七)法律法规规定的其他内容。"

《生产经营单位安全培训规定》规定的监督检查内容除上述之外,还要求"对从业人员现场抽考本职工作的安全生产知识",以现场检验培训的实际效果。

《煤矿安全培训规定》明确了监督检查中采取现场随机抽考的方式,检查煤矿企业主要负责人和安全生产管理人员是否能够持续保持相应的安全生产知识水平和管理能力,不合格的调整其工作岗位。其第四十条规定:"考核部门应当建立煤矿企业安全培训随机抽查制度,制定现场抽考办法,加强对煤矿安全培训的监督检查。考核部门对煤矿企业主要负责人和安全生产管理人员现场抽考不合格的,应当责令其重新参加安全生产知识和管理能力考核;经考核仍不合格的,考核部门应当书面告知其所在煤矿企业或其任免机关调整其工作岗位。"

《安全生产监管监察职责和行政执法责任追究的规定》第八条规定"安全监管监察部门应当按照年度安全监管和煤矿安全监察执法工作计划、现场检查方案,对生产经营单位是否具备有关法律、法规、规章和国家标准或者行业标准规定的安全生产条件进行监督检查,重点监督检查下列事项"。其中涉及培训的有3项:一是"(二)有关人员的安全生产教育和培训、考核情况";二是"(四)按照国家规定提取和使用安全生产费用,安排用于配备劳动防护用品、进行安全生产教育和培训的经费,以及其他安全生产投入的情况";三是"(七)从业人员、被派遣劳动者和实习学生受到安全生产教育、培训及其教育培训档案的情况"。

《国务院办公厅关于加强安全生产监管执法的通知》还要求"对发生事故的要依法倒查企业安全生产培训制度落实情况"。

2017年10月印发的《国务院安委会办公室关于全面加强企业全员安全生产责任制工作的通知》要求"地方各级负有安全生产监督管理职责的部门"要"加强对企业建立和落实全员安全生产责任制工作的指导督促和监督检查"。监督检查的4项主要内容中,包括培训和考核2项:一是"企业全员安全生产责任制教育培训情况。包括:是否制定了培训计划、方案;是否按照规定对所有岗位从业人员(含劳务派遣人员、实习学生等)进行了安全生产责任制教育培训;是否如实记录相关教育培训情况等";二是"企业全员安全生产责任制考核情况。包括:是否建立了企业全员安全生产责任制考核制度;是否将企业全员安全生产责任制度考核贯彻落实到位等"。

(三) 对安全培训机构培训的监督检查

《安全生产培训管理办法》第二十九条规定:"安全生产监督管理部门和煤矿安全培训监管机构应当对安全培训机构开展安全培训活动的情况进行监督检查,检查内容包括:(一)具备从事安全培训工作所需要的条件的情况;(二)建立培训管理制度和教师配备的情况;(三)执行培训大纲、建立培训档案和培训保障的情况;(四)培训收费的情况;(五)法律法规规定的其他内容。"

安全培训机构(包括生产经营单位内设的培训机构)作为培训质量保障责任主体,其培训能力和培训质量直接关系到生产经营单位的安全生产与应急工作。应急管理部门、煤矿安全培训监管机构应当按照上述五个方面,对安全培训机构依法进行监督检查,督促其依法依规开展培训和保持相应的培训能力与管理水平。同时,加强对培训办班行为的监管,坚决打击以牟利为目的的速成班以及乱发文、乱办班、乱收费行为。

七、培训违规处罚

(一) 处罚的主客体

《生产经营单位安全培训管理规定》明确"安全生产监管监察部门检查中发现安全生产教育和培训责任落实不到位、有关从业人员未经培训合格的,应当视为生产安全事故隐患",即"培训不到位是重大安全隐患"。同时,依据《安全生产培训管理办法》第二十八条的规定,应急管理部门、煤矿安全培训监管机构应当对安全与应急培训责任不落实、违法违规的情况进行行政处罚。处罚的主体为县级以上应急管理部门、煤矿安全培训监管机构,客体为生产经营单位和培训机构等。在处罚客体上,又分为对单位的处罚和对责任人的处罚。

(二) 对生产经营单位培训违规的处罚

《安全生产法》第九十七条规定:"生产经营单位有下列行为之一的,责令限期改正,处十万元以下的罚款;逾期未改正的,责令停产停业整顿,并处十万元以上二十万元以下的罚款,对其直接负责的主管人员和其他直接责任人员处二万元以上五万元以下的罚款"。其中涉及培训的有4项:一是"(二)危险物品的生产、经营、储存、装卸单位以及矿山、金属冶炼、建筑施工、运输单位的主要负责人和安全生产管理人员未按照规定经考核合格的";二是"(三)未按照规定对从业人员、被派遣劳动者、实习学生进行安全生产教育和培训,或者未按照规定如实告知有关的安全生产事项的";三是"(四)未如实记录安全生产教育和培训情况的";四是"(七)特种作业人员未按照规定经专门的安全作业培训并取得相应资格,上岗作业的"。

除了上述4种处罚情形外,有关部门规章还规定了欺骗取证、培训学时不足、未实习上岗、未重新培训、无培训计划、未保证经费、未支付培训期间工资、建设项目从业人员未培训的8种处罚情形。具体规定如下。

《安全生产培训管理办法》第三十五条规定:"生产经营单位主要负责人、安全生产管理人员、特种作业人员以欺骗、贿赂等不正当手段取得安全合格证或者特种作业操作证的,除撤销其相关证书外,处3000元以下的罚款,并自撤销其相关证书之日起3年内不得再次申请该证书。"

《安全生产培训管理办法》第三十六条规定:"生产经营单位有下列情形之一的,责令改正,处3万元以下的罚款:(一)从业人员安全培训的时间少于《生产经营单位安全培训规定》或者有关标准规定的;(二)矿山新招的井下作业人员和危险物品生产经营单位新招的危险工艺操作岗位人员,未经实习期满独立上岗作业的;(三)相关人员未按照本办法第十二条规定重新参加安全培训的。"

《生产经营单位安全培训规定》第二十九条规定:"生产经营单位有下列行为之一的,由安全生产监管监察部门责令其限期改正,可以处1万元以上3万元以下的罚款:(一)未将安全培训工作纳入本单位工作计划并保证安全培训工作所需资金的;(二)从业人员进行安全培训期间未支付工资并承担安全培训费用的。"

《安全生产违法行为行政处罚办法》第四十三条规定"生产经营单位的决策机构、主要负责人、个人经营的投资人(包括实际控制人,下同)未依法保证下列安全生产所必需的资金投入之一,致使生产经营单位不具备安全生产条件的,责令限期改正,提供必需的资金,可以对生产经营单位处1万元以上3万元以下罚款,对生产经营单位的主要负责人、个人经营的投资人处5000元以上1万元以下罚款;逾期未改正的,责令生产经营单位停产停业整顿"。其中涉及培训的"(三)用于安全生产教育和培训的经费"。

《建设项目安全设施"三同时"监督管理办法》第二十四条规定"建设项目的安全设施有下列情形之一的,建设单位不得通过竣工验收,并不得投入生产或者使用",其中涉及培训的"(八)从业人员未经过安全生产教育和培训或者不具备相应资格的"。

(三)对安全培训机构培训违规的处罚

《干部教育培训工作条例》第三十三条规定:"干部教育培训机构必须贯彻执行党和国家干部教育培训方针政策和法律法规。对违反规定的,由干部教育培训主管部门责令限期整改;逾期不改的,给予通报批评;情节严重的,由有关部门对负有主要责任的领导人员和直接责任人员给予纪律处分。"

安全培训机构的安全培训活动涉及4种违规处罚情形。《安全生产培训管理办法》第三十四条规定:"安全培训机构有下列情形之一的,责令限期改正,处1万元以下的罚款;逾期未改正的,给予警告,处1万元以上3万元以下的罚款:(一)不具备安全培训条件的;(二)未按照统一的培训大纲组织教学培训的;(三)未建立培训档案或者培训档案管理不规范。安全培训机构采取不正当竞争手段,故意贬低、诋毁其他安全培训机构的,依照前款规定处罚。"

第二节 生产经营单位培训规定

生产经营单位是安全生产与应急工作的责任主体,自然也是安全与应急培训责任主体,组织开展从业人员的安全与应急培训是其法定职责。生产经营单位要把安全与应急培训纳入企业发展规划和年度工作计划，健全落实以"一把手"负总责、领导班子成员"一岗双责"为主要内容的安全与应急培训责任体系，建立健全机构并配备充足人员，保障培训经费，严格落实"三项岗位"人员持证上岗和从业人员先培训后上岗制度，健全安全培训档案。

生产经营单位主要负责人是本单位安全与应急培训的第一责任人。2014 年在修改《安全生产法》时，生产经营单位主要负责人在安全生产工作原有 6 项职责的基础上，唯一增加的就是"组织制定并实施本单位安全生产教育和培训计划"，这也是从十多年的安全生产实践中总结形成的，说明生产经营单位主要负责人对本单位抓好安全与应急培训这项安全生产基础性工作的重要性。因此，生产经营单位"一把手"对安全与应急培训的各项工作都要亲自过问、亲自抓，抓出成效，确保国家安全生产、应急管理法律法规、标准规定贯穿到本单位安全管理的全过程、落实到安全生产的各环节。同时，生产经营单位从业人员接受安全与应急培训也是法定的义务。

按照规定，无论是高危行业还是一般行业的生产经营单位，其所有从业人员都需要进行安全与应急培训，只是考核单位与领取证书不同而已。

生产经营单位安全与应急培训对象包括主要负责人、安全生产管理人员、特种作业人员、其他从业人员（除前三者之外该单位的所有人员）。

有关生产经营单位安全培训的法律法规、规章规定比较齐全，规定也比较清晰、具体，但应急培训的规定还不全面系统，多是一些原则性的，培训大纲、考核标准等需要不断地补充和完善。在新的应急培训具体规定尚未出台的情况下，生产经营单位应当依照应急管理法律法规、规章、标准对应急培训和应急预案演练的规定，参照安全培训的有关规定，组织开展本单位的应急培训工作，以保证从业人员具备必要的应急知识，掌握风险防范技能和事故应急措施。

一、生产经营单位培训责任体系

（一）生产经营单位安全与应急培训主体责任

生产经营单位是安全生产的主体、内因和根本，其安全生产状况关系到安全生产大局。安全生产工作能否长治久安，关键在于生产经营单位安全生产主体责任能否落实到位。习近平总书记曾强调，所有企业都必须履行安全生产主体责任，做到安全投入到位、安全培训到位、基础管理到位、应急救援到位，确保安全生产。一起起惨痛的事故警示我们，生产经营单位安全生产主体责任不落实是生产安全事故发生的根本原因，而安全教育培训与应急演练缺乏或不到位是一个重要的因素。

《安全生产法》第二十八条至第三十条明确规定了生产经营单位安全生产教育和培训的具体责任。《生产经营单位培训管理规定》第三条规定"生产经营单位负责本单位从业人员安全培训工作"。《安全生产培训管理办法》第八条规定"生产经营单位的从业人员的安全培训，由生产经营单位负责"。

《煤矿安全培训规定》第四条规定"煤矿企业是安全培训的责任主体，应当依法对从业人员进行安全生产教育和培训，提高从业人员的安全生产意识和能力"。《危险化学品安全管理条例》第四条规定，危险化学品单位应当"对从业人员进行安全教育、法制教育和岗位技术培训。从业人员应当接受教育和培训，考核合格后上岗作业；对有资格要求的岗位，应当配备依法取得相应资格的人员"。《烟花爆竹安全管理条例》第六条规定烟花爆竹生产、经营、运输企业和焰火晚会以及其他大型焰火燃放活动主办单位，应当"对从业人员定期进行安全教育、法制教育和岗位技术培训"；第十二条规定"生产烟花爆竹的企业，应当对生产作业人员进行安全生产知识教育，对从事药物混合、造粒、筛选、装药、筑药、压药、切引、搬运等危险工序的作业人员进行专业技术培训"。

《安全生产许可证条例》第六条规定"企业取得安全生产许可证，应当具备下列安全生产条件"，其中涉及安全培训的条件3项："（四）主要负责人和安全生产管理人员经考核合格；（五）特种作业人员经有关业务主管部门考核合格，取得特种作业操作资格证书；（六）从业人员经安全生产教育和培训合格"。

除此，《矿山安全法》《煤炭法》等法律法规均规定了生产经营单位应对职工进行安全教育、培训的职责。

生产经营单位在应急培训方面的责任，有关法规、规章也都作出了明确规定。

《生产安全事故应急条例》第十五条规定："生产经营单位应当对从业人员进行应急教育和培训，保证从业人员具备必要的应急知识，掌握风险防范技能和事故应急措施。"

《消防法》第十七条规定消防安全重点单位"对职工进行岗前消防安全培训，定期组织消防安全培训和消防演练"。国务院办公厅印发的《消防安全责任制实施办法》第十五条规定"机关、团体、企业、事业等单位应当落实消防安全主体责任"；第十六条规定消防安全重点单位"消防安全管理人应当经过消防培训""组织员工进行岗前消防安全培训，定期组织消防安全培训和疏散演练"；第十七条规定对容易造成群死群伤火灾的人员密集场所、易燃易爆单位和高层、地下公共建筑等火灾高危单位，"消防安全责任人和特有工种人员须经消防安全培训"。

《生产安全事故应急预案管理办法》第三十一条规定："生产经营单位应当组织开展本单位的应急预案、应急知识、自救互救和避险逃生技能的培训活动，使有关人员了解应急预案内容，熟悉应急职责、应急处置程序和措施。应急培训的时间、地点、内容、师资、参加人员和考核结果等情况应当如实记入本单位的安全生产教育和培训档案。"

（二）主要负责人和安全生产管理人员安全与应急培训责任

生产经营单位全员安全生产责任制的建立，是推动企业落实安全生产主体责任的重要抓手。生产经营单位安全与应急培训主体责任最终需要分解到各层级、各岗位去实现，其主要负责人对本单位的安全与应急培训工作负总责，安全生产管理机构以及安全生产管理人员负责组织或参与。

《安全生产法》第二十一条规定生产经营单位的主要负责人"组织制定并实施本单位安全生产教育和培训计划"。安全与应急培训是提高从业人员安全意识、掌握安全生产知识和应急处置技能的关键所在。搞好安全与应急培训，需要有明确、合理的计划安排，以保证教育培训工作有序实施并取得实效。由于制定和实施安全与应急培训计划涉及本单位整个生产经营活动的布局安排、资金保障、人员调度等重大问题，客观上需要生产经营单位的主要负责人亲自组织推动。针对实践中一些生产经营单位对安全与应急培训不重视、流于形式等突出问题，也有必要将组织制订并实施本单位安全与应急培训计划作为主要负责人的法定职责，促使生产经营单位进一步扎实做好安全与应急培训工作。

《安全生产法》第二十五条规定生产经营单位的安全生产管理机构以及安全生产管理人员"组织或者参与本单位安全生产教育和培训，如实记录安全生产教育和培训情况""组织或者参与本单位应急救援演练"。组织制定并实施本单位安全与应急培训计划、生产安全事故应急救援预案是生产经营单位主要负责人的职责，而安全与应急培训的具体工作，应当由安全生产管理机构和安全生产管理人员组织或者参与，并由其如实记录安全与应急培训和预案演练的情况。

二、主要负责人、安全生产管理人员培训

生产经营单位"主要负责人"是指有限责任公司或者股份有限公司的董事长、总经理，其他生产经营单位的厂长、经理、（矿务局）局长、矿长（含实际控制人）等。"安全生产管理人员"是指生产经营单位分管安全生产的负责人、安全生产管理机构负责人及其管理人员，以及未设安全生产管理机构的生产经营单位专、兼职安全生产管理人员等。

生产经营单位主要负责人对本单位的安全生产与应急工作全面负责，安全生产管理人员直接、具体承担本单位日常的安全生产管理工作，因此，生产经营单位主要负责人、安全生产管理人员在安全生产与应急工作方面的知识水平和管理能力，直接关系到本单位安全生产和应急工作水平。近年来发生的生产安全事故表明，生产经营单位主要负责人和安全生产管理人员缺乏基本的安全生产知识，安全管理和应急能力不强，指挥不当、调度不及时，措施不得力，是导致事故发生与扩大的重要原因之一。

例如，2019年，江苏响水天嘉宜化工有限公司发生了"3·21"特别重大爆炸事故，事故发生间接原因之一就是企业实际负责人未经考核合格，技术团队仅了解硝化废料着火、爆炸的危险特性，对大量硝化废料长期贮存引发爆炸的严重后果认知不够，最终导致了贮存的硝化废料分解自燃起火并发生爆炸。

《生产经营单位安全培训规定》第六条规定："生产经营单位主要负责人和安全生产管理人员应当接受安全培训，具备与所从事的生产经营活动相适应的安全生产知识和管理能力。"对生产经营单位主要负责人和安全生产管理人员应当具备的安全生产知识和管理能力提出要求，使其既懂生产经营，也懂安全管理，是经实践证明提高生产经营单位安全管理水平，保障安全生产的重要措施与途径。

在应急工作责任方面，《安全生产法》第二十一条规定生产经营单位的主要负责人"组织制定并实施本单位的生产安全事故应急救援预案"，《消防法》第十六条规定"单位的主要负责人是本单位的消防安全责任人"；《生产安全事故应急条例》第四条规定生产经营单位"主要负责人对本单位的生产安全事故应急工作全面负责"；《生产安全事故应急预案管理办法》第五条规定"生产经营单位主要负责人负责组织编制和实施本单位的应急预案，并对应急预案的真实性和实用性负责"，第二十四条规定"生产经营单位的应急预案经评审或者论证后，由本单位主要负责人签署，向本单位从业人员公布，并及时发放到本单位有关部门、岗位和相关应急救援队伍"。这些规定无一例外地明确了生产经营单位主要负责人在本单位应急工作上的具体职责，包括应急预案的制定、签署、发布、实

施，而实施中"培训"是一个重要的环节。因此，生产经营单位主要负责人和安全生产管理人员必须通过应急培训，首先自己熟悉应急工作职责、应急预案从制定到实施的各个环节，然后才能一方面组织开展从业人员的应急培训；另一方面在本单位出现重大事故隐患或事故发生时，第一时间、第一现场响应并启动应急预案，以最大限度减少和降低人员伤亡与财产损失，同时也是保护生产经营单位主要负责人自己的生命健康，减轻或避免责任追究。

（一）持证上岗

根据《安全生产法》和《安全生产培训管理办法》的规定，生产经营单位主要负责人和安全生产管理人员必须经应急管理部门或由其主管的负有安全生产监督管理职责的部门考核合格。其中，煤矿、非煤矿山、危险化学品、烟花爆竹、金属冶炼等生产经营单位主要负责人和安全生产管理人员，自任职之日起6个月内，必须经应急管理部门对其安全生产知识和管理能力考核合格。

危险物品的生产、经营、储存单位和矿山、金属冶炼单位主要负责人、安全生产管理人员经考核合格后，领取安全合格证。一般行业生产经营单位主要负责人、安全生产管理人员经考核合格后领取培训合格证。安全合格证有效期3年，在全国范围内有效。高危行业、一般行业生产经营单位的主要负责人、安全生产管理人员均应100%持证上岗。注意：2015年2月24日发布的《国务院关于取消和调整一批行政审批项目等事项的决定》，自发布之日起，不再颁发安全资格证书。

2019年8月10日，应急管理部办公厅印发《关于更新安全生产知识和管理能力考核合格证、特种作业操作证式样的通知》，对高危行业企业主要负责人、安全管理人员安全生产知识和管理能力考核合格证（以下简称安全合格证）、特种作业操作证式样进行了更新并启用，旧版证书同时停止核发。新版证书分为PVC卡实体证书和电子证书（含普通纸质打印版），电子证书与实体证书一一对应，具有同等法律效力。取得新版证书的个人，可登录应急管理部政府网站（www.mem.gov.cn），从"服务"—"查询服务"—"特种作业操作证及安全生产知识和管理能力考核合格信息查询"系统查询。新版安全合格证式样如图3-1所示。

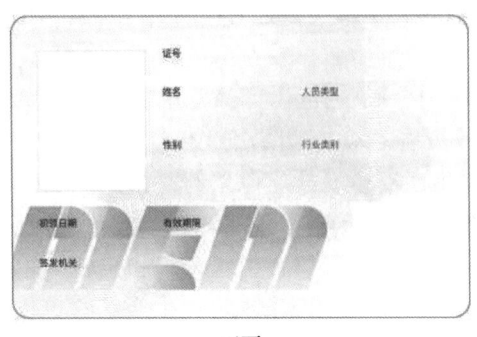 

正面　　　　　　　　　　　　　　背面

图3-1　安全合格证式样

（二）培训内容

关于生产经营单位主要负责人和安全生产管理人员安全培训的内容，《生产经营单位安全培训规定》第六条、第七条分别作出了具体规定。培训应当按照安全培训大纲实施。《生产经营单位安全培训规定》第十条明确要求"生产经营单位主要负责人和安全生产管理人员的安全培训必须依照安全生产监管监察部门制定的安全培训大纲实施"，《安全生产培训管理办法》第六条也作了相应的规定。培训大纲是培训和教学的指导性文件，它明确规定了培训的相关内容以及培训课时、教学的基本任务和要求，在整个培训工作中占有十分重要的地位。无论是教材和教学参考书的选编，还是授课计划的制订，教学检查、考核及培训评估，都要以该行业、领域的安全培训大纲为依据。

截至2019年底，原国家安全监管总局、应急管理部组织编制了高危行业生产经营单位"三项岗位"人员安全培训大纲与考核标准57个，特种作业安全技术实际操作考试标准9类44个。这两类标准中，由原国家安全监督管理总局培训中心、应急管理部培训中心牵头编制的分别为53个、44个。原国家煤矿安全监察局组织编制了煤矿企业"三项岗位"人员的考试要点或实际操作考试标准。省级应急管理部门也根据职责编制了一般行业有关人员的安全培训大纲和考核标准。

实践中，经常有将生产经营单位主要负责人与安全生产管理人员安全培训"一锅煮"的情况。虽然存在主要负责人人数少、不够独立办班、"不经济"的现实，但忽略二者的培训需求，缺乏针对性，培训质量与效果不佳，是更大的"不经济"。特别是生产经营单位主要负责人，其对本单位安全生产与应急工作的重要性，对保护人民群众生命财产安全和本单位可持续发展，具有不可替代的重要作用。因此，应当高度重视生产经营单位主要负责人的安全与应急培训，投入更多的资金与精力，确保培训质量与效果，以取得更好的经济效益与社会效益。

（三）培训学时

培训必须强制实行培训学时制度。实践中，一些生产经营单位主要负责人和安全生产管理人员特别是主要负责人，以各种理由或借口不参加安全培训，或者没有完成培训就中途退出，培训质量和效果大打折扣。《生产经营单位安全培训规定》第九条规定："生产经营单位主要负责人和安全生产管理人员初次安全培训时间不得少于32学时。每年再培训时间不得少于12学时。煤矿、非煤矿山、危险化学品、烟花爆竹、金属冶炼等生产经营单位主要负责人和安全生产管理人员初次安全培训时间不得少于48学时，每年再培训时间不得少于16学时。"为保证培训效果，强化安全生产教育培训硬约束，无论是生产经营单位还是培训机构，都必须按照规定的培训学时组织实施培训。此外，生产经营单位还应当按照有关要求，实事求是地登记和记录培训学时。

三、特种作业人员培训

特种作业是指容易发生事故，对操作者本人、他人的安全健康及设备、设施的安全可能造成重大危害的作业。直接从事特种作业的从业人员即为特种作业人员，是从业人员的一部分，但是，又不同于一般的从业人员。特种作业人员所从事的岗位工作一般危险性都较大，在生产建设过程中担负着特殊任务，一旦因之而发生事故，便会给生产经营单位乃至周边地区人民生命财产造成较大甚至是重大损失。据国内外有关资料统计，由于特种作业人员违规违章操作造成的生产安全事故，占生产经营单位事故总量的比例约80%。因此，加强特种作业人员安全技术培训考核，对保障安全生产十分重要。

例如，2016年，重庆市永川区金山沟煤业有限责任公司"10·31"特别重大瓦斯爆炸事故共造成33人死亡、1人受伤。事故调查发现该公司"未组织爆破作业人员进行专业技术培训，实施爆破作业的人员未取得爆破作业人员许可证""井下爆破员、机车司机、绞车司机等特种作业人员未经培训、无证上岗"，违章"裸眼"爆破是事故发生的两个直接原因之一（另一个为在超层越界违法开采区域采用国家明令禁止的"巷道式采煤"工艺）。

《安全生产法》第三十条规定"生产经营单位的特种作业人员必须按照国家有关规定经专门的安全作业培训，取得相应资格，方可上岗作业"。此外，《劳动法》第五十五条、《矿山安全法》第二十六条和《矿山安全法实施条例》第三十七条，以及原国家安全监管总局安全培训方面的部门规章等，都对特种作业人员的培训与考核提出了明确要求。在实践中，这些规定对预防和减少伤亡事故、保障安全生产也起到了很大的促进作用。

（一）特种作业及特种作业人员

在国家未成立专门的安全生产监管部门之前，我国特种作业类别、工种不规范不明确的问题还比较突出。一是矿山生产经营单位的特种作业人员种类、数量偏多（其特种作业人员占从业人员的比例约57.4%，个别小矿山甚至达到70%以上），失去了特种作业的意义。二是国家对危险化学品生产、经营单位没有明确特种作业范围，一些地区或生产经营单位自行设置了一些工种，导致特种作业人员培训考核管理混乱。三是烟花爆竹、冶金等行业生产经营单位的一些危险作业未纳入特种作业。《特种作业人员安全技术培训考核管理规定》修订后，明确了特种作业范围共11个作业类别、51个操作项目。11个作业类别为：①电工作业；②焊接与热切割作业；③高处作业；④制冷与空调作业；⑤煤矿安全作业；⑥金属非金属矿山安全作业；⑦石油天然气安全作业；⑧冶金（有色）生产安全作业；⑨危险化学品安全作业；⑩烟花爆竹安全作业；⑪应急管理部认定的其他作业。

这些特种作业具备以下特点：一是独立性。必须有独立的岗位，由专人操作的作业，操作人员必须具备一定的安全生产知识和技能，持证上岗。二是危险性。必须是危险性较大的作业，如果操作不当，容易对操作者本人、他人或设备设施造成伤害、损毁，甚至发生重特大事故。三是特殊性。从事特种作业的人员不能比例过大，总体上讲，特种作业人员一般不超过该行业或领域全体从业人员的30%。

特种作业人员实行准入制度。《特种作业人员安全技术培训考核管理规定》第四条规定"特种作业人员应当符合下列条件：（一）年满18周岁，且不超过国家法定退休年龄；（二）经社区或者县级以上医疗机构体检健康合格，并无妨碍从事相应特种作业的器质性心脏病、癫痫病、美尼尔氏症、眩晕症、癔病、震颤麻痹症、精神病、痴呆症以及其他疾病和生理缺陷；（三）具有初中及以上文化程度；（四）具备必要的安全技术知识与技能；（五）相应特种作业规定的其他条件。危险化学品特种作业人员除符合前款第（一）项、第（二）项、第（四）项和第（五）项规定的条件外，应当具备高中或者相当于高中及以上文化程度"。

《煤矿安全培训规定》第二十二条规定"煤矿特种作业人员应当具备初中及以上文化程度（自2018年6月1日起新上岗的煤矿特种作业人员应当具备高中及以上文化程度），具有煤矿相关工作经历，或者职业高中、技工学校及中专以上相关专业学历"。

（二）特种作业人员培训

特种作业人员安全与应急培训应当按照其所从事作业类别的操作项目和相应的培训大纲进行。《特种作业人员安全技术培训考核管理规定》第九条规定"特种作业人员应当接受与其所从事的特种作业相应的安全技术理论培训和实际操作培训"。该管理规定对特种作业人员安全培训主体、考核、发证、复审、监管等都作出了明确要求。此外，为使职业教育与特种作业人员培训有效衔接，避免重复培训，该管理规定明确"已经取得职业高中、技工学校及中专以上学历的毕业生从事与其所学专业相应的特种作业，持学历证明经考核发证机关同意，可以免予相关专业的培训"，即免于入职上岗前的初次（理论）培训，但"实际操作培训除外"；为方便特种作业人员跨地区从业与考试，明确"跨省、自治区、直辖市从业的特种作业人员，可以在户籍所在地或者从业所在地参加培训"。

特种作业人员培训内容和学时，除《煤矿安全培训规定》第二十五条明确煤矿特种作业人员"初次培训的时间不得少于90学时"外，其他部门规章中均未作出规定，但在"特种作业人员安全技术培训大纲和考核标准"中有具体要求。实际操作考试按照"特种作业安全技术实际操作考试标准"执行。

需要注意的是，特种作业人员安全与应急培训必须充分考虑特种作业人员的文化水平和认知能力，按照培训大纲和实际操作考试标准，强化实际操作培训，使其在"动手操作"中亲身体验、熟练掌握本作业的安全技术与应急处置操作要点和注意事项，真正做到应知应会、入脑入心。

特种作业人员必须重新参加安全培训考核的7种情形：①特种作业操作证期满换证的必须参加培训，并且通过考试合格；②对造成人员死亡的生产安全事故负有直接责任的，应当重新参加安全培训；③离开特种作业岗位6个月以上的应当重新进行实际操作能力考试，经考试合格后方可上岗作业；④违章操作造成严重后果或者有2次以上违章行为，并经查证确实的；⑤有安全生产违法行为，并给予行政处罚的；⑥拒绝、阻碍安全生产监管监察部门监督检查的；⑦未按规定参加安全培训，或者考试不合格的。

（三）特种作业操作证管理

《特种作业人员安全技术培训考核管理规定》第十九条规定"特种作业操作证有效期为6年，在全国范围内有效。特种作业操作证由安全监管总局统一式样、标准及编号"，特种作业操作证每3年或6年复审1次。特种作业人员在劳动合同期满后变动工作单位的，原工作单位不得以任何理由扣押其特种作业操作证。为便于管理，跨省从业的特种作业人员应当接受从业所在地考核发证机关的监督管理。

特种作业操作证遗失的，应当向原考核发证机关提出书面申请，经原考核发证机关审查同意后，予以补发。特种作业操作证所记载的信息发生变化或者损毁的，应当向原考核发证机关提出书面申请，经原考核发证机关审查确认后，予以更换或者更新。

社会上有些单位或个人受利益驱动，置人民群众生命财产安全于不顾，采取造假和网上售假等方式伪造、变造、倒卖特种作业操作证，严重危害生产经营单位的安全生产和特种作业人员的人身安全，扰乱了社会秩序，也是违法行为，必将受到法律的惩处。

《特种作业人员安全技术培训考核管理规定》第三十六条规定"生产经营单位不得印制、伪造、倒卖特种作业操作证，或者使用非法印制、伪造、倒卖的特种作业操作证。特种作业人员不得伪造、涂改、转借、转让、冒用特种作业操作证或者使用伪造的特种作业操作证"。

特种作业操作证查询可登录应急管理部政府网站（www.mem.gov.cn），依次点击"服务"—"查询服务"—"特种作业操作证及安全生产知识和管理能力考核合格信息查询"，在"特种作业操作证查询"下，输入身份证号、姓名，即可查询真伪。

2019年8月10日，启用的新版特种作业操作证式样如图3-2所示。

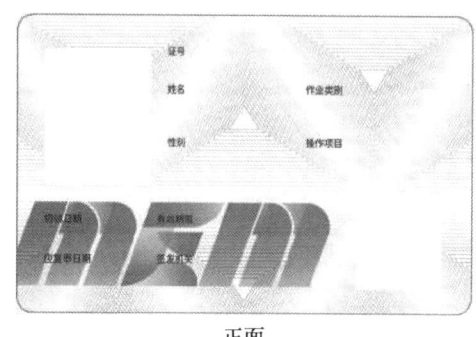
正面

背面

图3-2 特种作业操作证式样

四、其他从业人员培训

人是生产活动的第一要素，从业人员是生产经营活动最直接的承担者，每个岗位从业人员具体的生产经营活动安全了，整个生产经营单位的安全生产才能有保障。因此，从制度上保证每个从业人员具有本职工作岗位的安全生产知识和应急能力是非常必要的。解决这一问题，最重要、最有效的途径就是加强对从业人员的安全与应急培训。由于我国尚属发展中国家，从业人员的文化水平整体不高，特别是大量的农民工在危险性较大的矿山、危险物品、建筑施工等生产建设岗位从事生产经营活动，这些从业人员普遍存在安全意识差、缺乏安全生产知识以及防范和处理事故隐患及紧急情况的能力等问题。近年来发生的一些事故表明，生产经营单位没有抓好从业人员的安全与应急培训，从业人员不具备必要的安全生产知识，不掌握安全生产规章制度和本岗位的安全操作规程、技能等，是事故发生的重要原因之一。

例如，2014年8月2日，江苏省苏州昆山市中荣金属制品有限公司发生特别重大爆炸事故，造成97人死亡、163人受伤（事故报告期后，经全力抢救医治无效陆续死亡49人）。事故调查发现该公司未开展粉尘爆炸专项教育培训和新员工三级安全培训，安全生产教育培训责任不落实，造成员工对铝粉尘存在爆炸危险没有认知，间接导致了事故发生。

《安全生产法》第五十八条规定生产经营单位"从业人员应当接受安全生产教育和培训,掌握本职工作所需的安全生产知识,提高安全生产技能,增强事故预防和应急处理能力"。由于"三项岗位"人员的安全培训规定已在前面明确,所以,此处的"从业人员"是指"其他从业人员"。生产经营单位"其他从业人员"是指除主要负责人、安全生产管理人员和特种作业人员以外,该单位从事生产经营活动的所有人员,包括其他负责人、其他管理人员、技术人员和各岗位的工人以及临时聘用的人员。

(一)先培训后上岗

其他从业人员接受安全与应急培训既是从业人员的权利,也是其法定义务。要将"四不伤害"(不伤害自己、不伤害他人、不被他人伤害、保护他人不受伤害)作为从业人员培训的最低要求。对于未接受安全与应急培训的从业人员,生产经营单位不得安排其上岗。

《安全生产法》第二十八条规定"生产经营单位应当对从业人员进行安全生产教育和培训,保证从业人员具备必要的安全生产知识,熟悉有关的安全生产规章制度和安全操作规程,掌握本岗位的安全操作技能,了解事故应急处理措施,知悉自身在安全生产方面的权利和义务。未经安全生产教育和培训合格的从业人员,不得上岗作业"。

《生产经营单位安全培训规定》第十一条规定"煤矿、非煤矿山、危险化学品、烟花爆竹、金属冶炼等生产经营单位必须对新上岗的临时工、合同工、劳务工、轮换工、协议工等进行强制性安全培训,保证其具备本岗位安全操作、自救互救以及应急处置所需的知识和技能后,方能安排上岗作业";第十二条规定"加工、制造业等生产单位的其他从业人员,在上岗前必须经过厂(矿)、车间(工段、区、队)、班组三级安全培训教育。生产经营单位应当根据工作性质对其他从业人员进行安全培训,保证其具备本岗位安全操作、应急处置等知识和技能"。

《企业安全生产标准化基本规范》(GB/T 33000—2016)5.3.2.2 要求"企业专职应急救援人员应按照有关规定,经专门应急救援培训,考核合格后,方可上岗,并定期参加复训"。

《劳动法》第六十八条、《煤炭法》第三十三条、《矿山安全法》第二十六条等均对生产经营单位从业人员"先培训后上岗"作出了明确要求。

此外,针对我国普遍存在劳务派遣用工形式,以及生产经营单位从各类中等职业学校、高等学校中接收实习学生的实际情况,为保障他们安全生产方面的权利,《安全生产法》第二十八条还对被派遣劳动者、实习学生的安全培训作出了规定:"生产经营单位使用被派遣劳动者的,应当将被派遣劳动者纳入本单位从业人员统一管理,对被派遣劳动者进行岗位安全操作规程和安全操作技能的教育和培训。劳务派遣单位应当对被派遣劳动者进行必要的安全生产教育和培训。生产经营单位接收中等职业学校、高等学校学生实习的,应当对实习学生进行相应的安全生产教育和培训,提供必要的劳动防护用品。学校应当协助生产经营单位对实习学生进行安全生产教育和培训。"

(二)培训内容

其他从业人员安全与应急培训包括:岗前培训,每年新的安全与应急法规、标准、技术、事故案例等内容的再培训,转岗、复岗培训,"四新"(采用新工艺、新技术、新材料或者使用新设备）培训等。这里主要介绍岗前培训的规定。

岗前培训分为三级，即厂（矿）级、车间（工段、区、队）级、班组级。《生产经营单位安全培训规定》第十四条至第十六条对其他从业人员岗前安全与应急培训内容作出了具体的规定。第十四条规定"厂（矿）级岗前安全培训内容应当包括：（一）本单位安全生产情况及安全生产基本知识；（二）本单位安全生产规章制度和劳动纪律；（三）从业人员安全生产权利和义务；（四）有关事故案例等。煤矿、非煤矿山、危险化学品、烟花爆竹、金属冶炼等生产经营单位厂（矿）级安全培训除包括上述内容外，应当增加事故应急救援、事故应急预案演练及防范措施等内容"；第十五条规定"车间（工段、区、队）级岗前安全培训内容应当包括：（一）工作环境及危险因素；（二）所从事工种可能遭受的职业伤害和伤亡事故；（三）所从事工种的安全职责、操作技能及强制性标准；（四）自救互救、急救方法、疏散和现场紧急情况的处理；（五）安全设备设施、个人防护用品的使用和维护；（六）本车间（工段、区、队）安全生产状况及规章制度；（七）预防事故和职业危害的措施及应注意的安全事项；（八）有关事故案例；（九）其他需要培训的内容"；第十六条规定"班组级岗前安全培训内容应当包括：（一）岗位安全操作规程；（二）岗位之间工作衔接配合的安全与职业卫生事项；（三）有关事故案例；（四）其他需要培训的内容"。

三级岗前培训每一级的内容不同，侧重点也不同，从厂级、车间级到班组级，培训内容也是越来越细化、具体。

此外，《企业安全生产标准化基本规范》5.3.2.3还对"外来人员"安全教育培训及内容提出了要求："企业应对进入企业检查、参观、学习等外来人员进行安全教育，主要内容包括：安全规定、可能接触到的危险有害因素、职业病危害防护措施、应急知识等。"5.6.1.4对"应急演练"要求"企业应按照AQ/T 9007的规定定期组织公司（厂、矿）、车间（工段、区、队）、班组开展生产安全事故应急演练，做到一线从业人员参与应急演练全覆盖"。《国务院安委会办公室关于全面加强企业全员安全生产责任制工作的通知》对"全员安全生产责任制"培训作出要求："企业要将全员安全生产责任制教育培训工作纳入安全生产年度培训计划，通过自行组织或委托具备安全培训条件的中介服务机构等实施。"

其他从业人员安全与应急培训应当按照各省级应急管理部门、煤矿安全培训主管部门制定的其他从业人员安全培训大纲实施，这是安全与应急培训工作的一项基本原则。由于生产经营单位其他从业人员涵盖了从决策层到管理层到一线员工不同层级的人员，对不同层级、不同部门、不同岗位人员的安全生产知识和能力要求不一样，其培训需求也不一样，因此，其他从业人员安全与应急培训要按照"需要什么培训什么""缺什么补什么"的原则进行，方可达到事半功倍。

（三）培训学时

其他从业人员的岗前安全与应急培训，是其了解企业情况，掌握安全与应急知识，达到应知应会，提高安全意识、弘扬安全文化的必修课，更是实现生产经营单位安全生产的必要手段。由此可见，岗前培训的极端重要性。实践中，一些生产经营单位对从业人员的岗前培训敷衍了事，临时应付，以口头交代或班前会代替，把岗前培训班办成了"速成班";也有少数单位对新上岗职工边干边训,没有进行系统的培训;还有个别单位把员工招来就上岗,即招即用,没有进行任何安全与应急知识培训。这些都给生产经营单位安全生产带来了极大的隐患,甚至由此而导致生产安全事故的情况也时有发生。因此,国家对岗前培训学时和再培训学时作出了硬性规定。《生产经营单位安全培训规定》第十三条规定:"生产经营单位新上岗的从业人员,岗前安全培训时间不得少于24学时。煤矿、非煤矿山、危险化学品、烟花爆竹、金属冶炼等生产经营单位新上岗的从业人员安全培训时间不得少于72学时,每年再培训的时间不得少于20学时。"《国务院安委会关于进一步加强安全培训工作的决定》明确非高危企业新职工"每年进行至少8学时的再培训"。

(四)师傅带徒弟实习培训

师傅带徒弟的培训方式,充分发挥老职工"传、帮、带"作用,是进一步提高生产经营单位从业人员安全素质和技能,规范作业行为,杜绝"三违"(违章指挥、违规作业和违反劳动纪律)现象,从根本上防止事故发生传统而有效的措施,具有独特的教育培训优势和很强的针对性、实用性。

《国务院安委会关于进一步加强安全培训工作的决定》提出了完善和落实师傅带徒弟制度,并要求高危行业生产经营单位新职工安全培训合格后,要在经验丰富的工人师傅带领下,实习至少2个月后方可独立上岗。

《安全生产培训管理办法》第十三条规定:"国家鼓励生产经营单位实行师傅带徒弟制度。矿山新招的井下作业人员和危险物品生产经营单位新招的危险工艺操作岗位人员,除按照规定进行安全培训外,还应当在有经验的职工带领下实习满2个月后,方可独立上岗作业。"

《生产经营单位安全培训规定》第十九条规定"煤矿、非煤矿山、危险化学品、烟花爆竹、金属冶炼等生产经营单位还应当完善和落实师傅带徒弟制度"。

《煤矿安全培训规定》第三十六条规定:"煤矿企业新上岗的井下作业人员安全培训合格后,应当在有经验的工人师傅带领下,实习满四个月,并取得工人师傅签名的实习合格证明后,方可独立工作。工人师傅一般应当具备中级工以上技能等级、三年以上相应工作经历和没有发生过违章指挥、违章作业、违反劳动纪律等条件。"该规定进一步细化和强化了煤矿企业师带徒的要求,并明确了"工人师傅"的条件,增强了师带徒实习工作的可操作性。

五、再培训与复训

(一)概念

我们在安全培训有关规章或文件、培训大纲中,经常会遇到"初次培训""再培训""复训""复审"的概念,特别是后三者,容易造成混淆。

1. 初训

初训即初次培训,是指有关人员第一次参加相应岗位的安全与应急培训。如高危行业生产经营单位主要负责人或安全生产管理人员首次参加的安全生产知识和管理能力培训,经考核合格后取得安全合格证。

2. 再培训

再培训即继续教育,是指初训以后每年应进行一次以新内容为主的安全与应急培训。如已取得安全合格证的人员,若继续从事原岗位工作,在证书有效期内,每年应进行一次新的安全与应急法规、标准、技术、管理、案例等内容的培训。再培训是相对于初训而言的。现行的高危行业生产经营单位主要负责人、安全生产管理人员安全培训大纲中,都规定了再培训的内容。

当然,这里所说的"再培训"是狭义的。广义的"再培训"应该是除初训之后的所有培训,如转岗、复岗安全培训,"四新"(采用新工艺、新技术、新材料或者使用新设备)安全培训,发生人员死亡生产安全事故单位人员的安全培训,复审不合格人员重新参加的安全培训等。

3. 复训

复训即复审培训,是指对证书有效期届满需要延期的持证人员进行的安全与应急培训。如持有安全合格证的人员在取得证书次年起,如每年参加了再培训,在证书到期(安全合格证有效期为 3 年)且在发证部门延期复审所要求的时间(安全合格证为 30 日)之前参加的培训,经考核合格并通过复审以换发延长有效期的新证。另外,特种作业操作证每 3 年需要复审 1 次,在复审之前也需要进行复训。

为减轻持证人培训的负担,复训应当与再培训最后一年的培训结合起来,适当增加培训内容与学时,以保障持证人继续具备相应的安全生产知识与管理能力以及应急处置能力。

4. 复审

复审即复查审核,是指在证书有效期届满前,如果持证人继续从事原岗位工作,需要按规定"提前"向发证部门提出"延期"复审的申请,通过考核并经发证部门复审合格,颁发新的同类证书。

一种特殊情况是,特种作业操作证每 3 年 1 次的复审,持证人经过培训和考核合格并经发证部门复审合格后,不换发新证,只在"特种作业操作证及安全生产知识和管理能力考核合格信息查询平台"内登记,通过特种作业操作证上的二维码即可查询到复审情况。

复审与复训相关联。一般来说,复训是复审的前置条件,复训、复审均是围绕证书有效期开展的工作(特种作业操作证每 3 年 1 次的复审除外)。如《安全生产培训管理办法》第二十五条规定安全合格证"有效期届满需要延期的,应当于有效期届满 30 日前向原发证部门申请办理延期手续",这就是复审;《特种作业人员安全技术培训考核管理规定》第二十三条规定"特种作业操作证申请复审或者延期复审前,特种作业人员应当参加必要的安全培训并考试合格。安全培训时间不少于 8 个学时",《煤矿安全培训规定》第二十九条规定煤矿特种作业人员"特种作业操作证有效期届满需要延期换证的,持证人应当在有效期届满 60 日前参加不少于 24 学时的专门培训",这类培训即为复训。

当然,为减轻各方负担,复训、复审都比初训、首次发证要简化很多,侧重点也不一样。

(二)再培训内容

生产经营单位有关人员安全与应急再培训,一般应涵盖以下内容:

(1)有关安全生产、应急管理新的法律、法规、规章、标准、规范与政策,或现有法律、法规、规章、标准、技术规范在运用中的经验。

（2）相关行业的新技术、新材料、新工艺、新设备及安全技术要求。

（3）国内外相关行业先进的安全生产、应急管理经验。

（4）相关行业、地区安全生产、自然灾害形势（侧重于自然灾害导致的生产安全事故）及典型事故案例分析与讨论。

培训对象不同，培训内容也应该作相应的调整与取舍，要突出针对性与有效性。

（三）再培训学时

《生产经营单位安全培训规定》第九条、第十三条规定，生产经营单位主要负责人和安全生产管理人员"每年再培训时间不得少于12学时"；煤矿、非煤矿山、危险化学品、烟花爆竹、金属冶炼等生产经营单位主要负责人和安全生产管理人员"每年再培训时间不得少于16学时"，新上岗的从业人员"每年再培训的时间不得少于20学时"。《国务院安委会关于进一步加强安全培训工作的决定》明确矿山、危险物品等高危企业要对新职工"每年进行至少20学时的再培训"，非高危企业新职工"每年进行至少8学时的再培训"。各类人员培训学时见表3-1。

需要注意的是，"新上岗的从业人员""新职工"第二年就不再是"新职工"，与"老"职工一样了，因此，上述对"新上岗""新职工"再培训学时的规定，适用于生产经营单位其他从业人员和特种作业人员。

表3-1 生产经营单位各类人员培训学时表

行业	培训对象	初训学时（不少于）	每年再培训学时（不少于）	复训学时（不少于）
一般行业	主要负责人	32	12	结合再培训
	安全生产管理人员	32	12	结合再培训
	特种作业人员	按大纲	8	8
	其他从业人员	24	8	
高危行业	主要负责人	48	16	结合再培训
	安全生产管理人员	48	16	结合再培训
	特种作业人员	按大纲（煤矿90）	20	8（煤矿24）
	其他从业人员	72	20	

（四）几种广义的"再培训"

有关安全生产法律、部门规章对4种情形下的安全培训作出了明确规定。

1. 转岗、复岗培训

即对转岗人员、离岗重新上岗人员进行的培训。《生产经营单位安全培训规定》第十七条规定"从业人员在本生产经营单位内调整工作岗位或离岗一年以上重新上岗时，应当重新接受车间（工段、区、队）和班组级的安全培训"。

2. "四新"培训

即对使用新工艺、新技术、新材料、新设备安全技术的培训。《安全生产法》第二十九条规定"生产经营单位采用新工艺、新技术、新材料或者使用新设备,必须了解、掌握其安全技术特性,采取有效的安全防护措施,并对从业人员进行专门的安全生产教育和培训"。《生产经营单位安全培训规定》第十七条也明确了"生产经营单位采用新工艺、新技术、新材料或者使用新设备时,应当对有关从业人员重新进行有针对性的安全培训"。

不论是转岗、复岗还是"四新"安全培训,最终目的都是保证生产经营单位从业人员具备本岗位安全操作、应急处置等知识和技能,或者具备与所从事的生产经营活动相适应的安全生产知识和管理能力。

3. 死亡事故培训

即对发生人员死亡生产安全事故单位有关人员的安全培训。

2014年11月印发的《国务院安全生产委员会关于加强企业安全生产诚信体系建设的指导意见》明确"企业发生重特大责任事故和非法违法生产造成事故的,各级安全监管监察部门及有关行业管理部门要实施重点监管监察""通过组织约谈、强制培训等方式予以诫勉,将其不良行为记录及时公开曝光"。

《安全生产培训管理办法》第十二条规定:"中央企业的分公司、子公司及其所属单位和其他生产经营单位,发生造成人员死亡的生产安全事故的,其主要负责人和安全生产管理人员应当重新参加安全培训。特种作业人员对造成人员死亡的生产安全事故负有直接责任的,应当按照《特种作业人员安全技术培训考核管理规定》重新参加安全培训。"

事故的发生说明生产经营单位在安全生产管理中存在着薄弱环节,亟须查找不足。同时,根据生产安全事故处理"四不放过"原则,即事故原因未查清不放过、责任人员未处理不放过、整改措施未落实不放过、有关人员未受到教育不放过,生产经营单位在发生人员死亡事故后迅速作出整改,并对主要负责人、安全生产管理人员或特种作业人员等重新进行安全培训,以进一步强化"安全发展"理念和安全意识,将安全生产真正摆上重要议事日程,作为超越生产经营任务、利润指标、建设进度的"头等大事"来抓,并且狠抓落实到位,确保人民群众生命财产安全与社会稳定。

此外,针对在安全生产领域存在失信行为的生产经营单位及其有关人员,国家有关规定也提出了"强制培训"的措施。2016年5月,国家发展改革委等18个部门印发的《关于对安全生产领域失信生产经营单位及其有关人员开展联合惩戒的合作备忘录》中明确,各级负有安全监管监察职责的部门针对存在失信行为的生产经营单位及其有关人员制定并落实措施,其中一项就是"约谈其主要负责人,对其主要负责人及相关责任人进行安全培训"。

4. 复审不合格培训

即对换证复审不合格的人员重新进行的安全培训。如未按规定参加安全培训,或者考试不合格的;有安全生产违法行为,并给予行政处罚的等。对这类情况发证部门复审不予通过,需要重新参加相应的安全培训,并经考核合格方可办理复审手续。若再复审仍不合格,或者未按期复审的,证书失效。如《特种作业人员安全技术培训考核管理规定》第二十五条、第二十六条对特种作业操作证复审或者延期复审不予通过的情况作出了明确规定。

六、培训组织实施

生产经营单位安全与应急培训组织实施工作，主要包括建立培训工作制度，制定培训计划和培训方案，确定实施主体，安排培训场地、教师、教材、教学与演练、考试、效果评估，以及学员、经费、档案管理等一系列工作。这里仅介绍几个重要环节的规定，其他内容在后面有关章节有详细介绍。

（一）建立培训工作制度

《生产经营单位安全培训规定》第三条规定"生产经营单位应当按照安全生产法和有关法律、行政法规和本规定，建立健全安全培训工作制度"。《安全生产法》要求，生产经营单位主要负责人应组织制定本单位安全生产规章制度和操作规程。安全与应急培训工作制度作为生产经营单位安全生产规章制度的重要组成部分，生产经营单位必须建立健全安全与应急培训计划、人员、经费管理和培训需求调研、培训策划、培训计划备案、教学管理、培训效果评估等制度，以保障培训工作制度化、规范化运行。同时，制度建设与执行也是企业安全文化建设的重要内容与体现。

（二）制定培训计划

《安全生产法》第二十一条规定生产经营单位的主要负责人"组织制定并实施本单位安全生产教育和培训计划"。《生产经营单位安全培训规定》第二十一条规定"生产经营单位应当将安全培训工作纳入本单位年度工作计划。保证本单位安全培训工作所需资金。生产经营单位的主要负责人负责组织制定并实施本单位安全培训计划"。《企业安全生产标准化基本规范》5.3.1要求"企业应明确安全教育培训主管部门，定期识别安全教育培训需求，制定、实施安全教育培训计划，并保证必要的安全教育培训资源"。

生产经营单位安全与应急培训计划是实现培训目标的具体途径、步骤和方法。培训计划应当根据培训大纲和培训目标在进行培训需求调研分析的基础上制定。其主要步骤：①培训需求分析，主要包括组织分析、任务分析、人员分析；②制定培训计划，包括培训目的、培训目标、培训对象、培训内容、培训方法、培训时间、培训地点、培训费用、考试与发证等。如果通过研究建立各类人员安全能力模型并在此基础上建立培训矩阵，将会极大地增强培训的针对性。

（三）培训实施主体

具备《安全培训机构基本条件》（AQ/T 8011）规定安全培训条件的生产经营单位应当以自主培训为主，也可以委托具备安全培训条件的机构进行安全培训。

《生产经营单位安全培训规定》第二十条规定："具备安全培训条件的生产经营单位，应当以自主培训为主；可以委托具备安全培训条件的机构，对从业人员进行安全培训。不具备安全培训条件的生产经营单位，应当委托具备安全培训条件的机构，对从业人员进行安全培训。生产经营单位委托其他机构进行安全培训的，保证安全培训的责任仍由本单位负责。"

生产经营单位委托安全培训机构提供安全培训服务的，保证安全培训的责任仍由本单位负责，即并不因此改变保证本单位安全培训的责任主体。这样规定是为了进一步强调生产经营单位在保证本单位安全与应急培训方面的主体责任，防止规避和推脱责任。因此，不是将安全与应急培训事宜委托给安全培训机构就万事大吉，生产经营单位还必须积极协助并及时督促、检查安全培训机构的工作，促使其认真履行服务合同规定的义务；发现培训机构不认真履行职责的，应当及时提出建议纠正。通俗地讲，生产经营单位安全与应急培训工作可以委托，但培训到位的责任无法推脱，从而倒逼生产经营单位选择高质量的培训机构提供服务。

生产经营单位应大力拓展自主安全与应急培训能力。在教师选聘上，建立领导干部上讲台制度，选聘一线安全管理、技术人员担任兼职教师。在教材编用上，可以根据生产经营单位实际情况，选用和编写针对性、可读性强的实用教材。在培训过程管控上，应通过培训制度建设与执行，加强培训的全过程管理，以终为始，以培训目标和解决问题为导向，确保培训的质量与效果。

（四）培训档案管理

建立完善的安全与应急培训档案，是培训管理的基础性工作，也是内外部监督检查的重要依据之一。对培训的时间、内容、参加人员以及考核结果等情况进行记录和建档，包括电子化的档案数据，是生产经营单位、安全生产管理机构和安全生产管理人员的培训职责，也是生产经营单位安全与应急培训管理最基本的工作。没有此类记录和档案信息管理，无论是内部还是外部，培训监督管理就无从谈起，也不利于对培训人员的使用和大数据的分析使用。

《安全生产法》第二十八条规定"生产经营单位应当建立安全生产教育和培训档案，如实记录安全生产教育和培训的时间、内容、参加人员以及考核结果等情况"。《生产经营单位安全培训规定》第二十二条规定"生产经营单位应当建立健全从业人员安全生产教育和培训档案，由生产经营单位的安全生产管理机构以及安全生产管理人员详细、准确记录培训的时间、内容、参加人员以及考核结果等情况"。

例如，2017年3月6日，杭州市余杭区安全监管局行政执法人员对杭州某生物科技有限公司进行安全生产执法检查时，发现该公司未建立从业人员安全生产教育和培训档案，未能如实记录从业人员安全教育培训情况的时间、内容、参加人员以及考核结果等情况。执法人员当即向其下达了《责令限期整改指令书》，责令其限期整改，并处以罚款人民币二万五千元的行政处罚。

《煤矿安全培训规定》对煤矿企业安全培训档案提出了更细致的要求，将培训档案分为个人培训档案和企业安全培训档案。其第八条规定"煤矿企业应当建立健全从业人员安全培训档案，实行一人一档。煤矿企业从业人员安全培训档案的内容包括：（一）学员登记表，包括学员的文化程度、职务、职称、工作经历、技能等级晋升等情况；（二）身份证复印件、学历证书复印件；（三）历次接受安全培训、考核的情况；（四）安全生产违规违章行为记录，以及被追究责任、受到处分、处理的情况；（五）其他有关情况"；第九条规定"煤矿企业除建立从业人员安全培训档案外，还应当建立企业安全培训档案，实行一期一档。煤矿企业安全培训档案的内容包括：（一）培训计划；（二）培训时间、地点；（三）培训课时及授课教师；（四）课程讲义；（五）学员名册、考勤、考核情况；（六）综合考评报告等；（七）其他有关情况"。

煤矿企业从业人员安全培训档案记录煤矿从业人员接受安全培训考核、安全生产违规违章行为等重要信息，是证明煤矿从业人员参加安全培训的重要材料，应按照2013年2月1日起施行的《企业文件材料归档范围和档案保管期限规定》中"企业职工培训工作文件材料重要的要保管30年"的规定执行。

对煤矿企业主要负责人和安全生产管理人员的安全培训档案应当保存3年以上，对特种作业人员的安全培训档案应当保存6年以上，其他从业人员的安全培训档案应当保存3年以上。

七、培训经费保障

真正落实安全与应急培训的规定要求，一个重要保障就是生产经营单位必须安排一定数量的培训经费，它是保障安全生产条件所需资金投入的重要组成部分。如果经费没有保障，进行安全与应急培训就是一句空话。实践中，有些生产经营单位出于减少成本、实现利润最大化的考虑，只愿在一些能直接产生经济回报的生产经营性事务上投入，而在诸如安全与应急培训等不能直接或短期带来经济利益的事务方面尽可能压缩开支，个别的甚至根本不予考虑。有的虽然在规章制度中也有安排培训经费的相关规定，但只是装点门面或应付检查，没有转化为实际行动。

（一）安全与应急培训经费保障规定

《劳动法》第六十八条规定"用人单位应当建立职业培训制度，按照国家规定提取和使用职业培训经费，根据本单位实际，有计划地对劳动者进行职业培训"。《职业教育法》第二十八条、《就业促进法》第四十七条也对生产经营单位提取职工教育经费提出了要求。

《安全生产法》第四十七条规定"生产经营单位应当安排用于配备劳动防护用品、进行安全生产培训的经费"。《安全生产培训管理办法》第十条规定"生产经营单位应当建立安全培训管理制度，保障从业人员安全培训所需经费"。

《生产经营单位安全培训规定》第二十三条规定"生产经营单位安排从业人员进行安全培训期间，应当支付工资和必要的费用"。这是因为生产经营单位安排从业人员培训，虽然有提高从业人员个人技能的一面，但更多的是为了让从业人员为其创造更大的经济和社会效益，故即使生产经营单位安排从业人员脱产培训，在培训期间仍应当视为从业人员在为其提供劳动。

《企业安全生产费用提取和使用管理办法》针对直接从事煤炭生产、非煤矿山开采、建设工程施工、危险品生产与储存、交通运输、烟花爆竹生产、民用爆炸物品生产、冶金和有色金属、机械制造的企业以及其他经济组织等，明确了安全生产费用的提取标准及使用范围，其中使用范围包括"安全生产宣传、教育、培训支出""应急演练支出"，并且"在成本中列支"。

另外，生产经营单位还可以根据2017年8月印发的《工伤预防费使用管理暂行办法》，向统筹地区人力资源社会保障行政部门申报工伤预防项目，经确定纳入工伤保险基金预算年度计划后予以组织实施，用于工伤事故的预防培训。

（二）安全与应急培训经费比例规定

关于职工教育培训经费，2002年8月印发的《国务院关于大力推进职业教育改革与发展的决定》曾明确"一般企业按照职工工资总额的 1.5% 足额提取教育培训经费,从业人员技术素质要求高、培训任务重、经济效益较好的企业可按 2.5% 提取,列入成本开支"。

为鼓励生产经营单位加大职工教育投入,2018 年 1 月 1 日起执行的《财政部 税务总局关于企业职工教育经费税前扣除政策的通知》明确"企业发生的职工教育经费支出,不超过工资薪金总额 8% 的部分,准予在计算企业所得税应纳税所得额时扣除;超过部分,准予在以后纳税年度结转扣除"。工资薪金总额的 8%,这是国家最新的职工教育经费支出规定。

《煤矿安全培训规定》第六条规定"煤矿企业按照国家规定的比例提取教育培训经费。其中,用于安全培训的资金不得低于教育培训经费总额的 40%"。这个"不低于 40%"是目前唯一明确规定安全培训经费占职工教育经费比例的规定。其他高危行业生产经营单位安全与应急培训经费管理可以借鉴这一做法。

实践中,生产经营单位职工教育经费年度提取比例在 1.5%~8% 范围内确定,具体比例由生产经营单位内部经营决策机构(如董事会等)确定,但最低不能低于 1.5%。安全与应急培训经费可以在职业教育经费中列支。

第三节 安全培训机构培训规定

安全培训机构作为安全与应急培训的施教主体,在推进全员安全培训,提高从业人员安全素质,促进安全生产形势稳定好转和自然灾害防治方面发挥着极其重要的作用。我国安全培训机构自 2004 年 12 月实行分级管理,共分为四级,每级机构分级分范围开展培训工作。2012 年 3 月,《安全生产培训管理办法》颁布以后,四级安全培训机构调整为三级。2013 年 5 月 15 日,《国务院关于取消和下放一批行政审批项目等事项的决定》取消了安全培训机构资格许可行政审批。

虽然安全培训机构资质取消了,但在原安全监管监察部门、应急管理部门等有效监管下,通过市场机制配置安全培训资源,展开竞争,不仅充分调动了参训单位和培训机构的积极性,盘活了安全培训资源,也提高了安全培训的质量和效益。

一、安全培训机构应具备的条件

《安全生产培训管理办法》第五条规定"安全培训的机构应当具备从事安全培训工作所需要的条件"。安全培训机构资格许可行政审批取消后,为规范安全培训机构的管理,原国家安全监管总局于 2016 年 8 月 29 日发布了行业标准《安全培训机构基本条件》(AQ/T 8011),自 2017 年 3 月 1 日起实施。凡是满足《安全培训机构基本条件》的,按照本地应急管理部门、煤矿安全培训主管部门的要求,皆可从事安全与应急培训工作。

《国务院安委会关于进一步加强安全培训工作的决定》明确"加强安全培训机构建设","支持大中型企业和欠发达地区建立安全培训机构,重点建设一批具有仿真、体感、实操特色的示范培训机构"。

安全培训机构应当按照《安全生产培训管理办法》第五条从事高危行业生产经营单

位"三项岗位"人员和注册安全工程师等相关人员培训的,应当"将教师、教学和实习实训设施等情况书面报告所在地安全生产监督管理部门、煤矿安全培训监管机构",以及《煤矿安全培训规定》第七条"从事煤矿安全培训的机构,应当将教师、教学和实习与实训设施等情况书面报告所在地省级煤矿安全培训主管部门"的规定,从事煤矿安全培训的机构将上述情况报送省级煤矿安全培训主管部门,其他安全培训机构报送所在地应急管理部门。

二、安全培训机构责任

安全培训机构负有保障安全与应急培训质量和效果的重要责任,其培训能力和服务质量直接关系到包括生产经营单位在内的安全生产与应急工作。因此,安全培训机构应当按照国家有关规定和要求,切实肩负起安全与应急培训理论研究、培训项目与课程开发、咨询服务、培训实施的重任,切实抓好培训基地、师资、教材三项基础建设,打造核心竞争力,形成各自的培训特色,并不断提升培训能力和服务水平。

《干部教育培训工作条例》第三十一条要求"加强干部教育培训机构建设,构建分工明确、优势互补、布局合理、竞争有序的干部教育培训机构体系。充分发挥党校、行政学院、干部学院在干部教育培训中的主渠道、主阵地作用";第三十二条要求"部门和行业系统干部教育培训机构,应当按照各自职责,提升专业化办学水平,做好本部门和本行业本系统的干部教育培训工作";第三十三条规定"干部教育培训机构必须贯彻执行党和国家干部教育培训方针政策和法律法规"。这些规定和要求虽然针对的是承担党政干部培训任务的培训机构,但其原则同样适用于承担安全与应急培训工作的各类机构。

《国务院安全生产委员会关于加快推进安全生产社会化服务体系建设的指导意见》要求"支持培训机构参与培训大纲制修订、师资建设、课程建设、教材编写等安全生产培训基础工作。推动安全培训机构为中小微企业开展帮扶培训","支持形成一批具有品牌效应的培训机构"。

另外,《安全生产法》第十五条规定"生产经营单位委托前款规定的机构提供安全生产技术、管理服务的,保证安全生产的责任仍由本单位负责",《生产经营单位安全培训规定》第二十条明确了"生产经营单位委托其他机构进行安全培训的,保证安全培训的责任仍由本单位负责",这并不表示安全培训机构接受委托培训工作不需要承担任何责任,而是要根据有关法律法规、规章规定等要求以及委托合同的约定,对提供安全培训服务的情况和结果承担相应的法律责任。

(一)加强培训理论研究

围绕不断增强安全与应急培训的针对性和有效性,组织开展培训课题研究。牢固树立按需培训理念,突出组织需求和岗位需求,通过实地调研、问卷调查、随机访谈、培训效果评估等形式,广泛深入地开展培训需求调查研究,以确定各级各类人员初训、再培训、复训的具体目标、需要解决的问题和实现的方法途径。建设灾害事故案例库,利用培训信息库,开展大数据分析,为机关和生产经营单位决策提供依据和咨询服务。协助应急管理等部门制定有关安全与应急培训规划、标准规范和题库建设等。

(二)健全培训制度体系

根据《安全生产培训管理办法》第十五条规定"安全培训机构应当建立安全培训工作制度和人员培训档案",安全培训机构需要健全完善安全与应急培训需求调研制度、教学组织管理制度、考核评价制度、质量评估制度以及教师管理、学员管理、课程体系建设、实习实训、设备设施、后勤服务等管理制度,用制度保障培训工作高效有序实施,并形成培训机构自己的特色文化。

(三)加强培训基地建设

安全培训机构应当充分认识培训基地的重要作用和建设的重要性,加强安全与应急培训基地建设。一是利用自有资源和外部资源,建成行业特色鲜明、师资水平一流、教学手段先进、教学设施齐全、实训功能完备的安全与应急培训基地,有效提升对安全生产、应急管理的人才支撑保障能力。二是加快安全与应急培训和互联网融合发展,推进"智慧校园"建设。积极探索适应信息化发展趋势的网络培训有效方式,线上线下培训相结合。建设在线学习精品课程库,迭代开发移动学习平台。开发或引进AR、VR、AI等新一代体验式培训设备设施。实现教育培训信息化管理,建立电子档案信息系统。三是坚持品牌建设,努力打造品牌机构、品牌项目、品牌课程、品牌教师,形成自己的核心竞争力。

(四)加强师资队伍建设

安全培训机构应当根据《2018—2022年全国干部教育培训规划》要求,建立健全安全与应急培训师资准入和退出机制、师资分级分专业考核评价体系、职称评定和岗位聘任办法、师资激励机制。加强和改进兼职教师选聘和管理,注重从优秀领导干部、专家学者、先进模范人物、优秀基层干部中选聘兼职教师,鼓励退休干部返聘任教。每年有计划地安排教师特别是骨干教师参加学习培训、继续教育、项目研发、应急救援、事故调查和挂职锻炼。建好用好师资库,定期组织教师讲课比武,推进优秀师资共享。要落实2019年10月应急管理部等5个部门印发的《关于高危行业领域安全技能提升行动计划的实施意见》中要求的"各培训机构要制定师资培养培训计划,并组织教师每年到企业实践或调研,提高授课针对性和感染力"。

(五)加强培训教材建设

安全培训机构除优先选用"全国安全生产教育培训教材编审委员会"或下一步组建的"全国应急管理干部教育培训教材编审委员会"组织编写的教材外,还应结合本地区、本行业或本单位安全生产与应急工作实际,编写针对性强、实用性高的培训教材、案例,并不断更新完善。

三、培训组织与实施

《干部教育培训工作条例》第三十四条规定"干部教育培训机构应当以教学为中心,深化教学改革,完善培训内容,科学设置培训班次和学制,优化学科结构,改进课程设计,创新教学方法,提高教学水平"。

安全培训机构无论是教师还是管理人员,既要自身熟悉安全生产、应急管理知识并做到有效运用,又要熟悉安全与应急培训的规定、现代培训的流程并做到应用到位。要树立并强化"对标对表"和"守正创新"的理念,在安全与应急培训过程管理上,完善培训需求分析、课程设计、组织实施、效果评估四大环节,特别是要补上"培训需求分析"

"培训效果评估"这两个培训前后最重要的短板,方能真正达到增强培训针对性和有效性的目标。关于这方面的内容将在后面的章节中作专门介绍。现就培训组织与实施中的培训内容、培训方式方法、学风建设、教材选用、培训收费、培训市场开发、培训档案管理作简要介绍。

(一)培训内容

安全培训机构必须按照相应人员的培训大纲进行培训,杜绝"为培训而培训""为取证而培训"的错误做法。同时按照有关法律法规、规章等新的规定和安全与应急培训工作部署,充实、完善、调整培训内容。如《消防法》第六条规定"教育、人力资源行政主管部门和学校、有关职业培训机构应当将消防知识纳入教育、教学、培训的内容"。

(二)培训方式方法

应当根据培训内容要求和培训对象特点,采取线上、线下、线上线下混合,脱产、半脱产,调训、轮训等培训方式;广泛采用研讨式、案例式、模拟式、体验式,访谈教学、论坛教学、行动学习、翻转课堂、沙盘推演、角色扮演、拓展训练、战训演练等培训方法。探索应用互联网手段开展互动式教学。

(三)学风建设

应当做到学以致用、用以促学、知行合一。把讲政治贯彻安全与应急培训全过程,加强课程审查,严格教师管理,严肃教师讲课,旗帜鲜明反对和抵制各种错误言论。加强学员管理,特别是机关公务员和生产经营单位管理人员培训,要严格执行《关于在干部教育培训中进一步加强学员管理的规定》。

(四)教材选用

虽然没有强制规定安全培训必须使用哪个组织编写的教材,但安全培训机构应当掌握2条原则:一是选用符合安全培训大纲要求的培训教材;二是优先使用经应急管理部门评选出的优秀安全培训教材。

(五)培训收费

安全培训机构应当按照《安全生产培训管理办法》第十六条"安全培训机构从事安全培训工作的收费,应当符合法律、法规的规定。法律、法规没有规定的,应当按照行业自律标准或者指导性标准收费"的规定,制定培训收费办法。培训收费不但要符合市场的需要,更要符合国家法律法规规定,遵守诚实信用和公序良俗,坚决杜绝扰乱培训市场的行为,从而共同净化培训市场。

(六)培训市场开发

安全培训机构接受委托培训,应当与委托方签订合同或协议,明确提供培训的范围、方式、要求以及双方的权利和义务等事项。未经生产经营单位委托,安全培训机构不得强行为其提供服务。同时,任何单位和个人不得违规强令生产经营单位接受安全与应急培训服务。

(七)培训档案管理

安全培训机构应当根据《安全生产培训管理办法》第十四条"安全培训相关情况,应当如实记录并建档备查"的规定,如实记录培训的各种信息,建立培训档案和信息库。这不仅有利于提高培训的计划性和针对性,保障培训效果,同时也便于负有安全生产监督管理职责的部门通过查阅档案记录，加强监督检查，保证安全与应急培训取得应有的成效。

安全培训机构在市场化运作下，优胜劣汰，客观上促进了安全培训事业的整体发展。实践中，大部分安全培训机构都能按相关规定和要求，认真负责地开展安全与应急培训工作，如应急管理部门所属的培训机构、生产经营单位特别是央企所设的安全培训机构等，但也有一些培训机构为培训而培训、为证书而培训，还有一部分培训机构安全培训软硬件条件明显不足，或者以营利为目标，忽视培训质量与效果。我们很愿意看到更多有特色、有核心竞争力的安全培训机构如雨后春笋、欣欣向荣。

第四章 培训理论基础与现代培训理念

任何实践活动的产生与发展都离不开一定的科学理论作指导,也离不开先进的理念为导向,安全与应急培训作为一项实践性很强的管理活动,更是遵循着这样的规律。本章将就培训涉及的相关理论和理念作详细介绍,并简述几种培训组织模式。

第一节 经典学习理论

培训本质上是一种学习实践活动。它通过周密的组织和安排来帮助从业人员发现和获得所需的知识和能力,使他们更好地完成本职工作。虽然培训的对象基本为成人,但要客观了解如何对成人进行有效培训的问题,首先需要了解培训中的学习原理。心理学界多年来对人类的学习规律进行了大量的科学研究,提出了一些理论和原则。以下对四种经典的学习理论进行介绍。

一、行为主义学习理论

行为主义学习理论产生于20世纪初的美国,于20世纪50年代和60年代在美国和其他西方国家蓬勃发展。行为主义学习理论提倡所有学习都是刺激(S)和反应(R)之间建立直接联结的过程,强化在刺激—反应联结的过程中起着重要作用。在刺激—反应联结之中,个体学到的是习惯,而习惯是反复练习与强化的结果。习惯一旦形成,只要原来的或类似的刺激情景出现,习得的习惯性反应就会自动出现。行为主义学习理论的代表人物包括桑代克、巴甫洛夫、华生、斯金纳、班杜拉等。

(一)桑代克的联结主义理论

桑代克是第一个用刺激—反应联结理论来解释学习实质的心理学家。他采用谜笼,研究了动物的学习活动,观察动物是如何学会逃出谜笼的,其中颇为著名的是"饿猫开谜笼"实验。

1. 桑代克的基本观点

桑代克在这些动物实验的基础上建立了自己的学习理论,形成了关于学习实质的基本观点:学习是在刺激情境和行为反应之间形成一定联结的过程;联结需要通过尝试错误才能建立。

2. 桑代克的学习定律

桑代克根据自己的实验研究得出了3条主要的学习定律。

(1)准备律:指学习者在学习开始时的准备状态。学习者有准备而且给以活动就会感到满意,不去活动则会感到烦恼;反之,学习者无准备而被强制进行活动会感到烦恼,不去活动则会感到满意。

(2) 练习律：指在学习过程中，刺激与反应的联结经常被重复，则联结的力量就越来越强，反之，变得越弱。在桑代克后来的著作中，他对这一规律进行了修改，因为他发现，没有奖励的练习是无效的，联结只有通过有奖励的练习才能增强。

(3) 效果律：指学习者对刺激情境作出特定反应后，如果得到满意结果，联结会加强，反之，会削弱。根据这一定律，一个人当前行为的后果对决定他未来的行为起着关键的作用。

（二）巴甫洛夫的经典性条件作用理论

巴甫洛夫最早用精确的实验对条件反射作了研究。他在研究消化现象时，观察了狗的唾液分泌，即对食物的一种反应特征。

1. 巴甫洛夫的基本观点

一个中性的刺激与一个原来就能引起某种反应的刺激相结合，而使动物学会对那个中性刺激作出反应。

2. 经典条件反射的规律

巴甫洛夫并没有明确地概括学习的规律，但后来的研究者根据他的实验概括出许多重要的学习规律。

（1）消退：条件反射形成后，如果不加以强化，即条件刺激重复出现而无条件刺激没有伴随呈现，则条件反应会变得越来越弱，并最终消失。

（2）泛化与分化：泛化是指在条件反射形成后的初期，另一些类似的刺激也会引起条件反应。如"一朝被蛇咬，十年怕井绳"。分化是泛化的互补过程，它是指对事物的差异的反应，通过选择性强化和消退使有机体学会对条件刺激和条件刺激相类似的刺激作出不同反应。

（三）华生的刺激—反应理论

华生是行为主义的创始人，他是第一个将巴甫洛夫的经典条件作用理论作为学习理论基础的研究者。

1. 华生的基本观点

行为就是有机体用以适应环境刺激的各种躯体反应的组合，人类的行为都是后天习得的，环境决定了一个人的行为模式。

2. 华生关于学习的规律

（1）频因律：指当其他条件相等情况下，某种行为练习越多，习惯形成的就越迅速。

（2）近因律：指当反应频繁发生时，最近的新的反应比较早的反应更容易得到加强。

（四）斯金纳的操作性条件反射学习理论

斯金纳发展了巴甫洛夫和桑代克的研究。根据他的"斯金纳箱"经典实验，斯金纳提出了著名的操作条件反射理论。

1. 斯金纳的基本观点

一个人的行为分为两类：一类是应答性行为，是由已知的刺激引起的反应，这是与生俱来的，属于不学就会的本能行为；另一类是操作性行为，是有机体自身发出的反应，与任何已知刺激物无关，必须经过学习获得，是后天得到的。与这两类行为相对应，条件反射也分为两类：应答性条件反射（经典条件反射）和操作性条件反射。人类的行为主要是由操作性条件反射构成的操作性行为,受强化规律的制约。

2. 强化理论

强化理论是斯金纳操作性条件反射理论中最为重要的组成部分,也是其理论的基础。斯金纳认为学习的基本规律是:如果一个操作发生后,接着呈现一个强化刺激,则这个操作的强度就会增加。

强化分为正强化和负强化两种。正强化是获得强化物以加强某个反应,负强化是去掉讨厌的刺激物,由于刺激的退出而加强了那个行为。这两种强化都使行为增加,而惩罚是当有机体作出某种反应之后,呈现一个厌恶刺激,以消除或抑制此类反应的过程。

强化按间隔时间和频次分为两大类。一是连续式强化,即对每一次或每一个阶段的正确反应予以强化;二是间隔式强化。每种不同的强化程序都有其效果,也会有局限。比较好的做法是,在行为建立初期使用连续强化,当行为建立起之后根据行为的性质和内容转为相应的间隔式强化。

(五) 班杜拉的社会学习理论

班杜拉不同意华生和斯金纳的外界刺激是行为的决定因素的观点,相反,他认为人的认知能力对行动结果的预期直接影响人的行为表现,人类的学习大多发生于社会环境中,只有站在社会学习的角度才能真正理解发展。他将自己的理论称为社会学习理论。

1. 班杜拉的基本观点

学习是指个体通过对他人的行为及其强化型结果的观察,从而获得某些新的行为反应,或已有的行为反应得到修正的过程。人类的学习的实质应当是观察学习,大部分人类行为是通过对榜样的观察而习得的。

2. 班杜拉的观察学习

班杜拉认为观察学习包括注意、保持、动作再现以及动机等 4 个子过程。其中,注意过程调节着观察者对示范活动的探索和知觉;保持过程使学习者先将榜样行为转化成记忆表象,然后记忆表象转换为言语编码,形成动作观念,表象和言语编码同时储存在头脑中,对学习者以后的行为起指导作用;动作再现过程是将记忆中的动作观念转化为行为;动机过程贯穿于观察学习的始终,决定哪种经由观察习得的行为得以表现。

班杜拉认为强化分为 3 种:直接强化、替代强化和自我强化。直接强化是学习者直接受到外部强化的影响。替代强化是指观察者因看到榜样受到强化而改变了自己的行为动机。自我强化是指人根据自己设立的标准来评价自己的行为,从而影响自己的行为动机。

二、认知主义学习理论

认知主义学习理论反对行为主义心理学放弃研究个体内部心理活动的观点和做法,它吸收信息论,结合计算机科学的发展,提出了对学习的认知观点。

(一) 苛勒的完形顿悟学习理论

1913—1917 年,苛勒以大猩猩为被试,做了大量的学习实验研究。这些研究主要是给大猩猩设置各种各样的问题并观察大猩猩解决这些问题的过程。

完形顿悟学习理论主要有以下两个观点。

(1) 学习是通过顿悟过程实现的。学习是个体利用其自身的智慧与理解力对情境与自身关系的顿悟，而不是动作的累积或盲目的尝试。

（2）学习的实质是主体内部构造完形。完形是一种心理结构，是对事物关系的认知。学习过程中问题的解决，都是对情境中事物关系的理解而构成一种"完形"来实现的。

（二）布鲁纳的认知结构学习理论

布鲁纳非常重视学习过程中学习者的积极性和主动性，认为学习的本质不是被动地形成刺激—反应联结，而是主动地获取知识，学习最好的动机是对所学内容本身的兴趣。

1. 布鲁纳关于学习过程的观点

布鲁纳认为学习过程包括3个过程：新知识的获得、知识的转换及知识的评价。其中，新知识的获得过程是与已有的知识经验和认知结构发生联系的过程，是主动认识和理解的过程；知识的转换是对获得的知识进一步分析和概括，使之超出它们最初所给的事实，从而学到更多的知识；知识的评价是学习者核查所用处理知识的方法是否适合当前任务，概括的是否适当。

2. 学习和教学的基本原则

布鲁纳不仅研究学习问题，而且还研究教学问题，他指出了学习和教学的4项基本原则。

（1）动机原则。动机是维持学习的基本动力，而内部动机的效应比外部动机的效应更强也更持久。教师应善于促进并调节学习者的探究活动，激发他们的内在动机。

（2）结构原则。任何知识结构都可以用动作、图像和符号三种表征形式来呈现。教师选用哪种呈现方式，取决于学习者的年龄、知识背景和学科性质等因素。

（3）程序原则。教学就是引导学习者通过一系列有条不紊地陈述一个问题或大量知识的结构，以提高他们对所学知识的掌握、转化和迁移的能力。通常，不同学科存在不同的程序，它们对学习者来说有难有易，不存在所有的学习者都适用唯一程序。

（4）强化原则。为了提高学习效率，学习者还必须获得反馈，知道结果如何。适当的强化时间和步调是学习成功的重要一环。

（三）奥苏伯尔的认知同化学习理论

奥苏伯尔提出了有意义学习理论。他认为学习者应按照有意义的方式获得系统知识，形成良好的认知结构。有意义学习理论的实质是指符号所代表的新知识与学习者认识结构中已有的适当观念建立实质性和非人为性联系的过程。所谓实质性联系，是指表达的词语虽然不同，但却是等值的。所谓非人为性联系，是指新知识与原有认知结构中有关的观念建立在某种合理的或逻辑基础上的联系。

1. 有意义学习的条件

有意义学习必须具备3个前提条件：学习材料本身必须具备逻辑意义；学习者必须具备有意义学习的倾向；学习者认知结构必须具有同化新知识的适当观念。

2. 认知同化过程

有意义学习的内部心理机制是同化，同化实质上是新知识与已有认知结构中固有知识或观念之间的相互作用。奥苏伯尔根据新旧观念的概括水平及其联系方式不同，提出了3种同化模式。

（1）下位学习。是指当认知结构中的原有的有关观念在概括水平上高于新观念时，新旧观念之间构成类属关系。

（2）上位学习。是指概括程度较高的新概念总括了认知结构中原有概括程度较低的概念或命题而获得有意义的学习。

（3）联合学习。当新的知识与认知结构中原有的观念既不能产生从属关系，又不能产生上位关系，而只是并列关系时，这种学习称为联合学习。

（四）加涅的信息加工学习理论

加涅的信息加工学习理论认为，学习者是信息的主动加工者，通过选择、组织相关信息和自己已有的知识对信息的解释，从而理解信息。因此，学习过程就是接收、编码、操作、提取和利用信息的过程。

加涅认为，学习包括外部条件和内部条件，学习过程实际上就是学习者头脑中的内部活动，他把学习过程划分为8个阶段：动机阶段、了解阶段、获得阶段、保持阶段、回忆阶段、概括阶段、操作阶段和反馈阶段。

三、建构主义学习理论

建构主义认为学员在学习知识方面应该积极主动地进行意义建构，而不是机械地接受别人灌输的信息。通过与他人进行切磋、交流、合作与讨论，在自身已具备的认知结构的基础上主动地有选择性地分析外在信息，与此同时对自身的认知结构不断调整、修正并补充，从而实现对当前事物的意义建构。建构主义学习理论中所提到的"建构"这一概念，一方面是指对新信息的意义的建构；另一方面是指对原有经验的改造和重组。前述"意义建构"是解释沟通、信息与意义之间关系的概念性工具。意义建构模型由环境、鸿沟和使用三要素组成。"环境"指时间和空间，"鸿沟"指因信息不连续性而形成的理解差距，大多数研究将其称为"信息需求"或"问题"，"使用"指信息对个体的意义，每个人对信息的使用都是针对情境作出的反应，其目的是弥补差距或解决问题。

建构主义学习理论中认为学习具有"情境""协作""会话"和"意义建构"四大属性。"情境"是指学习环境中的情境必须有利于学员对所学内容的意义建构。"协作"发生在学习过程的始终。协作对学习资料的搜集与分析、假设的提出与验证、学习成果的评价直至意义的最终建构均有重要作用。"会话"是协作过程中不可缺少的环节。学习小组成员之间必须通过会话商讨如何完成规定的学习任务的计划；此外，协作学习过程也是会话过程，在此过程中，每个学习者的思维成果为整个学习群体所共享，因此会话是达到意义建构的重要手段之一。"意义建构"是整个学习过程的最终目标。所要建构的意义是指事物的性质、规律以及事物之间的内在联系。在学习过程中帮助学员建构意义就是要帮助学员对当前学习内容所反映的事物的性质、规律以及该事物与其他事物之间的内在联系达到较深刻的理解。

（一）建构主义知识观

在知识观上，建构主义强调知识的动态性，质疑知识的客观性和确定性。建构主义认为：一是任何一种传载知识的符号系统都不是绝对真实的表征，知识只不过是人们对客观世界的一种假设，绝不是问题的最终答案，它必将随着人们对于事物认识程度的深入而不断被改写，出现新的解释和假定。二是知识不能绝对准确地概括整个世界的法则，不能提供对所有问题都实用的解决方法，在具体的问题解决中，知识需要针对具体的情景进行再创造。三是知识不可能以实体的形式存在于个体之外，真正的理解是由学习者基于自己的经验背景而建构起来的，取决于特定情况下的学习活动过程。例如，水在什么情况下会沸腾？一般情况下水在100℃的时候会沸腾，但是在高原地区水在90℃左右就会沸腾。洗脚时，同样是40℃的水温，大人感觉很合适，小孩可能会感觉到烫。

（二）建构主义学习观

建构主义认为，知识不是通过教师或讲授者传授得到的，而是学习者在一定的情境下，借助他人（包括教师和学习伙伴）的帮助，利用必要的学习资料，通过意义建构的方式获得的。建构主义学习理论认为学习具有主动建构性、社会互动性和情境性等3个重要特征。

1. 主动建构性

面对新信息或新问题，学习者必须充分激活头脑中先前的知识经验，通过高层次思维活动，对知识进行分析、综合、应用、反思和评价。学习者作为学习活动的主人，承担着学习的责任，需要对学习活动进行积极自主的自我管理和调节。

2. 社会互动性

学习是通过某种社会文化的参与而内化相关的知识和技能、掌握有关工具的过程，这一过程常常通过一个学习共同体的合作互助来完成。所谓学习共同体，是指由学习者及其助学者（包括教师、专家、辅导者等）共同构成的团体。学习共同体的协商、互助和协作对于知识建构有重要的意义。

3. 情境性

知识是生存在具体的、情境性的、可感知的活动中，人的学习应该与情景化的社会实践活动联系在一起，学习和理解的关键是形成对具体情境中的"所限"和"所给"的调试，即学习者能理解该情境中的限制规则，理解在社会互动和实践活动中存在的"条件—结果"关系，从而对自己的活动过程及结果作出贡献。

（三）建构主义教学观

建构主义思想家们提出了教学过程必须要具备的4个基本要素。

1. 主体作用

学习要以学员为中心，要在学习过程中充分发挥学习者的主动性，要让学习者有多种机会在不同的情境下去应用所学的知识，要让学习者根据自身行动的反馈信息来形成对客观事物的认识和解决客观实际问题的方案。

2. 教学情境

教学环境中的情境必须有利于学习者对所学内容的意义建构，教学设计要重视有利于学习者建构意义的情境的创设、问题的设计，并把情境创设看成是教学设计的最重要内容之一，以此建构起能灵活迁移应用的知识经验。

3. 协作共享

学习者与周围环境的交互作用，对于学习内容的理解起着关键作用，这是建构主义的核心概念之一。以协作为主要形式的社会性互动可以为知识建构创设一个广泛的教学群体，在这种群体中，个体之间相互的协作，共同协商辩论，学习者群体的思维与智慧可以被整个群体共享。

4. 意义建构

这是整个教学过程的最终目标。教学设计从如何创设有利于学习者意义建构的情境开始，整个教学设计过程紧紧围绕"意义建构"这个中心展开，学习过程中的一切活动都要有利于完成和深化对所学知识的意义建构。

四、人本主义学习理论

人本主义学习理论是建立在人本主义心理学的基础之上的。对人本主义学习理论产生深远影响的有两个著名的心理学家，分别是美国心理学家马斯洛和罗杰斯。

人本主义心理学家认为应当把人作为一个整体来研究，应该研究正常的人，而且更应该关注人的高级心理活动，如热情、信念、生命、尊严等内容。人本主义的学习理论从全人教育的视角阐释了学习者整个人的成长历程，以发展人性；注重启发学习者的经验和创造潜能，引导其结合认知和经验，肯定自我，进而自我实现。人本主义学习理论重点研究如何为学习者创造一个良好的环境，让其从自己的角度感知世界，发展出对世界的理解，达到自我实现的最高境界。

马斯洛认为应反对外在学习，提倡内在学习，就是依靠学习者的内在驱力，充分开发潜能，达到自我实现的学习。罗杰斯认为，情感和认知是人类精神世界中两个不可分割的有机组成部分，彼此融为一体。因此，罗杰斯的教育理念就是要培养"躯体、心智、情感、精神、心力融为一体"的人，也就是既用感情方式也用认知的方式行事的情知合一的人。罗杰斯认为，教师的任务不是教学员知识，也不是教学员如何学习，而是为学员提供各种学习资源，提供一种促进学习的气氛，让学员自己决定如何学习。他认为，促进学员学习的关键不在于教师的教学技巧、专业知识、课程计划、演示和讲解，而在于特定的心理氛围因素，这些因素存在于"促进者"和"学习者"的人际关系之中。

第二节　培训基础理论

鉴于培训的对象以成年人为主要群体，因此，本节将就成人学习与培训理论基础、参训者培训特点和原则作详细介绍。

一、成人学习基本理论

培训的对象基本为成人，具有成人学习的一般特征，因此，除需掌握第一节所述的经典学习理论，还需研究和掌握成人学习理论，并合理地加以利用，这对提高培训的效果大有裨益。

具有代表性的成人学习理论包括诺尔斯成人自我导向学习理论、麦克卢斯余力理论、麦基罗成人转化学习理论。

（一）诺尔斯成人自我导向学习理论

成人学习者研究是诺尔斯构建成人学习理论的基础和起点，自我导向学习是诺尔斯成人学习理论体系的核心。诺尔斯提出了关于成人学习理论的6个完整假设。

1. 学习动机

成人学习动机明确，是出于自我需要和个人意愿而参加学习，在学习过程中能保持持续的推动力，具有较强的主观能动性。

2. 自我概念

随着个体的不断成熟，成人的自我概念从依赖型人格逐渐向独立型人格转化，不易受他人意志的影响。

3. 学习经验

成人的工作和生活经验随着成长不断积累，已有的经验与新知识、新经验的有机结合使成人的学习更加有效，也更有意义，经验成为学习的助力。但是，成人已有的不良习惯、偏见或看法反而会成为学习的阻力。同时，学员经验的多样性也增加了学习团体的异质性，对成人教育者形成压力。

4. 学习准备

成人学习计划、目的、内容、方法等都与其工作、生活、社会角色任务等现实要求密切相关，成人的学习说到底是为了使自己与发展着的社会和变化着的任务相适应。

5. 学习倾向

成人寻求学习的机会多数出自对解决问题的内在需求，因此，成人的学习中更希望能提供以立即应用的教学内容，或者能对其解决问题的技能产生即时的影响。

6. 学习意识

在学习之前应先使学员了解要学习什么，如果不学的话，将有什么损失，学员对学习内容、学习方式、学习时间有较强的自主选择性。

诺尔斯强调学习的责任应回归到学习者本身，并将自我导向学习界定为"一种由个体自己在别人的帮助下或独立发动完成的活动过程。"在此过程中，学习者自我诊断学习需求，拟定学习目标，确定学习所需的人力资源和物质资源，选择并实施适当的学习策略，并评价学习成果。

（二）麦克卢斯余力理论

麦克卢斯余力理论强调成人学习动力的来源。

麦克卢斯认为成年期正处于个体的能量需要与实现需要的可能性之间寻求平衡的生长变化的综合时期。当个体的实际能量超过了其所需要的能量时，个体就会感到有应对生活的余力；相反，当个体感到自己的实际能量不足以解决问题时，就会感到生活余力的不足。因此，生活余力可因能力增加或负担减少而增加，也可因负担增加或能力减少而减少。

人们可以通过调整能力或负担来改变和控制余力，而学习是成人调整能力的重要手段，学习者可以通过主观努力来调整能力与负担的关系，提高自身余力。因此，学习动机的强度取决于生活余力的大小，即生活情境因素决定学习的动力。

（三）麦基罗成人转化学习理论

麦基罗成人转化学习理论是基于信息传递过程中的理性思维而进行个体独立思考的一种思想指导，是人类沟通能力提升的经验总结。

麦基罗成人转化学习理论的内容构成主要有以下4个方面：一是经验是学习的基础。

成人教育的受众是有社会实践基础的群体，他们由于具有丰富的经历和阅历而区别于普通教育学习者，这些经验构成了成人学习者转化学习的知识储备和基础。二是突发性经验是转化学习的起点。突发性经验是当事者未能预料而且感到不舒适的心理体验，比如职业危机或者某些突发事件，由于突发性事件处于个体经验范畴之外，因而当事者会通过理性思考和重新认知对事件进行新的梳理，其意识领域知识的丰富为其批判性思维能力提供了机会。三是批判性思维是转化学习的核心。成人个体的思维模式已相对定势，因此，厘清思维固化的价值判断是成人转化学习的重要步骤。当成人学习者认识到原有知识不足时，即意味着新知识体系和经验已植入原有假设，并进而形成新的经验基础和知识结构。这时，批判性思维业已形成。四是观念转化是学习的起点。当成人学习者发现自己原有知识不能解释突发性事件时，他们会根据自己的经验快速作出判断，进而促使自己原有思维模式与新的经验认知进行整合，最终促进学习的转化和新的知识结构的建立。

（四）戈特的 16 条成人学习原理

美国管理学家戈特在其所著的《第一次做培训者》一书中，总结了关于成人学习的16条原理。这些原理经实践证明能有效促进培训工作取得成功，主要内容包括如下。

1. 成人是通过干而学的

通过动手干某件事来学习，是最终意义上的学习，亲自动手达成的结果能给学员留下深刻的感性认识。

2. 运用实例

成人学员总是希望利用所熟悉的参考框架来促进当前的学习，因此需采用大量真实、有趣、与学员有关的例子，来吸引学员的注意力。

3. 成人是通过与原有知识的联系、比较来学习的

成人丰富的背景和经验会对其学习过程产生影响，他们习惯于将新东西与他们早已知道或了解的东西加以比较，并倾向于集中注意他们涉及、了解最多的东西。

4. 在非正式的环境氛围中进行培训

培训组织者应设法使学员在轻松的环境下接受训练，避免严肃古板的气氛。

5. 增添多样性

在培训中通过灵活改变进度、培训方式或培训环境能帮助增加学习兴趣，取得良好的培训效果。

6. 消除恐惧心理

在培训过程中给予学员学习信息反馈是必要的，但应该经常以非正式方式提供反馈。

7. 做一个推动学习的促动者

成人学习中要避免单向讲授，培训教师是学习促进者，灵活有效的培训方式能大大促进学习进程。

8. 明确学习目标

学员必须在一开始便被告知学习目标，这样他们才能经常检查自己是否走在通往成功的道路上。

9. 反复实践，熟能生巧

实践是帮助学员完成规定学习目标的有效手段，通过实践，理论转化为学员可在实际工作中运用自如的工具，并真正成为属于他们自己的方法。

10. 引导启发式的学习

通过引导启发学员投入学习，同时提供资料、例子等帮助，成人学员就能自己找出结果，并完成所期望的任务，这是培训所期望的最终效果。

11. 给予信息反馈

及时、不断地学习信息反馈能使学员准确地知道自己取得了哪些进步，哪些方面还需进一步努力。

12. 循序渐进，交叉培训

学习过程的每一部分都建立在另一部分的基础上，因此，某一阶段的学习成果可在另一阶段的学习中得到应用和加强，使学员的能力逐步得到强化和提高。

13. 培训活动紧扣学习

紧扣学习目标将使培训过程中的所有活动沿着预期的轨道进行，这一目标应被学员清楚了解和认同，在培训过程中应予以反复强调。

14. 良好的初始印象能吸引学员的注意力

培训留给学员的初始印象非常重要，如果培训准备工作不充分，则很难引起学员的重视，进而影响培训效果。

15. 要有激情

培训教师的表现对学习气氛具有决定性的影响，一个充满激情的讲师能感染参与的学员，引导和激发他们投入到学习的角色中。

16. 重复学习加深记忆

通过多样化的培训方法使重复学习变得更加有趣和富有吸引力。

二、现代培训基本理论

（一）培训理论发展历程

培训理论大致经历了早期培训理论时期、行为科学时期和系统管理培训理论时期3个发展阶段。

1. 早期培训理论时期

早期培训理论源于20世纪初科学管理理论。1911年，科学管理的代表人物泰勒在《科学管理原理》中提出了科学管理的四项基本原则，其中第二项就是科学地挑选工人，并对他们进行培训、教育，发展他们的技能。他认为，一流的工人是通过严格挑选和科学培训获得的，这种选择和培训工人不是一次性的，而是每年都要进行的。

该时期的另外一个代表人物是韦伯，他描述了一种理想的"官僚组织模式"，他认为，对成员进行合理分工并明确每人的工作范围及权责，然后通过技术培训来提高工作效率是其特征之一。

此外，雨果·芒斯特伯格在其出版的《心理学与工业效率》一书中，从心理学角度探讨了环境、心理等因素对生产劳动效率的影响，针对公务员的培训中出现的问题进行了探讨，强调了教育培训的重要性。

2. 行为科学时期

行为科学作为一种管理理论，开始于20世纪30年代初的霍桑实验，发展于20世纪50年代。行为科学理论重视员工心理因素对工作绩效的影响，把以"事"为中心的管理，改变为以"人"为中心的管理，开始将心理学用于员工培训领域，提倡在培训实践中关注员工个体学习特点和认知规律。这一时期有许多理论，其中比较有代表性的是马斯洛需求层次理论。马斯洛把需求分为生理需求、安全需求、情感需求、尊重需求、自我实现需求五类。五种需求依次由较低层次到较高层次排列，可以分为高低两级，其中生理需求、安全需求和情感需求属于低一级的需求，这些需求通过外部条件就可以满足，而尊重和自我实现是高级需求，他们是通过内部因素才能满足的，而且一个人对尊重和自我实现的需求是无止境的。一般来说，某一层次的需要相对满足了，就会向高一层次发展。

3. 系统管理培训理论时期

20世纪60年代中期至今为系统管理培训理论发展阶段，主要是运用系统论的观点和方法，尤其是整体论思想，分析组织问题和管理行为，既注重组织内部的协调，也注重组织外部的联系。系统管理培训理论将培训系统看成是整个社会的有机组成部分，培训机构与社会是紧密联系在一起的，政治、经济、文化等因素都能对培训的基本秩序、正常运行产生影响。同时，培训本身也是一个整体，系统管理培训理论是从整体上研究影响培训质量的各个要素之间的关系，研究各种不同组合方式所产生的不同效果。

（二）通用培训理论

贝克尔在研究人力资源投资时最早提出了通用培训理论。他认为在形成人力资源的过程中，两个至关重要的内容是教育和培训，其中培训又可以分为专业培训和通用培训。他认为在绝大多数企业中，通用培训都是非常有用的。他详细论述了通用培训中受益者的受益依据以及通用培训费用的支付问题。他认为，员工学习新技术能增加人力资本的存量，加上培训，会使人力资本存量持续增多。同时，人力资本是现代经济增长的决定性因素，其作用越来越显著，并以美国军队的通用培训为案例，阐释了他所提出的重要主张。通用培训理论提出后随即在美国企业培训中产生了一定影响。然而，此时人们对通用培训理论的阐释，还只是基于对人力资本投资的一般分析，即主要与专业培训相区分，并主要从通用培训、一般员工培训和边际生产率，从一般培训和企业盈利，分析了企业愿意做出的人力资本投资的形式和投资条件。

通用培训是指在提供此种培训之外的许多企业都能适用的培训。通用培训理论认为，在一个竞争的劳动市场中，任何一个企业所支付的工资率都是由其他企业的边际生产力所决定的。通用培训会增加雇员的未来边际生产力，但它也同时增加了许多其他企业的边际产品，其他企业的边际生产力因此提高，企业所支付的工资率随之上升。因此通用培训的最大受益者是员工而非企业。然而企业之所以还会提供通用培训，是因为员工自己承担了通用培训的费用。又因为通过培训可以提高员工的未来工资率，员工也欣然愿意承担培训费用。这就使工资与生产力关系的研究必然包括培训费用，而培训费用由谁支付，以怎样的方式支付培训费用，这是影响企业通用培训行为的重要因素。

然而贝克尔早先提出的通用培训理论更多地将其与专业培训相区分，并强调通用培训应该存在于人力资本的一般性投资当中。后来的西方学者更倾向于从微观的角度对通用培训进行研究。譬如，他们更加关注通用培训和专业培训的评估或工资在通用培训或专业培训中的影响，而对于企业应该怎样实施通用培训的研究却相对较少。但不能否认的是，通用培训和技术的结合比通用培训本身的应用更直接。通用技能培训在某一种行业或某些行业应用的更为广泛。

通用培训理论是"员工培训是企业最有价值的投资"这一观点最有说服力的证据。企业培训管理人员应站在投资的角度看待员工培训工作，在培训费用预算相对固定的情况下，通过做好培训项目的策划，提高员工培训工作带来的整体收益。

（三）培训系统理论

1. 培训系统理论模型

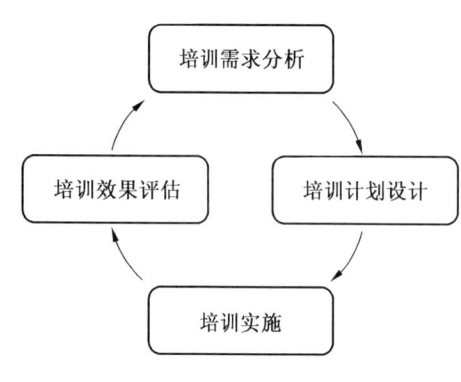

图 4-1 博伊尔培训系统模型

培训系统理论是组织培训之中最重要的理论依据。培训体系建设之中非常重要的一环便是培训系统理论模型。此模型包括培训需求分析、培训计划设计、培训实施和培训效果评估 4 个部分，这 4 个部分相互关联并且形成了博伊尔培训系统模型（图 4-1）。

培训系统理论模型明确了 4 个部分的互相作用关系，点明了培训之中的组成要素。培训系统的建立合理与否对于培训的明确目标、实施规划、效果评估有着非常密切的关联，在培训管理者看来，培训系统设计是评估培训过程整体完整性以及科学性的关键工具。

2. 培训需求分析理论

培训需求分析是培训项目的第一个环节，是制定培训计划和实现培训目标的依据。

1961 年，麦格希与赛耶在《企业与工业中的培训》中提出"三层次分析法"，即组织分析、任务分析、人员分析。其中，组织分析主要根据组织的战略发展目标、组织结构调整、组织绩效问题、资源配置等方面确定本组织现在和未来对人员素质的要求，它确定和把握了整个培训的方向和发展目标，使整个培训工作有一个长远的核心价值，可以确保整个人才培养和开发得以持续发展。任务分析是要了解每一个工作岗位所要求的绩效标准。岗位工作的内容、环境、操作技术等方面的变化，都将引起适应该岗位的员工所需掌握技能和知识的变化。人员分析是着重于员工个人的特点的分析，包括对个人发展目标、绩效状况及个人潜力的分析。

"三层次分析法"要求对组织的每一层次都要进行测量和分析，每一层面的需求分析反映了这一层面的独特要求，这些分析对于组织选拔合格员工、设计培训方法和编制培训计划有着重要作用，国内外学者和管理者至今仍在沿用该理论进行培训需求分析。

瑞文认为，组织中的称职行为既取决于价值观和能力，也取决于员工所处的组织环境氛围。约翰·阿诺德等人在研究知识需求时，提出从 3 个方面进行培训需求评价，即对专业性知识、产品服务和竞争者知识以及组织系统和人员信息网络知识进行分析。依·瓦伦等人认为，个体行为是组织行为的基本组成单元，因而组织培训需求分析也应包括个体的感知、需要、个性、动机和态度等。

3. 培训评估理论

戈德斯坦从心理学角度深入研究了员工培训，形成较为成熟的理论体系，他在《培训：计划发展与评估》中研究了培训评估及获得培训系统中信息的模式以及培训系统与社会系统的联系等问题。他主编的《组织中的培训与发展》系统总结了培训和心理学相关的问题，提出了关于培训的发展、应用及评估的一系列理论观点。

在培训评估理论中，效果评估的模型主要有柯克特里克帕的四层次模型、考夫曼的五层次评估、CIRO 方法、CIPP 模型和菲利普斯的五层次 ROI 框架模型，其中最著名的是柯克特里克帕的四层次模型，又称"柯氏评估法"。柯氏评估法主要基于受训对象四层面角度进行相应评估，第一层面为受训学员的反应层，第二层面为受训学员的学习层，第三层面为受训学员的行为层，第四层面为结果层，层层递进并逐步深入。其中，反应层面的评估着重于考察受训学员对于培训安排以及讲师授课情况的适应性，具体包括讲师安排、课程内容安排、时间安排以及地点安排等，一般可采用问卷调查法、访谈法等评估手段，通过反应层面的评估来帮助培训组织者更好地调整和优化培训设置；学习层面的评估着重于考察学员对培训课程内容的理解和掌握程度，一般采用笔试考核的方式；行为层面的评估着重于考察学员在接受培训后一段时间内行为方式和绩效的变化，一般可采用问卷调查法、行为跟踪法；结果评估其目标着眼于由培训活动引起的内部业务结果的变化情况，其中最为重要的内容是对培训投入所带来的业绩利润的确定，一般可采用数据分析法。

（四）其他相关理论

1. 学习型组织理论

彼得·圣吉提出的"学习型组织理论"认为，出色的企业能够使各阶层人员全新投入并持续不断学习，即学习型组织。他认为，学习型组织必须具备五项技能，即自我超越、改善心智模式、建立共同愿景、团队学习、系统思考。他指出，企业应该建立学习型组织来应对快速变化的环境。学习型组织是一种用新的思维方式对组织进行的思考，是一种态度或理念，而不是某种单一的模型。在学习型组织内部，所有成员都必须参与到组织管理过程中的问题识别与解决活动中，不断强化自我学习，从而使组织能够不断进行尝试。

2. 终身教育理论

1965 年，朗格郎首次提出了持续教育培训与终身教育理念。他指出，终身教育包括了教育的各个方面、各种范围，包括从生命运动一开始到最后结束这段时间的不断发展，也包括了教育发展过程中的各方面和连续的各个阶段之间的紧密而有机的内在联系。

塞利斯和斯特劳斯对持续培训的问题也进行了研究，他们认为新的知识、问题、工艺、设备和新工作都在不断增加培训的需要，培训不是一种短期行为，而是一个不间断的、持续的过程。

3. 集体培训理论

1990 年，汉弗莱提出了集体培训理论。他认为，集体培训是从整个组织的角度考虑员工培训问题，是一种通过培训改变复杂组织的行为过程。他提出的"员工集体培训模式"包括分析、设计、开发、执行和控制 5 个子系统，每个子系统中都有一系列工作需要完成，各个子系统相互关联。

三、培训特点

参训学员的学习是在他们探索和解决生活或工作中遇到实际问题的过程中,基于对问题的反思和体验而获取新的观念、知识、技能,形成新的认知结构的过程。参训学员学习是目的性极强的学习过程。对他们进行培训,无论是培训管理人员还是培训教师,都需考虑参训者具有的学习特性,这决定着培训是否能够有效开展。参训学员学习的特点主要包括以下几个方面。

(一) 实用性

学员需要知道学习的目的和原因,他们需要感觉有现实或者迫切地需要才会去学。培训的学习必须学以致用,学员参加培训大部分的目的都是为了获得方法,解决工作中的问题,比起自身想学,有工作压力去学更容易推动他们采取行动。他们对培训课程的实用性非常关注,难以接受没有用的学习内容。因此,如果在培训开始前,能够让参训者意识到学习的紧迫性,参训者的积极性和学习效果会大幅提高。

(二) 系统性

学员习惯于系统性的思考和学习培训内容,尤其是对于理工科背景的学员。培训过程中,他们会非常关注培训内容的内在逻辑,并不断进行自我提炼和总结,这一点也是他们在沿用学历教育过程中的学习方法。

(三) 经验性

学员拥有丰富的经验,喜欢将新知识与经验作比较。参训学员学习的一个重要特点就是结合自身经历和原有知识来理解新事物、新理论。

参训学员的工作经验是他们在学习过程中的一项宝贵资源。参训者丰富经验除了可供在学习中充分利用以外,同时还可供全体学员之间相互利用,以取长补短,共同探索。但是,以往的知识和经验对学员学习具有双重作用:一方面,原有知识和经验有助于理解把握现有学习内容;另一方面,原有的知识和经验成为进一步学习的障碍,这种障碍主要表现在一旦学习内容与学员已有价值观发生冲突,则不管所学内容是否科学、是否有社会功效,学员或多或少都有心理抵抗。

(四) 自主性

参训学员喜欢按自己的方式和进度学习。他们对自己的学习目标和学习习惯最了解,学什么、怎么学、什么时候学都有自己的想法,喜欢在做中学,在非正式的环境中学习最有效,喜欢借助不同的学习手段进行学习,他们比较排斥机械式的学习。

(五) 理解性

参训学员因已具备一定知识储备,形成了一定的认知结构,具备一定的独立思考能力,所以他们在理解能力、理论联系实际、学习能力等方面具有一定的优势。同时,参训学员需要的学习内容不仅是好坏对错的二元是非观或利弊观,更偏重于对问题更深层次的探讨和对问题核心本质把握的维度观。对于同一个问题,在不同的时间,不同的人,站在不同的角度,很可能会有不同的多元结论。

(六) 认同性

参训学员乐意表达个人意见,渴望感受存在价值。他们需要在一个相对具有宽容性、接纳性和支持力的环境中学习，在轻松、愉悦、友爱的氛围中，他们能够无拘无束地表达自己的观点，分享彼此知识与经验、交流自己的心得体会。有些学员是带着问题和思考来的，他们希望与培训讲师之间的关系是在某一个问题上交流分享、充分参与、合作共赢的关系。他们会将自己的做法和目前遇到的一些难题告知培训教师，并期望得到满意的回答。

四、培训原则

为了优化培训效果，使培训投入获得最大的产出，需要充分应用参训学员学习特点来提升他们学习的成效。在培训实践中，应注意运用成人学习原理，并遵循以下培训原则。

（一）价值目标原则

参训学员习惯带着较强的目的性进行学习，因此，对他们实施培训应当有明确的价值和目标。说不清楚的、漫无边际的、不切实际的、没有价值的目标都无法让学员获得学习的意愿和动力。

（二）激发动力原则

培训作为知识与能力学习途径的一种，必须能激发学员的兴趣和动机。研究表明，如果学员有强烈的学习动机，要求改变行为或获得知识、技能，就会在培训过程中保持学习的热情。人总是有改变与改善自己的欲望，激励学员的学习动机要与其个人的需要和欲望相结合，当学员认识到通过学习能满足个人需要时，必然能调动起学习的兴趣和参与的积极性，培训便较容易取得成功。为此，要设立一个有一定难度的培训目标，并在培训过程中不断鼓励学员，使他们感受到培训的意义以及可能给他们带来的变化。

（三）多重感官原则

培训应当尽可能多地动用人的各种器官，比如视觉、听觉、触觉等。如果培训教师能够运用成人的多重感官实施培训，就能让学员更快速地吸收培训内容，帮助学员加深印象，培训效果将会事半功倍。如，抽象的理论通过培训中的一些活动或游戏得到印证并加深理解，不但符合学员要求增加实用知识的愿望，而且能使培训过程更活跃，激发起学员深入学习的兴趣。

（四）内容适合原则

知识的学习应当多一些能够解决问题的工具或方法论，少一些概念性的原理。学员学习知识、技术、工具、方法论、资料、案例等内容以及这些内容的呈现方式必须满足学员的需要和兴趣，培训全过程必须与要达到的目标紧密相连，学员会有学习的意愿和动力。

（五）因材施教原则

在培训过程中，应根据学员的不同特点、长处、需要，考虑他们的知识、技能和动机水平，采取相应的措施，有的放矢地进行各类培训。需要特别注意的是要考虑学员的"可培训性"，培训并非对每个人都有效果，如果忽略这一点，一味盲目地对学员实施培训并期望达到预期的效果，结果只能是浪费培训的资源。

（六）强化原则

基本学习理论研究表明，人们会保持那些受到奖励的行为，而避免那些没有受到奖励或受到惩罚的行为。在培训中运用正强化方法，给予学员正面信息的刺激，反复训练、强化那些工作中的良好行为，能使他们在回到工作岗位以后，更容易重复、保持那些良好行为，进而使培训效果迁移到真实的工作环境中。通常在强化学习的同时要给予学员学习效果好坏的反馈，从而进一步提高他们的学习积极性。

第三节 现代培训理念

纵观当今国内外企业，在观念上重视培训的越来越多，但是，仍然有许多培训的效果不尽人意，培训的针对性不强，培训方法选择不当等问题。因此，有必要进一步转变观念，树立以能力建设为基础的现代培训新理念。

一、以学员为主体的培训理念

以学员为主体是人本主义学习理论的基本原则，它要求必须要尊重学习者；必须把学习者视为学习活动的主体；必须相信任何正常的学习者都能够实现自我教育，发展自己的学习潜能，最终到达"自我实现"；必须尊重学习者的意愿、情感、需要和价值观；必须在师生之间建立良好的人际关系，形成和谐的学习情境和氛围。培训单位是培训的提供者、组织者，学员是培训的参与者，学员才是培训的主体。如果拿培训和演戏作比较，那么办学者就是"这台戏"的编剧、导演和剧务，学员就是"这台戏"的主要演员。这台戏好不好，观众主要是直接通过看演员的表演来评价的，至于剧本编得好坏，导演的水平如何，剧务工作做得怎么样等都是从整台戏的表现看出和体现出来的。培训效果的评价也主要是看学员学到了什么，培训前后的行为有哪些改变，至于该培训项目策划的好坏、培训过程实施的如何以及后勤服务的好坏都是从培训效果看出来的。以学员为主体就是要求培训的所有工作都要围绕学员这个主体展开，所做的前期调研和策划工作，后期的教学组织和后勤服务工作等都是为学员这个学习主体服务的。调研和策划就是要尊重学员的主体意愿、情感、需要和价值观，后期的教学组织和后勤服务工作就是要在教师与学员之间建立良好的人际关系，形成和谐的学习情境和氛围。以学员为主体还要在培训的组织实施中调动学员的积极性，让学员积极参与进来，变被动接受为主动学习，体验学习的快乐。

二、以问题为导向的培训理念

培训不是以传授知识为主，而是将培训内容与学员的工作联系起来。学员来参加培训，期望在一种愉快、和谐的气氛中学习到有用的东西。培训工作必须注重针对性、实用性和可操作性，而不是学术性、系统性和理论性，必须有助于解决学员实际工作中遇到的各种问题和困难，或者是提高他们解决这方面问题和困难的能力，是以问题为中心而不是以学科为中心开展培训。在培训中要策划设计以学员在具体工作中遇到的典型难题为导向的研讨，这样可以让学员厘清思路，梳理出工作中遇到的困难。通过研讨，培训组织者可以先了解学员现在存在哪些难题，这样对后期的培训策划起到指导作用，后期的培训就要以学员提出的这些问题为导向。以问题为导向就是要求成人培训的内容设置要有针对性，要求在培训班的策划阶段就要有调研，进行需求分析，在进行培训需求分析时大多按照"根据要求—对照现状—寻找差距—发现需求"的思路来进行，而培训需求可以用"要求具备的"减去"现在已有的"来表示。因而，能否弥补差距成为衡量培训需求有效性的主要方法，可见，培训理念应是基于问题的。学员是带着问题来的，要求每一位学员"把你的问题带来，把你的经验留下"，真正做到基于以问题为中心的培训。

三、以系统工程为方法的培训理念

将工作对象当作系统对待，时时考虑各要素之间的关联，并从整体角度协调这种关联，使系统在结果上达到最佳状态，这是系统工程最基本的思想。系统的方法是合理地研究处理系统内外各要素间具体联系的方法。培训不仅仅是办班，而应作为一个系统来考虑。系统一般由输入、转换、输出和反馈等部分组成。对于培训系统来讲，输入包括学员单位的要求、学员的专业程度及热情、讲师的业务能力等；转换包括课程的设计、内容的开发、培训的方式、方法和手段等；输出包括经培训提高的能力、转变的态度等；反馈主要是用人单位的反馈，培训的质量应由用人单位来检验。当前，许多培训常常最先考虑的仅仅是"转换"，经常忽略"输入"。

要保证培训质量，必须建立系统的概念，从培训需求分析抓起，将培训作为系统来看，建立培训流程、培训的课程设计与内容开发、培训的实施与制度保障、培训效果评估和反馈等。要注意每个环节之间的联系，建立好反馈机制，并及时对反馈信息作出应对。

四、以胜任能力为重点的培训理念

能力建设是培训工作的基础和核心。学员学习的最终目的是提高能力。从哲学角度讲，能力是指一个人具有的认识、改造客观世界和主观世界的才能。从管理学角度讲，能力是一个人具有促进管理目标实现的才能。具体讲，能力是指在特定的工作岗位、组织环境和文化氛围中有优异业绩者所具有的任何可以客观衡量的个人特质。能力的提高从学习技能开始，不断练习，形成习惯，能熟练应用，不用思考就会做、就会处理，形成了能力。国内外学者把人的能力构成比喻浮在水面上的冰山，认为胜任特征可以划分为两大部分："冰山"在水面以上的部分表示人的"显性"能力特征，主要包括人的技能和知识；"冰山"在水面以下的部分表示人的"隐性"能力特征，主要包括社会角色、特质等。这些能够决定工作绩效的持久品质和特征被定义为胜任能力。培训工作要注重冰山下的能力开发，要把重点转向思维变革、观念转变和潜能的开发。

五、多样化的学习培训理念

参训学员学习的特点：一是注意力不容易集中，感知能力（如视力、听力、记忆力等方面）有不同程度降低，逻辑记忆能力较强，机械记忆能力较弱；二是成人积累了一定的生产和社会生活经验，阅历广，世界观基本形成，个性稳定，语言和思维能力都较强；三是成人有很强的自尊心和自卑感，一方面希望得到应有的尊重，另一方面又担心自己学得不好，害怕失败，从而对能否完成学习任务显得信心不足等。从学员学习的基本特点来看，学员的学习和培训也不能和普通教育一样，要采取多样化的学习。多样化应该是培训的形式和方式多样、培训的内容多样。在培训中可以采取课堂讲授和交流、分组研讨和学员论坛等形式，可以采取生产现场考察，还可以考虑项目研究以及探索出其他的一些培训方式。无论采取何种方式方法，都是为了更好地完成学习任务，达到学习目标，各种方式方法只是一些手段，必须要注意其适用性。培训内容多样是指不但要结合学员实际工作中遇到的问题，讲授相关知识，还要注重学员技能的培养，讲授技能提升的有关内容。

六、重视提升团队学习力的培训理念

一些人认为，创新的关键是知识的流动。知识只有在交流中才能得到发展，只有在相互联系和使用中，知识才能派生出新的知识。一个企业要实现知识的有效流动，就必须建立一个能最有效地造成知识流动和相互作用的生态环境。在培训工作中，要特别注重如何创造一种氛围和机制，使每个人都乐意把深藏在内心的关于工作的经验、体会、做法和教训等隐性知识贡献出来，与大家共享。培训组织者要科学地对这些隐性知识进行管理和储存，并使之在不同培训学员之间传递。

第四节　培训组织模式

当前，培训的组织模式多样化，概括来讲，主要有培训外包、企业内训以及校企联合等几种形式。

一、培训外包

（一）培训外包的概念与特点

1. 培训外包的概念

外包一般是指组织把自己做不了的、做不好的事交由专业机构去做，利用它们的专长和优势达到降低成本、提高生产率和增强发包商竞争力的一种管理模式，其核心理念是"做自己做得最好的，其余的让别人去做"。

培训外包是政府或企业为获得专业化培训服务，优化培训资源，增强政府或企业管理能力，以委托形式将本应由内部完成的全部或部分培训职能交给外部专业培训机构来完成的一种形式。

培训外包可以分为完全外包和部分外包。完全外包是指整个业务流程由外部培训机构管理，政府或企业将计划、安排、执行以及评估分析等所有流程全部交由培训机构完成。部分外包只是将部分培训任务交给培训机构来实施。根据外包是否外部化，可以将培训外包分为内部外包和外部外包。内部外包是指政府或企业将整个培训职能交给某一部门来实施，或者是聘请专家来单位进行培训。外部外包则是将培训职能交给外部培训机构。

2. 培训外包的特点

外包行业最初是从制造业的外包开始发展的，其主要目的是为了降低生产成本。而培训外包的目的除降低成本外，也是为利用专业培训机构的专长，提升学员的知识和能力水平。培训外包有以下几个特点：

（1）专业化水平更高。培训是一个系统的工程，要使培训高效，必须认真分析单位的基本情况、参训人员水平、工作状态、培训需求，分析必须尽可能做到细致到位。这是一项非常复杂的工作，要求从业人员有相当丰富的实践经验和相关的培训经历。承接培训

外包的培训机构一般都是相关管理领域的专家级单位，他们的核心竞争力就是所能提供的培训资源与服务。

（2）成本更低，附加值更高。培训外包所花的成本往往要比企业自己组织培训所花的总成本要低，但达到的效果更好。对于培训机构来讲，同样的投入也能获得更多的利益。

（3）增加参训人员新思想和新意识。专业的培训机构一般有专业的培训理念，能够针对问题开展实用的培训。因此，在培训外包的同时，也给政府或企业引入了新的理念，能够开阔参训人员的视野。

（4）培训质量难以评估。培训外包的最终结果仅限于参训人员管理知识的增加和技能的提升，培训效果如何，短时间内往往难以进行可靠的量化评估。

（二）培训外包的分类

1. 主题式培训外包

主题式培训是指按照政府或企业需求，围绕培训目的（主题），紧密结合政府或企业的实际情况，为其量身定制个性化的培训解决方案。通过组织和调度各类培训外包前的调查资源，为政府或企业提供更具有针对性、实效性的管理培训服务，解决具体问题，满足政府或企业需要。通过系统的需求研究，从专业的角度为政府或企业进行针对性的课题规划并协助推动实施，指导政府或企业规避风险、解决问题。主题可根据政府或企业实际情况确定，也可根据政府或企业存在的主要瓶颈问题进行专题设计突破。

2. 年度式培训外包

年度式培训是培训机构根据培训需求分析，结合政府或企业管理战略目标，拟订培训战略规划，并拟订经济有效的年度培训计划。作为专业的培训机构将以其优势协助政府或企业以低成本组织实施其内部师资无法完成的培训项目，保证培训计划的达成。

（三）培训外包的程序

1. 进行组织培训需求分析，作出培训外包决定

政府或企业在作培训外包决定之前，应当首先完成组织的培训需求分析。然后，再考查培训外包的成本，之后再决定是否需要进行培训外包。

2. 合理选择培训外包

外包决策应根据现有工作人员的能力以及特定培训计划的成本而定。

3. 起草项目培训计划书

在作出外包培训决策之后，应当给培训机构起草一份项目计划书。此项目计划书中应具体说明所需培训的类型水平、将参加培训的员工以及提出一些有关培训内容的特殊问题。项目计划书起草应征求多方意见，争取切合政府或企业培训的要求。

4. 选择适合的培训机构并提供项目培训计划书

起草完项目培训计划书后，就要寻找适合的外包服务商并签订合同。一旦将培训职责委托给政府或企业外部的培训机构，就意味着要对其专业能力、培训文化有一定程度的信心。外包活动双方的这种高度匹配能确保质量，也能确保有效对接、顺畅沟通、合理成本以及最终成功。

5. 考核并决定培训机构

在与培训机构签订有关培训外包合同之前，可以通过专业组织或从事外包培训活动的专业人员来了解、考查该培训机构的证明材料。对可选择的全部对象做评议，再选定一家适合自己的服务商。

6. 外包合同的签订

与培训机构签订合同是整个外包程序中最重要的环节。在签订合同之前，应请专业会计或财务人员审查该合同以确定财务问题以及收费结构，且合同中须注明培训要求。

7. 及时有效地与外包培训机构进行沟通

进行有效而及时的沟通是保证外包活动成功的关键。沟通应当是即时的和持续不断的，应当收集并分析员工对每项外包培训计划质量的反馈。

8. 监督并控制培训质量

在培训活动外包之后，还要定期对服务费、成本以及培训计划的质量等项目进行跟踪监控，以确保培训计划的效果。这需要建立一种监控各种外包培训活动质量和时间进度的机制。

二、企业内训

（一）企业培训机构功能

企业内训主要依托企业内部的培训机构进行。例如，根据我国原安全培训机构实行的分级管理，其中一类即企业单位内部培训中心。它是企业单位内部设立的对自己员工进行培养的教育培训部门，包括各类企业教育培训中心、安全技术培训中心等。目前，这类培训中心以大型国有集团公司性质的企业内部的培训中心居多。培训中心的主要职能一般包括承担教育培训、科学研究以及决策咨询等功能。

（二）企业培训机构定位

我国很多企业十分重视培训工作，设立了企业内部独立的培训机构。然而，在企业发展的不同时期，置身于不同的培训文化背景下，其培训机构规模和形式会有所不同。只有准确对企业培训机构进行定位，才能适应企业的培训工作，促进企业的战略性发展。

1. 基础型培训机构

企业培训体系的建立以培训中心为主要形式产生，它的主要职能就是管理功能。包括以下9个方面：一是在总经理领导下，根据企业的战略部署制定各个不同时期的培训计划，并在各部门配合下实施。计划包括新员工的入职培训计划、提高员工素质和技能的培训计划等。二是结合企业各部门存在的突出问题，协助各部门制定经常性的培训计划，提供教学设备、教室和教学参考资料，并检查督促落实。三是协助各部门编写出各项培训课程的教材，并使之完整配套，根据形势发展变化，不断修改补充完善。四是协助并督促有关部门制定各级员工的考核标准，作为考核、晋升及制定培训各级人员计划的依据。五是建立图书资料室，检索、搜集国内外有关图书、资料及教材，编写、翻译、复制、印刷给有关部门参考使用。六是摄制、购买培训教学音像制品等，按各种培训的需要，安排企业员工观看、收听，提供给本部门及其他部门培训使用。七是管理各种培训设备、设施。八是为企业做好对外培训。九是负责安排人员外出培训。

2. 成长型培训机构

建立直线制组织结构是成长型培训机构的基本特征。做好培训工作，离不开企业各级管理人员的支持。从管理职能上讲，计划、领导、控制都是管理者不可推卸的责任，而培训正是指导下属的重要形式。很多企业因此提出了"各团队管理人员首席培训师制"的理念，即每个层级的管理者都有培训自己下属的职责。各级管理者是实施培训的关键人物，从员工工作情况的分析到现场培训，以及培训后的跟进与落实，直线管理者发挥着重要的作用。员工培训的最终目的是提高其工作能力，直线管理者拥有便利的条件去了解员工能力提升情况，并可以帮助员工找出影响其能力提升的具体原因，以及是否可以通过培训来解决问题。而需求一旦确定，就应选择适宜的培训方式实施在岗培训。同时，各级管理人员在自己的部门或领域内，充分发挥"专家"的指导作用，也有利于员工专业化队伍的形成和企业良好的培训文化的建设。另外，直线管理者既是培训需求的分析者和提出者，也是培训效果的评价者与推进者。员工参加培训之前，直线管理者必须与员工进行沟通，确认这次培训与个人能力发展及工作改善之间的关系，明确培训目标，甚至还可让员工列出工作中的问题，以便在培训中或培训后思考并寻求解决方案。培训后，直线管理者还需要为受训人员提供平台和支持，以保障员工有机会应用所学内容，并在应用中及时对其进行指导。同时，直线管理者还要对培训对实际工作的影响状况作出判断，并就如何充分发挥培训的效果与员工进行沟通，以保证培训的有效性和持续性。可以说，直线管理者对培训效果转化起着关键作用。

3. 成熟型培训机构

所谓成熟型的培训机构是指已经建立比较完整的组织机构，能完成企业的相关培训任务，能结合企业的发展战略提供培训方面的战略性建议并作出前置性的各项准备工作。与此同时，因组织结构比较健全，各部门的工作协调性比较好，能完成社会上相关的一些培训工作。例如行业内的取证培训和协会的一些专业培训。成熟型培训机构的功能定位就是要建立服务企业和服务社会的双重功能。它既承担企业培训机构的任务，也履行社会责任。通常，成熟型培训机构的投资来自企业，是企业的宝贵资源。成熟型培训机构的定位需要突破传统的企业单一部门的概念，从企业发展战略的角度去规划和发展培训机构，真正发挥培训机构的功能和作用，促进培训机构与市场的结合并向更高级的培训层次转移，完成企业新的更高的培训任务。

4. 独立型培训机构

企业大学是企业培训机构发展的终极目标。企业大学通常是指由企业出资，以企业高级管理人员、一流的商学院教授及专业培训教师为师资，通过实战模拟、案例研讨、互动教学等实效性教育培训手段，以培养企业内部中、高级管理人才和企业供销合作者为目的，满足人们终身学习需要的一种新型教育培训体系。

20世纪50年代，"企业大学（公司大学）"一词率先由沃尔特·迪斯尼公司使用，并在20世纪80年代流行起来。1956年，全球第一所企业大学——通用电气公司克劳顿学院正式成立，企业大学在全球迅速崛起。从20世纪80年代开始，企业大学进入快速发展期，财富世界500强中近80%的企业，拥有或正在创建企业大学。在美国的上市公司中，拥有企业大学的上市公司平均市盈利比没有企业大学的市盈利明显要高。

1993年，摩托罗拉中国区大学成立，这是中国境内企业大学诞生的最早开端。从那开始，越来越多的企业特别是大型名企，认识到企业大学的重要性，开始着手构建自己的企业大学，企业大学建设呈现出空前高涨的趋势。

企业大学按照开放程度可以分为内向型企业大学和外向型企业大学。内向型企业大学主要是为构筑企业全员培训体系而设计，直接面向企业内部员工和产业链伙伴，不对外开放，如平安大学、华为大学等。外向型企业大学主要面向供应链体系和整个社会。未来的竞争不再是企业与企业之间的竞争，而是供应链与供应链之间的竞争。企业的优势也不再取决于企业有多少资源，而关键是企业能支配多少资源。通过企业大学，向供应链合作伙伴渗透理念、文化和经验，是减低交易成本、增进互相信任、统一运营规范的最好方式之一，能有效提升企业基于供应链的竞争优势，有效开拓企业整合资源的能力。

（三）企业培训机构的发展

企业培训机构未来发展方向概括起来有以下几个方面。

1. 以打造重点项目为抓手，提高实施培训项目的专业化水平

企业培训机构应以重点培训项目打造为抓手，提高培训的品牌效应。首先，建立面向企业的培训体系。结合企业培训需求现状和现有人、财、物等资源实际情况，确定培训范围和重点打造的培训领域，明确强化、弱化的内容。其次，确定重点培训项目打造的行动计划。重点项目的打造一方面要能完全体现企业培训的本土特色，另一方面要体现原创性和自主性的特点，提高培训项目自主开发的深度和技术含量。

2. 以人为本，培育高素质的培训教师队伍

近几年，企业培训机构的员工队伍的理念、能力发生了深刻的变化。但现有师资队伍转变成为真正意义上的企业培训教师，还需建立一些机制来不断完善和支撑，在实践中加以培育。第一，应在培训机构内部建立岗位管理体系。制定培养、使用、激励等相关制度，在培训项目的策划、开发和组织实施、管理、服务方面提出明确的工作标准和职责要求。第二，构建学习型培训机构。引导全体人员从培训机构整体利益出发进行系统思考，建立共同愿景，在内部形成长效学习机制，形成"学习—持续改进—提升核心能力"的良性循环。第三，加强骨干培训教师队伍建设。通过给任务、压担子、企业实践等举措，提高骨干队伍的综合能力和绩效水平，重点培养培训领域的领军人物，发挥品牌培训教师的效应。第四，挖掘企业内部、外部资源，特别是要发挥企业内部各类专家、高层管理者在培训中的作用。

3. 建立一体化管理平台和高效的保障体系

以培训项目为中心，进行培训机构内部流程优化和结构重组是保证培训项目高效运行、提高培训需求快速响应和整体运作效能的保障。首先，要建立面向企业的管理体系。通过管理体系设计，建立基础资料库、主要业务框架体系和课程体系，明确培训的信息传递与反馈工作标准，从而提高培训需求响应的速度和规范。其次，建立内部实施培训项目的管理规范体系。探索实施流程优化、强化内部管理的举措，对培训项目进行分类管理，进行培训实施流程梳理和要素分解，建立基于信息技术基础上的项目指南、计划管理、项目库管理、课程（教材）管理、师资管理、学员管理、费用管理的项目管理平台，保证各种资源的综合利用效率。再次，建立一体化的条件保障体系。从环境营造、物资供应、设备维护、后勤服务等方面，结合培训项目实施要素分解，明确保障工作流程，制定保障工作规范和质量标准，建立全方位的项目服务工作机制，最终形成培训机构面向企业培训流程的整体价值链，从而全方位保证培训实施的顺利开展，提高学员的满意度。

三、校企联合

（一）校企联合教育培训概念

校企联合教育培训模式是企业、院校各方为实现特定目的的具体行动方案，是将各方联系起来的对接方式，主要是指院校与企业在课程体系、教学方法和评估机制等方面的深度合作。

从表面看，院校和企业属于两个不同的社会领域，其核心利益也不同。其实，校企联合开展教育培训是各方利益博弈的过程，在利益共享基础上建立校企利益共同体。院校培养人才需要企业，企业发展壮大更需要院校的支持。校企联合教育培训能够实现资源共享、共同发展，能够拓展教育培训的广度和深度，推动院校相关领域科学研究和企业人才培养向纵深发展，从根本上提升教育培训的内涵。

（二）校企联合教育培训模式

1. 共同策划，设计规划

院校和企业开展联合教育培训的前提是能够意识到共同开展教育培训的价值和意义，并且能够积极开展合作，共同策划设计教育培训规划。一是组建合作委员会，落实职责分工，有效地开展合作。二是要协商教育培训经费投入问题。一般情况下，双方可以按照一定的比例进行投入，但企业在经费投入上应占主要部分。三是要针对培训规模大小选择培训场所。如果规模较大，培训场所可以选择在院校；如果规模较小，可以选择在企业内部。四是要根据培训学员的特点和自身需求，灵活选择教育培训方式，如长期与短期培训等。五是院校与企业要着重规划师资建设。院校的教师可以通过深入企业现场，得到实践锻炼，提升实操技能；企业的专家也可以通过到院校参加授课技能培训，提高教学水平。

2. 联合培训，取长补短

院校在专业设置、教学内容、师资队伍等方面具有明显优势，而企业在实践基地、实践教学等方面也有突出的特点。因此，院校应当利用理论师资优势，企业利用实践师资优势，在培训过程中，相互取长补短，共同做好教育培训工作。在教育培训方式上，讲师要深入企业一线，充分了解学员的实际情况，在此基础上制订授课计划，变单一的课堂为丰富的实践教学。同时，要注重培训方法的多样性，除了传统的讲授法以外，可以采用案例法、实践操作法等。

3. 协同管理，监控过程

协同管理主要包括两个方面。一是对讲师进行有效管理。讲师要有规范的教学行为，同时要有灵活的教学方式，理论联系实际。二是要加强对学员的培训管理。校企合作可能牵涉到多个行业、多个企业的合作，学员来自不同岗位，思想和知识水平会有差异。因此，院校和企业对教育培训过程要进行联合监管。

4. 相互评价，持续改进

建立相互评价和持续改进机制，是促进校企联合教育培训发展的重要举措。一是要建立相互评价的体制机制。对于院校而言，可以评价企业派来的业务骨干教师，尽管他们在业务工作中是专家,但在培训技能方面可能是弱项,院校可以通过监测评价,促使其及时发现问题并改进,提高其教学效率和水平。对于企业而言,可以综合评价院校的专业设置、培训内容、硬件设施、培训质量等,尤其是对于培训质量的评价,可以直接从学员在工作中的表现反映出来。二是要建立激励机制。对于在培训中作出重要贡献的讲师要予以物质、晋升的奖励,对于优秀的学员也要予以奖励。三是要建立持续改进的机制。校企双方要针对在教育培训中出现的问题,及时查找根源,采取有效措施进行整改,从而引领双方可持续发展。

第五章 现代培训方法与技术

第一节 现代培训方法

现代培训方法是整个培训体系中重要组成部分，是培训课程设计的基本要素，培训方法合理有效的运用直接关系着培训效果和培训质量。因此，是否能合理运用现代培训方法，就成为能否实现培训目标、完成培训任务的关键所在。培训教学实践证明，培训教师如果不能很好地选择和使用科学适宜的培训方法，将会导致学员学习负担加重、培训教师耗费精力增大、培训效果降低等事倍功半的不良后果。因此，正确理解、选择、运用各类培训方法，对于更好地培养人才有着非常积极的意义。本节就案例教学法、情景教学法、桌面推演法、头脑风暴法、角色扮演法、翻转课堂以及行动学习等现代培训方法作了较为详细的讲解。

一、案例教学法

（一）案例教学法的定义

案例教学法是通过对某个特定的问题，向学员展示真实性背景，通过给出大量背景材料，引导学员依据背景材料进行讨论的一种培训方法。它是围绕既定的培训目标，选择合适的案例开展的一种培训方法。

（二）案例教学法的特点

1. 有效实现教学相长

在案例教学法中学员是一个积极的参与者和行动者，学员处于主体位置；在培训教师的引导下，运用掌握的理论知识，分析、思考和共同讨论案例中的各种疑难情节，逐步形成具有各自特点的解决方案。

由于学员的经验以及对经验的信念不同，根据自己的经验所建构的对外部世界的理解也会不同，理解存在着局限性，但通过其建立在对话、合作之上的交往，可以使理解更加准确、丰富和全面。案例教学法通过培训教师、学员双方共同讨论案例，相互启发，分享思考和经验，交流情感和体验，从而达成共识，实现教学相长。

2. 培养学员综合能力

案例教学法的运用是以提高学员分析和解决实际问题的综合能力为首要目标，可以多方面培养学员的能力。运用所学理论对大量原始资料和信息进行判断和分析，可有效锻炼其逻辑思维与综合分析能力，培养其运用理论的自觉性；通过案例教学，可主动参与案例的讨论、发表观点、进行辩论，可提高学员的思辨能力和口头表达能力。

3. 建立沟通新旧知识的纽带

案例教学法在运用过程中，很好地体现了建构主义理论的学习观和课程观。在培训过程中，培训教师为学员呈现一个真实的案例，对于案例中涉及的问题，学员借助已有的知识和经验，主动探索、积极交流，经历同化与顺应。学员个体的知识和经验在这个过程中得到了改组，从而建立新的认知结构。

案例教学从课程案例的设计、呈现到分析、总结，再到最后的测评，整个培训流程都与学员原有的知识结构密切相关。因此，培训教师选择案例时，要考虑到学员的兴趣点及现有的知识水平，在运用案例教学法之前，应复习前面培训中涉及的相关知识，为学员理解案例、分析案例奠定基础，起到承接的作用；学员在案例分析环节所进行的讨论以及案例的总结，也是在学员已有知识理论的基础上进行的。

（三）案例教学法的实施步骤

1. 设计合理的案例

实施案例教学法，案例设计是基础。合理的案例设计应包含以下环节。

1）针对性选择培训内容

案例教学法比较耗费时间，应尽可能选择学员普遍关心的日常工作中热点和焦点、课程教学内容的重点和难点，且认识程度需要进一步提升的理论问题。

2）明确培训目标及内容

根据提炼出的培训内容，进一步明确培训目标。培训中目标是多元整合的，即知识、能力、情感态度与价值观目标相互融合。

案例教学法的实施必须依据具体的培训内容，对其培训目标准确把握，之后再结合案例教学法自身的特点，通过对案例的分析来提高学员的认知水平。

3）正确选择案例

明确了培训目标和培训内容后，培训教师要通过多渠道来搜集案例资料。在进行案例选择时，应注重从学员的实际出发，选择的案例要具有时效性、针对性及时代感。唯有这样才能使学员感兴趣，有新鲜感。同时，应着重选择正面案例，用积极的案例去激励学员。案例选择应注意以下3点内容。

（1）目的性。案例的选择是为培训服务的，必须以培训需求为目的，切实服务于培训目标。因此，培训教师要根据培训目的有针对性收集与培训目标相吻合的素材。首先，深刻把握案例内涵、熟悉所选案例的背景、事实、观点，明确案例中蕴含的事实及其所揭示的问题。其次，吃深吃透培训内容。无论选取什么案例，均要立足培训知识点，紧紧围绕培训主题进行。最后，全面了解学员情况。培训教师对培训班级的基本情况的熟悉程度，包括该班学员的现有知识水平、学习态度、兴趣爱好等，直接影响到案例选择。

（2）典型性。案例的选择应具有代表性与典型性，起到举一反三的作用，选择具有普遍性并能明确表示知识和理论的难易度，避免选择根本不会发生或者很难遇到的案例，防止出现以偏概全的情况。

（3）真实性。案例要以客观事实为依据，选择真实而典型的素材，尽可能紧扣实际工作、贴近学员的实际需求、符合学员的总体认知水平，凸显时代性。只有这样才更容易引起学员的兴趣和关注，被广大学员接受，从而提高学员的认识能力和实践能力。

2. 合理规划时间

合理规划案例培训的时间与节奏，是案例教学法得以完整顺利进行的必要步骤。整个培训时间与节奏的规划中，每个环节所用时间都不宜严格确定。培训教师要提前作出预案，当实际情形与前期规划不符时，要及时进行培训时间的弹性调整，以确保培训效果最佳。

3. 设计思考问题

设计合理科学的思考讨论题是案例教学法顺利实施的重要法宝。案例所涉及的问题、解决问题的思路和方法应具体、合理、科学。在设计思考问题时应当注意以下四点：

（1）紧紧围绕培训目标，结合案例，精心设计富有启发性和指向性的问题。

（2）找准学员的兴趣点和关注点作为切入点。

（3）设置清晰恰当的问题，将学员的思维引入案例，或是让学员在案例情境中角色扮演，亲自解决案例中的问题，使他们经过思考得到自己的结论。

（4）问题的设置要符合学员的思考逻辑，具有层次性，由浅入深、层层递进。

4. 引导学员分析案例

首先要让学员快速地了解案例，明晰案例的主体内容，仔细研读案例，找到关键点；其次，培训教师引导学员确定该案例与哪些知识点相联系，分析和解决问题时需要用到的关键知识点；最后，结合理论知识，再次对案例进行分析并得出一系列解决问题的建议。

培训教师可以先把学员分成若干小组进行讨论，应充分发挥学员的主动性、积极性和创造性，自主地运用所学的知识来分析与处理案例及案例中的问题。

5. 鼓励分享案例

分享案例阶段大致有两种情况：一种是经过小组研讨后，小组间的沟通和交流；另一种是不分组的情况下，培训教师学员共同研讨。讨论过程中，培训教师积极激发学员的思考，引导学员去研讨、质疑、交流自己的看法，通过培训教师学员的讨论与互动，成为一个真正的"学习共同体"，凸显了学员的主体地位，使培训成为"培训教师—学员"富有个性化的创造过程。在案例讨论的最后，在培训教师引领下，讨论向纵深方向开展让学员真正有所思考、有所启发。

（四）案例教学法的应用案例——欧洲埃索（ESSO）石油公司部门经理培训中的需求分析

1. 目的

以欧洲埃索（ESSO）石油公司培训项目设计为例讲解培训项目的需求分析。

2. 设计过程

第一步：选择正确案例。

培训教师选择欧洲埃索（ESSO）石油公司部门经理培训中的需求分析案例作为本次培训的背景资料。

埃索（ESSO）石油公司是著名的埃克森石油公司的海外分公司，公司总部人力资源顾问、培训专家吉姆·普耐德成功策划并实施了部门经理的培训项目，为公司获得了3780万美元的效益，而这次培训总共花掉不足10万美元。

此次培训项目的任务是设计教学系统，使部门经理掌握他们所需的知识与技能，具备高效完成岗位工作的能力。

为更好地完成此项任务，公司开展需求分析，通过问卷、访谈方式进行需求调查，他们给 200 个目标层的管理者发放调查问卷，并与 25 个比目标层高一级的管理者、50 个目标层管理者、50 个需要向目标层汇报的人员进行了面谈。调查问卷的核心内容是：为了有效地工作，目标层人员需要知道什么，需要怎样去做。以下为调查结果归纳。

（1）57% 的经理反映由于权力和责任不对等，所以资源不能有效发挥，影响工作效率。其中，61% 的经理承认对公司资源分配的原则和权限理解不透彻，缺乏有效的协调技能，可能也是影响工作绩效的原因。

（2）60% 的管理部门经理希望进一步了解管理的最新概念和基本原则。

（3）39% 的部门经理，不能够准确完整地描述自己在公司中究竟应该发挥怎样的作用。

（4）18% 的经理不能够完整说出公司竞争的其他同行的名字，47% 的经理不能够清楚陈述这些公司与 ESSO 公司的竞争领域及他们带给公司的威胁。

（5）48% 的经理说不清楚公司的行为规则、价值和关系。

（6）55% 的经理不能理解公司战略蓝图与他们的琐碎工作究竟有什么联系，更不能主动为自己设定为公司发展有意义的目标。68% 的经理不能够很清晰说明公司目前的发展战略，尤其是未来商业拓展的方向。

（7）62% 的下属和 69% 的经理反映，经理们成天忙于应付工作，对现代管理的新技术和方法无暇顾及，电脑应用水平低。

（8）36% 的经理不能够清楚理解自己及自己所在的工作小组及其所处的环境。

（9）在绩效考核中，高于 50% 的总经理抱怨，业务经理的业务能力强，但在处理复杂问题时不能够有效的分析认识问题，处理问题时显得头绪混乱，从而影响问题的解决质量。

（10）55% 的经理在作较大事项决策时，感到压力最大，有时会显得不知所措。

第二步：设计思考问题，展开小组研讨。

培训师设计思考问题，引导学员深入思考研讨如何根据需求调查结果确定培训目标。

（1）培训教师提出，假设你是该培训项目的组织者，下一步应该如何做。

（2）培训教师组织学员以分组讨论的方式展开小组研讨，每组分发白纸、数个白板笔，学员集思广益把问题梳理后，将确定的培训目标由组长写在白纸上。

（3）每组推选一名代表上台讲解设计思路以及培训目标内容，学员集体研讨，其他学员积极发言，学员之间展开互评，相互启发。其间，培训教师积极引导学员去研讨、质疑、交流自己的看法。

第三步：培训教师点评。

培训教师把学员研讨相对比较集中的几个问题，进行梳理讲解。

第四步：深入分析案例，比对案例中的培训目标查找差异。

随后培训教师继续引用案例，给出案例中的培训目标如何确定的，确定的内容是什么。

案例引用（源于背景材料）：为此接下来，ESSO 公司学习系统的设计工作中引入关键的部门管理人员，并及时成立了"部门经理培训"顾问委员会。在第一次会议中，委员会帮助公司分析已经寄来的资料，并从中确定出有效地进行部门经理层的管理所必需的知识和技能，即帮助确定课程系统的目标。

在这个会议上，部门管理者选出3个有能力、有创造性的年轻管理者和其他人一起组成3个"管理培训项目设计组"。这个项目组由7个人组成，吉姆是项目组长。组中还有几位课程系统设计方面的专家。

在经过"部门经理培训"顾问委员会及3个"管理培训项目设计组"针对需求所作出仔细分析后，将培训能解决和培训不能完全解决的问题进行甄别，确认了培训目标，并将需求中"（1）（4）（5）（6）"等涉及公司政策、组织结构、战略规划及宣传方面问题的条目集中起来，写成简明的报告和建议，提交给相关职能部门和领导层，为以后改进工作以及公司整体运营良好作出贡献。

根据需求的调研，该项目确立的培训目标如下。

1. 增强管理者以下3个方面问题的理解

（1）管理的最新概念和原则。

（2）他自己在公司中的角色。

（3）公司的规则、价值和关系。

2. 拓宽管理者对以下3个方面问题的认识

（1）商业概况，重点放在未来。

（2）他自己及所在的工作小组、组织及其所处的环境。

（3）其在竞争市场的公司情况。

3. 提高管理者以下5个方面的技能

（1）明确和分析问题。

（2）分配与利用资源。

（3）应用判断、知识与战略。

（4）作出决定。

（5）应用现代管理技术和方法。

学员对照自己确立的培训目标，分析案例、找寻差异。积极展开小组讨论，谈体会、谈感受、谈收获。

二、情境教学法

（一）情境教学法的定义

情境教学法是指在培训过程中，培训教师有目的引入或创设具有一定情绪色彩的、以形象为主体的生动具体的场景，以引起学员一定的态度体验，从而帮助学员理解教材和教学内容，并使学员的心理机能得到发展的培训方法。

情境教学法的核心在于激发学员的情感，要对社会和生活进一步提炼和加工后从而影响学员。诸如榜样作用、生动形象的语言描绘、课内游戏、角色扮演等，都是寓培训内容于具体形象的情境之中，其中也就必然存在着潜移默化的暗示作用。

（二）情境教学法的特点

1. 有效提高学员学习积极性

情绪心理学研究表明：个体的情感对认知活动至少有动力、强化、调节三方面的功能。其中积极的动力功能是指情感对认知活动的增力效能，即健康的、积极的情感对认知活动起积极地发动和促进作用。情境教学法就是通过提供积极的、健康的情感体验提高学习积极性，使学员身处轻松愉快的环境中，促进学员心理活动的展开和深入进行，将学习活动变成学员主动进行的、快乐的事情。

2. 有效增强培训效果

传统培训中，无论是培训教师的分析讲解，还是学员的单项练习，以至机械的背诵，所调动的主要是逻辑的、无感情的大脑左半球的活动。而情境教学，往往是大脑左右两半球交替兴奋、抑制或同时兴奋，协同工作，大大挖掘了大脑的潜在能量，学员可以在轻松愉快的气氛中学习。

欢快活泼的课堂气氛是取得优良培训效果的重要条件，情感高涨和欢欣鼓舞之时往往是知识内化和深化之时。因此，积极的情感是认知活动的增力效能，恰如其分地运用情境教学法可以获得比传统培训明显良好的培训效果。

3. 使抽象的知识更具体、形象

情境教学法使学员如临其境，就是通过给学员展示鲜明直接或间接形象，一则使学员从形象的感知达到抽象的理性的顿悟，二则激发学员的学习情绪和学习兴趣，使学习活动成为学员主动的、自觉的活动。

同时，情境教学法要在培训过程中创设许多生动的场景，为学员提供了更多的感知对象，使学员大脑中的知识单元增加，有助于学员灵感的产生，也培养了学员相似性思维的能力。

（三）情境教学法的实施步骤

1. 准备阶段

将学员进行分组，平均每5～8人为一组，设计学员熟悉的基本场景（或者情境），明确情境设置的目的。培训教师提供给学员必要的工具及知识背景，学员根据各自的任务需要，充分发挥主动性，通过培训教师的讲解和自己对手中文字材料或者道具的研究来进行内容和结构的设计。

2. 计划阶段

学员仔细考虑和内化模拟情境中所承担的任务和需要完成的目标，进一步明确解决问题和实现目标的工作流程、行动途径等，明确与其他学员任务之间的相互关系与影响，并着手布置相关场景。

3. 实施阶段

培训教师进行简单的知识考查，了解学员对知识的掌握情况，按照目标要求及任务要求，作出相应的行动。

4. 评估阶段

学员可采用多种方式汇报情境模拟过程、互动关系及结果，学员一起讨论在情境模拟过程中存在的操作问题和组织问题，共同分析原因和改进建议，并对下次情境模拟作出计划。

5. 反馈阶段

课程结束后，学员积极主动进行自我反思，反思在参与和观察中增长的知识、提高的技能，以及在特定的环境中各个任务成员之间的相互关系和影响，反思对整个场景的理解。

（四）情境教学法的应用案例——心肺复苏抢救（CPR）步骤培训

1. 目的

掌握并能熟练应用心肺复苏基本操作。

2. 设计过程

第一步：准备阶段。

（1）培训教师按照培训计划选取心肺复苏教学内容，明确学习目标。

（2）将学员分成 N 组，为下一步现场模拟做好准备工作。

第二步：理论知识分享阶段。

培训教师讲解并演示（或者播放）心肺复苏模拟情景式教学。以下为心肺复苏术步骤。

（1）首先评估现场环境安全，确认四周环境安全。

（2）意识的判断。用双手轻拍伤者双肩，问："喂！你怎么了？"告知有无反应。手指甲掐压伤者人中穴约 5 s，如无反应表示意识丧失。

（3）检查呼吸：观察伤者胸部起伏 5~10 s（数 1001、1002、1003、1004、1005……），告知有无呼吸。

（4）呼救：来人啊！喊医生！推抢救车！除颤仪！呼救的同时，应迅速将伤者摆放成仰卧位，方法：将其双手上举，远端下肢屈曲搭在近端下肢上，一手托其后颈部，另一手托其腋下，使头、颈、躯干整体翻成仰卧位。翻身时整体转动，保护颈部。身体平直，无扭曲。摆放的地点：地面或硬板床。

（5）判断是否有颈动脉搏动：用右手的中指和食指从气管正中环状软骨划向近侧颈动脉搏动处，告之有无搏动（数 1001、1002、1003、1004、1005……，判断 5 s 以上 10 s 以下）。

（6）松解衣领及裤带。

（7）打开气道：仰头抬颌解除伤者舌根后坠对气道的压迫。首先清理口腔，将其头偏向一侧，用手指探入口腔，清除分泌物及异物，确认口腔无分泌物、无假牙。然后抬颌，使头部后仰，后仰程度为下颌、耳郭的连线与地面垂直。动作轻柔，防止颈部过度伸展，防止压迫气道。

（8）胸外心脏按压：将一手的掌根放在两乳头连线中点（胸骨中下 1/3 处），另一手置于其上，两手交叉或翘起，双臂伸直，用上身力量用力按压 30 次（按压频率至少 100 次/min）。下压时，手肘不可弯曲，双臂形成一直线，与伤患者胸部垂直，用上半身重量垂直往下压，手掌根部始终紧贴胸部，放松不离位。

（9）人工呼吸。①伤者应处于呼吸道通畅、口部张开的状态；②用按于前额一手的拇指与食指捏紧伤者鼻翼下端把鼻孔捏闭；③抢救者深吸一口气后把自己的口张开并紧贴伤者嘴，把伤者的口部完全包住，形成不透气的密闭状态，用力向伤者的口内快而深地吹气，每次送气 400~600 mL，频率 10~12 次/min，吹到伤者的胸部上抬起来。

（10）持续 2 min 的高效率的 CPR。以心脏按压：人工呼吸 = 30：2 的比例进行，操作 5 个周期（心脏按压开始送气结束）。具体操作如下：抢救者跪在患者肩旁，将一手的食指与中指并拢，寻找两侧肋弓交点处的胸骨下切迹；然后，将并拢的食指及中指横放在胸骨下切迹上方，以另一手的掌根部紧贴食指，此掌根部即为按压区，固定不要移动。此时可将定位之手取下，将其掌根重叠放上去，两手的手指相互交叉以使下面手的手指抬起，避免按压时损伤肋骨。按压时肘关节伸直，垂直向下均匀用力，着力点在掌根部，每次下压胸廓大于等于 5 cm，频率大于等于 100 次/min。

（11）判断复苏是否有效：听是否有呼吸音，同时触摸是否有颈动脉搏动，待自主呼吸逐渐恢复，双侧瞳孔缩小、对光反应恢复，面色转为红润，可停止 CPR。

（12）整理伤者，进一步生命支持。实施心肺复苏后，当病者有呼吸体征，应摆复苏姿势，姿势以接近侧躺为主，头部的姿势要能让伤者口中的分泌物流出。伤者的姿势必须很稳定，且能方便地观察和评估呼吸道。姿势不可造成伤患者胸部压迫，以免影响换气，必须能让伤患者稳定且安全地转回平躺，并注意是否有颈椎伤害的存在。确保复苏姿势不会对伤患者继续造成伤害，超过 30 min，需翻转至另一边。

第三步：知识巩固阶段。讲解完后，培训教师现场模拟抢救过程，示范抢救步骤，着重指出抢救过程中的重点和难点。

第四步：演练阶段与评估阶段。

（1）场景设置。设置心肺复苏场景模拟室，准备好心肺复苏全身人体模型并连接好显示控制器。

（2）学员按照分好的小组，进行分组情景模拟。按照预先分好的角色，扮演伤者与抢救者，让学员体验不同角色在不同情景下的心理状态。为了营造积极参与的气氛，可以让学员分组进行模拟训练，开展挑战赛。评估学员进行心肺复苏操作的水平，以打印机给出结果为准。获胜者为总分最高者。

第五步：反馈阶段。为学员自评、小组互评和培训教师点评和讨论。围绕情景中涉及的心肺复苏理论知识、操作技能问题展开讨论，每位学员都有发言的机会，培训教师点评。

三、桌面推演法

（一）桌面推演法的定义

桌面推演法是比较新颖的培训方法，它是指参训人员利用地图、沙盘、流程图、计算机模拟、视频会议等辅助手段，针对事先假定的演练情景，讨论和推演决策及现场处理的过程，从而促进相关人员掌握推演内容所规定的职责和程序，提高指挥决策和协同配合能力。

桌面演练通常在室内完成桌面推演，以培训教师为主导、学员为主体，以情景模拟、案例分析为培训内容，促进学员积极思考、主动学习的开放式培训方式，具有参与性、主动性、互动性、共享性等共同特点，该培训方法的有效使用，可显著提高学员应急处置能力。

（二）桌面推演法的特点

1. 成本低廉性

桌面推演是培训教师根据已经发生的事件或事故构造某种场景，让学员置身于事件或事故发生、处置的过程当中，身临其境地解决某一特定问题，锻炼与提升学员的应急处置能力。

与政府部门、企业举行的实际演练相比，它占用场地小，不需投入大量人力、物力、财力，在实训室内即可完成，并且能够减少对社会的负面影响，具有低成本、简易性等优势。

2. 内容全面性

一般的案例教学往往是对事故案例的经验教训作总结，而桌面推演内容设计更全面。此时，培训教师既可以根据案例进展情况设置各类问题，同时，对事件发生的原因、重要环节、经验教训进行分析、评述和总结，强化学员运用应急管理理论分析问题、解决问题的能力，也可以设置时间、地点、灾情、任务及完成任务时限等场景，让学员马上进入状态，在一定时间交出对策措施供培训教师和学员评判，训练学员的应急处置能力。因此，桌面推演内容比较全面、丰富、灵活，更符合安全与应急培训要求。

3. 培训深度性

桌面推演的重要特征是通过采取分阶段设置问题、层层推进、步步深入的分析步骤，引导学员进行模拟演练。桌面推演中设计的问题都是培训教师经过深思熟虑、反复推敲而设置，非常具有针对性。学员在演练中需要灵活整合自己所学到理论及经验，发展并设计出解决问题的分析框架，真正变成自己的知识和能力，而培训教师针对学员每一个阶段的对策演练及时地进行深入总结点评。

4. 演练实战性

桌面推演有一个鲜明的特点就是实战性，而不是一个简单的、虚拟的推演。

例如，培训教师在选取突发事件案例进行桌面推演时，完全按照实际工作中的应急管理模式进行，设置的问题是学员在应急处置中经常要碰到的问题，如危机的预防预警、信息公开、危机沟通与合作、危机决策、危机法制等问题，推演的流程就是危机处置中的工作流程，这样的实战性提高了对学员实际工作的指导性和有效性，按需施教，学以致用。

5. 效果显著性

安全与应急培训目的是提升学员的应急管理能力，强调理论联系实际，而桌面推演就是实现应急管理理论与应急处置实际相融合的桥梁。

桌面推演可以通过各种危机情境的设置把学员带到真实的世界，面对现实的挑战，综合地运用应急管理知识和经验去处置突发事件，努力做到在演练中熟悉应急预案和应急程序、磨合机制、积累经验、掌握规律，锻炼和提升学员应急处置的能力，最终能够达到理论与实践相结合、教学相长、学学相长的培训效果，从而更好地完成应急管理培训任务。

（三）桌面推演法的实施步骤

1. 注重团队组建与合作开发

桌面推演与传统的讲授不同，它涉及案例资料收集、实地调研、脚本编写、课件开发、场景布置、学员组织等众多要素。因此，需要根据年龄、性别、学科、实践部门的最优比例组建团队，人数一般为2~3人左右。年龄方面应该考虑有丰富培训经验的培训教师、年轻培训教师共同参与，性别方面做到男女搭配，学科方面应吸收具有相应知识背景的培训教师加入。同时，由于桌面推演培训具有实战性特点，因此迫切需要具有应急管理经验的专家和政府部门领导参与和指导。团队建设既要明确分工，各负其责，又要强调合作，优势互补，集思广益，达到团队合作效应最大化。

2. 精心编写高质量的桌面推演脚本

高质量的脚本是桌面推演重要基础。培训教师必须以专业、敏锐眼光在众多突发事件中选择一个具有代表性、典型性、复杂性的案例作为脚本，通过演练能够在许多方面给予学员以启发和借鉴。案例的复杂性主要是让参与演练的学员所面临的危机情景或困难与压力具有复杂性，需要学员充分利用自己所学到的应急管理理论以及应急处置经验进行综合思考才可能找到应急对策。

编写脚本应注意两点。一是做好调研工作。要形成高质量的脚本不仅要对突发事件的全过程进行全面的资料搜集和整理，最好是实地调研，获取第一手真实、客观、全面的信息资料。二是掌握编写脚本的内容。脚本主要包括：①脚本框架结构；②时间地点；③指令与人物对白；④执行人员角色设定；⑤演练事件场景；⑥视频背景与字幕；⑦解说词；⑧处置行动。培训教师在编写时要注意充分利用多媒体的优势，努力营造最强烈的现场感，同时还要考虑解说词、旁白的写作、音像资料的选择和动画的设计等环节，通过生动、形象的解说，配上合适的音乐，再现事件的演化过程，充分调动学员的思维能力、想象能力、互动能力，吸引学员全身心投入其中，达到学员认知与能力的双提升。

3. 合理构建推演情景或问题

编写好脚本后，培训教师应该积极构建推演情景、设置合理问题，开发桌面推演课件，这需要推演培训教师的开动脑筋、精心构思。

4. 科学设计和安排培训流程

桌面推演法是一种开放式、互动式、研讨式培训，采取"培训教师引导、桌面演练、理论总结"的体验式培训方法，旨在激发学员参与，互动交流，促进彼此经验分享，强化能力训练。因此，一次桌面推演培训要达到什么培训目的、分几个小组、经历几个阶段、每个阶段设置多少问题、推演过程的次序怎么安排等都需要培训教师在研究和掌握其培训规律的基础上精心设计、组织和安排，不断完善培训流程，这直接关系到培训任务能否顺利完成，关系到培训质量。应注意做好以下5个方面工作。

（1）做好场景布置、教具准备工作。安全与应急培训实训室应按照桌面推演要求，按回字形格局划分小组并配备电脑、数套桌椅，同时配备可供粘贴纸张的白板、白纸、白板笔及磁帖。

（2）事先将推演脚本发给学员。要求学员仔细研读脚本，要读懂、读透，读出材料背后的信息、经验、启示。

（3）制定推演规则与要求。桌面推演是分阶段进行的，因此，每一个阶段演练的时间、目标、要求都要明确，参演学员必须按照规则和要求全身心地投入演练。

（4）培训教师根据事件发展阶段设置问题，分阶段进行推演、点评。培训教师在每一个阶段设置1~2个问题，学员围绕问题进行推演，每个问题讨论的时间约5~8分钟，每个小组讨论结束后形成观点，写在纸上，贴到白板上，向全班展示其研讨成果，并选出1个代表全班交流，达到知识与经验共享。学员进行互评，培训教师根据学员的对策推演及时进行阶段性小结与点评。

（5）总结点评。在推演结束后，最后一个环节就是培训教师对此次培训作出整体的总结与点评，有条件的邀请同行专家给予点评。

点评一般从两个层面展开：一是对参演学员的桌面推演情况进行点评。主要从参与性、互动性、取得的成果及存在的局限等主要方面进行概括和总结。二是理论提炼与升华。在学员模拟演练的基础上，培训教师需要对应急管理理念、流程、能力、规律进行理论上的梳理与提炼，为学员提供理论分析框架。

理论分析必须具有总结性、概括性、引导性、启发性，要提供新的认识视角，在更丰富的思维框架下提升学员应急管理能力与水平。

（四）桌面推演法的应用案例——暴雨洪涝灾害抢险桌面推演

1. 目的

进一步加强洪水应急处置能力，提高现场应急抢险能力。

2. 过程设计

第一步：撰写桌面推演脚本。

参照暴雨洪涝灾害应急预案编写，脚本应贴合实际，具有一定真实性。脚本设计小组应由气象专家、水利专家、应急管理专家组成，脚本内容应将模拟环境，抢险方案设计与险情通过现代技术手段有效结合，主要针对对灾情发生后的决策与调度等进行设计。

暴雨洪涝灾害抢险桌面推演脚本

一、演练目的

拟在通过模拟情景构建、演练任务设定、相关角色扮演和灾情场景推演，提升参演人员在压力环境下的分析研判、会商决策、协调联动、指挥调度和舆情管理方面的能力。

二、演练目标

（一）总体目标

（1）熟悉暴雨洪涝灾害应急管理工作的预案和基本流程。
（2）检验对暴雨洪涝灾害重大事项研判、应急决策、任务部署要点的理解和掌握。
（3）检验对暴雨洪涝信息发布和舆论引导要点的理解。
（4）对当前暴雨洪涝工作存在问题及未来改进方向的思考。

（二）具体目标

台风预警信息发布及国家防总启动应急响应后，准确研判灾情形势发展，提前考虑可能引发的灾情和受到的影响，系统、全面地进行任务部署并做好防汛各项应急准备工作。

汛情发生后，快速推动成立综合应急组织指挥体系，明确任务分工。

各级防汛指挥机构迅速准确研判灾情，确定应急处置的工作要点和应急决策的重点，并对各种不同的决策方案进行优劣比较，最终确定优选方案，最后对需要重点关注的重点工作作出部署。

准确理解属地政府应急指挥机构与省级防汛指挥机构在灾害不同应急处置阶段的各自任务和相互之间的指挥关系。

制定新闻通报会（或者新闻访谈）的方案，并对灾情基本情况、开展的防汛抢险、灾民安置等各项工作进行情况通报。

三、演练时间地点

演练时间：某年某月某日9:00—11:00。

演练地点：会议室。

四、演练内容

模拟A省某河流域发生超标准洪水，河道堤防出现重大险情，需要综合运用水库、蓄滞洪区等工程措施进行处置应对。

参演人员针对所提供的灾情状况，开展小组讨论、指挥部会商、决策指挥和任务部署等演练活动，使参演人员掌握应急处置流程、研判会商、决策指挥和任务部署等演练活动，使参演人员掌握应急处置流程、研判会商、危及决策、指挥体系和处置方法等应急管理各要素的重点内容。

五、参演单位

培训班学员。

六、演练流程

第一阶段：演练实施。

持续时长1.5小时。演练分预警研判、应急决策和公共沟通等三方面的内容组织实施，要求展开分组研讨、实时互动和实务作业。说明演练模拟灾害情景并启动演练后，主要通过不断给出的新情况，引导参演人员获知灾情、询问情况、综合研判、传达决心和意图。

第二阶段：演练讲评和专家点评。

演练讲评持续时长0.5小时。邀请资深专家对演练过程进行要点点评。

七、演练方式

演练活动设置若干平行的指挥部（各省级和市级），针对场景开展灾情研判会商、应急决策与任务部署的模拟演练。

参演人员针对给定情况，通过信息传递、态势分析、个人判断、组内讨论、灾情研判、组间协调、集体会商、决策指挥、舆情引导等活动开展推演，完成模拟演练目标。

培训教师负责说明本次模拟演练要求、背景和初始情景，启动演练，承担必要的辅导和推动工作，与专家共同组织点评、反馈与小结工作。

八、演练要求

参演人员针对给定的假想情况，研究解决方案，从各自角色出发，表达所代表部门、演练组和决策者的决心与意图。参演人员在演练组织实施阶段应当遵守如下要求：

参演人员不质疑想定、沉浸角色、各司其职、积极参与，深入讨论、分析不同决策方案优劣、发挥团队合作的精神。

第二步：演练实施。

在既定的时间和地点，按照方案开展桌面推演。一般分为开始、正式实施、结束或终止等环节。

（1）开始阶段。一般由主持人介绍推演的基本情况、领导或总指挥发表动员讲话，然后正式启动推演。根据脚本分小组开展推演，主要有防汛救灾组、应急预案组、物资保障组、舆论宣传组等。推演主要包括对发生险情地区的现场进行初步勘探，并向上级应急部门报告灾情程序、及时协商险情处理方案，向公众发布抢险等信息以及防汛抢险物资配备与调度等方面内容。

（2）演练操作。按照防汛抢险桌面推演脚本实施推演。

（3）演练结束。要有正式宣布演练结束的环节，各部门经过应急处置，向现场指挥部报告完成任务。现场指挥官向总指挥提请应急结束，获批后宣布应急结束，并宣布推演结束。

第三步：培训教师总结点评

主要是对参演学员桌面推演情况进行点评。此外，培训教师应对防汛抢险中可能出现的渗漏、滑坡、决堤等险情如何组织抢险进行进一步深入讲解。

四、头脑风暴法

（一）头脑风暴法的定义

头脑风暴法是以解决某个问题为目标，学员集思广益，畅所欲言，集广大智慧的会谈技术式培训方法。它是在一个轻松、自由的环境下，与学员就某一个问题或主题，畅所欲言，互相启发，创造性地解决问题的过程。目前，在培训领域中越来越广泛的使用头脑风暴法，头脑风暴法作为一种培训方法也日益为培训教师和学员接受。

（二）头脑风暴法的特点

1. 自由发挥原则

自由发挥原则是让所有参与学员抛开所有传统思维和习惯的包袱，不要受到条框限制、放松思想，让思维自由驰骋，不用考虑自己的想法是否正确，尽可能标新立异。这项原则的目的在于让所有参与者有一个足够宽广的思考和想象空间，从而灵感大量涌现，创造性地解决问题。

2. 延迟评判原则

延迟评判原则是限制在畅想和讨论问题阶段过早进行批评或评判。规定此原则的目的在于克服"评判"对创造性思维的抑制作用，一般好的、有创见的观点往往需要经历一个不断诱发、深化、完善的过程，建议所有的评判在头脑风暴活动结束以后进行。

3. 禁止批评原则

禁止批评原则是进行头脑风暴的所有参与者（包括主持者和发言人）不允许对别人提出来的设想进行对错评论，禁止批评别人的意见。用自谦之词类的自我批评式说法，同样会破坏气氛影响思维的自由发挥，因此不建议使用。

4. 以量取胜原则

以量取胜原则是质量递进效应的具体表现。它的目的就在于以创造性设想的数量来保证创造性设想的质量。当学员思维的目标是追求一定数量的设想时，就会有意识减少批判或者拒绝批判，思维的界限更容易被打破，联想更加丰富，有价值的设想、有创见的方案会更多地涌现出来。

（三）头脑风暴法的实施步骤

1. 筹备阶段

（1）培训教师应事先对所议问题进行一定的研究，弄清问题的实质，找到问题的关键，设定所要达到的目标。

（2）确定参加头脑风暴的人员，一般每组不多于10人。

（3）将进行头脑风暴的时间、地点、所要探讨的问题、可供参考的资料、需要达到的目标等一并提前通知参加此次头脑风暴的人员，让学员做好充分的准备。

（4）布置场所，建议座位排成圆形。

2. 热身阶段

这个阶段的目的在于创造一种轻松、自由的氛围，以便活跃气氛，让学员全身心放松，进入一种无拘无束的状态，以促进思维更加积极。主持人宣布开始后，先向学员说明头脑风暴法的规则，然后选择有趣话题热身，让学员的思维处于轻松和活跃的状态。

3. 明确问题

主持人简单扼要介绍所要探讨的问题或主题。介绍时须简洁、明确，但不可过分周全，因为过多的解释或说明会限制参与学员的思维，干扰思维创新的想象力。

4. 畅谈阶段

畅谈是头脑风暴法的创意阶段，先让每位学员先就所需解决的问题独立思考。然后引导大家自由发言，自由想象、自由发挥、相互启发、相互补充，真正做到知无不言，言无不尽。在发言时可以按顺序发表意见。几轮下来，大量的新想法将涌现出来。学员讲出的主意、方案，由速记员马上写在白板上并编上序号，使每位学员都能看见，以利于激发出新的设想。经过一段讨论后，学员对问题已经有了较深的理解，为了使学员能够从新角度对问题的进行表述，主持人可对发言记录进行归纳、整理，找出富有创意和启发性的见解，供下一步头脑风暴时参考。

5. 筛选阶段

通过头脑风暴的畅谈阶段，往往能获得大量与主题有关的设想。之后对已获得的设想进行整理、分析，以便筛选出有价值的创造性设想来加以开发实施，即对设想做进一步处理。设想处理的方式有两种：一种是专家评审，即可聘请有关专家及代表进行结果评审；另一种是二次会议评审，即所有学员共同对这些设想评价，然后将学员的想法整理成若干方案，经过多次反复比较，最后确定一个最佳方案。

6. 头脑风暴法需要注意的问题

1）环境的选择和配置

如果条件允许的话，最好选择一个整洁、宽敞、光线充足、安静没有外界打扰的环境。例如，宽敞的会议室，建议将其布置成圆形。除此之外可以提供投影仪、白板、白纸、记号笔等供成员进一步展开自己的描述或者提供背景信息和照片。也可以选择一位学员当速记员，及时记录观点。

2) 创造自由畅谈的气氛

创造心理学家阿曼贝尔曾指出，丰富的知识并不危害创造力，但是过多的规则是创造的障碍。因此，在进行头脑风暴时应尽可能创造一个自由、安全的环境，让每位学员可以不受任何约束说出自己的想法。"头脑风暴"中不存在无效观点，即使有些观点表面看起来无效、可笑，但若再发散组合一下，极有可能成为预想不到的好点子。

3) 控制好时间

一般来说，进行头脑风暴的时间不超过1小时，最好是30分钟。时间太短学员难以尽情发挥，时间太长则容易疲劳，影响最终效果。通常来说，创造性较强的设想一般要在畅谈开始1分钟后逐渐产生。

4) 注意主持的技巧

主持人应对所要探讨问题的相关知识或资料有所了解，并熟悉头脑风暴法的程序和处理方法。在"头脑风暴"开始时，主持人要想在头脑风暴开始1分钟内创造一个自由交换意见的气氛，并激起学员踊跃发言有一定难度，可采取询问的做法。一旦学员被鼓动起来，新的、好的设想就会源源不断涌现出来，这时，主持人只需按照"头脑风暴"的规则进行即可。

主持人应尽可能发动所有学员都积极发言，因为发言量越大，设想就越丰富多彩，学员受到的启发就越大，出现有价值的设想的可能性也就越大。

5) 对设想的增加和评价

一是对于设想的增加。主持人宣布头脑风暴结束之后，应给学员一个设想酝酿时期，使他们还能提出一些设想来，进一步补充在前面的头脑风暴中学员已提出的设想。二是记录员将设想打印出来，确保所记录的每个设想简单明了，同时用逻辑分类方法将这些想法归类。通过选择和价值判断，保留有实用价值的想法。

(四) 头脑风暴法的应用案例——作业场所中的危险源培训

1. 目的

通过引导让学员学会应用头脑风暴的方法来辨析作业场所中的危险源培训。

2. 设计过程

第一步：筹备工作。

培训教师将学员分为8~10人一组、确定头脑风暴开始时间（周五14时）、地点为第一阶梯教室、头脑风暴主题为辨析作业场所中的危险源。培训教师提前为学员提供部分参考资料，学员根据自身情况检索相关背景资料，培训教师为研讨小组准备好白板或者便笺，若干白板笔，各小组把想法充分记录下来。

第二步：明确问题，讲明规则。

提醒学员明确头脑风暴所有问题都是合理的，进行头脑风暴的时候学员尽量不要评价、批评其他学员的想法，只要不重复，就可以记录下来；头脑风暴活动时，尽可能多地把想法写到白板上。由学员自行选出主持人，主持人宣布本次培训时间及主题即14:00—14:30，主题为辨析作业场所中的危险源。

第三步：热身阶段。

学员分组展开头脑风暴，主持人用幻灯片或者贴白板的方式，给出一系列工作中危险的图片启发思维并营造放松活跃的课堂气氛。危险图片的选取可以选择涉及人的不安全行为、物的不安全状态等。

第四步：畅谈阶段。

学员各小组自由讨论发言、畅所欲言、积极思维，碰撞出思想的火花。此时，主持人把所有人的想法意见分类书写在白板或者黑板上。

第五步：筛选阶段。

主持人梳理学员的思路想法，与学员一同研讨筛选，最终绘制出常见的工作危险源表格，对于不同类别的危险可以用不同种颜色的笔加以区分，最终由培训教师查缺补漏，进一步完善表格。

五、角色扮演法

（一）角色扮演法的定义

角色扮演法是学员在假设环境中按某一角色身份进行活动以达到培训目标的一种培训方法。角色扮演者应该尽可能像在特定情境中的角色人物那样去思考、反应和行动，这一过程能够增强学员换位思考能力。

（二）角色扮演法的特点

借助活动进行培训能使气氛活跃，能引起学员强烈的兴趣。要求学员遵从角色要求，将自己的思维、动作乃至仪表等整个身心置于角色中。目的在于帮助学员了解、熟悉工作性质及工作要求，从而能更快适应未来的工作环境。

（三）角色扮演法的实施步骤

（1）进入问题情境。让学员清楚理解问题情境，引起学员的兴趣。

（2）挑选学员"演员"。角色扮演是学员全员参与的学习活动，选择角色应慎重，表演质量会直接影响到"观众"的情绪。同时，影响问题的分析和讨论。

（3）准备表演框架。确定表演人选后，学员形成的"演员"小组进行磋商，筹划表演内容。

（4）训练学员"观众"。在角色扮演的培训组织中，培训教师布置观察性的巧题，让暂时不参加表演的学员也进入状态。

（5）表演问题情节。学员按照事先设定的计划，承担起个人的角色，进行合作表演。

（6）讨论表演内容。表演结束后的热烈讨论与积极评价，能够把学员的情绪推向新的高潮。

（四）角色扮演法的应用案例——车间火灾人员疏散培训

1. 目的

学会火灾的避险与逃生。

2. 设计过程

第一步：准备阶段。

培训教师分发火灾避险与逃生的相关背景资料，让学生了解有关知识，培训教师提出培训要求和目标。学员分组，确定角色即现场发现者、现场组织者和现场企业员工。培训教师告知各角色职责和注意事项。学员根据自身性格、能力和特点选择不同角色，在扮演前，要充分了解所需要的扮演的角色特征，做好角色扮演准备。

第二步：设置具体模拟情景阶段。

培训教师根据培训内容及培训目标，编制完成的情景模拟项目。模拟情景如下：18：30左右，A企业正值吃饭时间（企业夜班工作时间为19时），企业工作人员陆续进入北车间区工作，车间满员人数为140人，当日车间当班人数为129人，流水线南北两侧各60余人，正在进行装箱作业，18:40分，车间流水生产线南侧装箱工A某发现正对面的恒温库顶部起火，火势通过恒温库门迅速向车间蔓延，A某一边大呼着火了一边通知当班领导。介绍完情景后，培训教师和学员一起简单布置现场或者选择企业空车间作为现场。

第三步：扮演实施阶段。

培训教师提出问题：此时应该如何快速疏散人员，让在场人员快速撤离现场。学员查看资料，思考问题。培训教师讲解疏散及逃生注意事项后开展角色扮演实施。现场发现者发现火灾应第一时间灭火，如发现火势毫无减少态势，继续蔓延扩大，立即拨打火警电话并报告安全负责人。现场组织者按照培训教师给出的疏散方法，指挥现场人员有序安全按照正确的逃生路线疏散。现场员工，应用正确的防护方法进行逃生。学员明确自己扮演的角色分工，通过小组研讨，熟悉疏散和逃生过程中的各个重要环节。

第四步：讨论表演内容阶段。

车间火灾人员疏散逃生扮演结束后，学员积极讨论扮演过程中的收获和感想，相互评价，通过角色扮演，员工明确各自的职责及应对措施。

六、翻转课堂

（一）翻转课堂的定义

翻转课堂是指重新调整课堂内外的时间，将学习的决定权从培训教师转移给学员。在传统培训模式中，课堂讲授基本是由培训教师主导，容易出现满堂灌现象，不利于知识内化为能力，当学员回到各自工作岗位实际应用这些理论知识时往往由于知识内化不够，遇到疑难问题无法正确解决。而翻转课堂则是原本培训教师在课堂需要讲授的信息，需要学员在培训授课前通过看视频、查资料等多种途径完成自主学习。课后，学员自主规划学习内容，培训教师则有针对性地引导学员的个性化学习，其目标是为了让学员通过实践获得更真实的学习。课中，培训教师扮演引导者角色，组织学员开展研讨交流。"翻转课堂"是对传统课堂的彻底颠覆，是一种崭新的培训模式。

（二）翻转课堂的特点

翻转课堂具备以下两个特点：

其一，注重学习的主体性，主张把课堂交给学员，激发学员主动学习的积极性，通过自主探究、协作学习来完成学习任务，但也不放弃培训教师的主导性，只是让培训教师从繁重的知识讲解中解放出来，充当组织者的角色来协助学员更好地完成知识的学习，有利于实际工作中能力的提高，做到学以致用。在翻转课堂中，培训不是知识的传递，而是知识的处理和转换。培训教师和学员、学员与学员之间，需要共同针对某些问题进行探索，并在探索的过程中相互交流和质疑。这个过程中，培训教师赋予学员更多的学习自由，借助多媒体技术进行在线或者线下学习，学员在课下完成知识的讲授阶段。而知识内化过程则被放在了课堂上,这样培训教师和学员之间,以及学员之间就可以有更多的交流沟通机会,通过课堂上的互动交流和相互启发,从而可以把对问题的探究引入更深的层次。

其二,当学员处于被动的学习,如听、看以及看和听,学习内容平均留存率很低,尤其是读只能记住10%的培训内容。而当学员积极主动的学习时,如说、做以及说和做,如果说和做同时发生,学员可以记住90%的内容。翻转课堂强调为学员的自主学习提供更多的学习帮助,要求培训教师能够及时为学员提供个性化辅导;在翻转课堂中,培训教师从培训的主导者转变为学员学习的引导者,为学员提供理解、促进和支持性学习环境,让学员有表达自己观点的权力和自由,提高学习效率。

(三) 翻转课堂的实施步骤

1. 课前培训教师开发针对性的课程

翻转课堂的课程分为传授知识为主的视频教程、知识巩固强化的针对性练习和用于课堂知识内化的学习活动等。课程设计的优劣直接影响着翻转课堂的培训效果,培训教师应尽可能结合学员学情和专业特点开发出具有问题针对性的课程。

2. 课下学员使用先进的信息技术

翻转课堂的实现需要先进的信息技术作支持,网络学院的建成为翻转课堂的实施提供了便利条件,学员在网络技术、多媒体技术的帮助下,可以在课前利用互联网获取优质的视频培训资源来课前深入自学,以完成知识的传递过程,充分调动学员之间的合作,真正让学员变成了课堂的主人。翻转课堂营造了学员主动学习的学习环境,同时也是培训教师与学员之间互动的场所。互联网模式下的翻转课堂打破了传统培训方式对学习时间和空间的限制,能把所有有价值的学习资料都随时随地提供给学员,真正使培训走向了一个充满信息流通的开放环境。

3. 课中课堂学习活动组织

采用翻转课堂,使培训教师的角色从传统的知识传授者,转变成了学习的促进者和指导者。课堂学习活动的组织主要用来让学员全身心、高效、全面地参与到课堂学习活动中,通过自主探究,或者与其他学员的交互合作、相互学习、相互借鉴,进一步弥补自己认识上的不足,进而查漏补缺、深化认知,完成知识的迁移与应用。

(四) 翻转课堂的应用案例——安全培训方法讲授

1. 目的

学习、掌握安全培训方法。

2. 过程设计

第一步:培训前准备环节。

培训前,培训教师应事先准备好关于各类安全培训的方法、资料、视频等,并发至微信群中分享学习资料。学员自己检索到的相关资料也可以发到微信群和其他学员分享,每个学员自行下载自学,并提交方案。这个环节,培训教师针对此次培训内容设计思考问题如下。

(1) 目前最常用的培训方法有哪些?

(2) 这些方法的理论基础是什么?

(3) 请你描述一种培训方法的实施步骤。

（4）请针对给出的培训内容选择合适的培训方法并撰写实施方案。

学员带着问题展开自主学习，并将思考题"（4）"的结果通过微信反馈给培训教师。培训教师针对这些材料进行整理分析，进一步明确培训的重点、难点。

第二步：培训中的互动式学习。

根据培训前收集到的学生的实施方案，对学员的实施方案进行综合及个案的分析，有针对性的设计培训环节。先对培训方法的种类及理论基础进行重点讲解，然后对提交的方案中存在的共性问题进行讲解。在这个过程中启发学员，让学员开展相互讨论，积极阐述自己的方案，接下来的时间，对自己的方案进行完善修改。

第三步：反馈阶段。

学员分组研讨，按照研讨的结果，优化自己的方案，小组推荐一名学员上台阐述自己在培训项目中使用此培训方法的原因以及如何设计实施的。被推荐的学员利用PPT或者白板的方式进行汇报。

培训教师引导学员积极提出问题，展开讨论，学员相互点评，培训教师总结，在这个过程中学员进一步掌握安全培训方法的使用技巧。

七、行动学习

（一）行动学习的定义

行动学习法起源于20世纪60年代的英国，由管理学思想家雷格·雷文斯教授在《发展高效管理者》一书中首次提及。行动学习法被公认是过去40年管理和组织发展中采用的最重要的培训方法之一。行动学习是一个以完成现实工作为目的，在学习组员的支持下学员个体持续不断地进行自我反思与学习，不断深入思考，并分享彼此的经验和想法，最终提出解决问题的最佳方案的过程。行动学习法不仅是一种通过项目解决问题的方法，而且是一种自我发展的有用工具。

（二）行动学习的特点

行动学习是以学员为主体，以现实问题或项目为主题，学员在培训教师的引导和学员的相互启发中不断进行"问题—反思—总结—计划—行动—发现新问题—再反思"的循环过程。行动学习主要有3个方面的特点。

1. 以解决问题为导向

解决难题和处理组织重要任务是行动学习的主要焦点。参加行动学习小组的人通过研究组织面临的问题，提交解决方案并通过行动学习小组的形式解决问题。

2. 高度的参与性

高度的参与性，有助于个人和团队的发展。行动学习强调学习是一个团体活动的过程。在行动学习法培训实施的过程中，小组中的每个成员积极地参与到学习的每个环节。学习小组成员在学习过程中互动促进了小组团队的建设，自身的能力也得到提高。

3. 反思性

行动学习建立在反思与行动相互联系的基础上，特别关注从以往经验中进行学习，具有反思性。

（三）行动学习的实施步骤

行动学习通常遵循以下四个步骤。

1. 确定行动学习的主题

由参与培训的组织的主要领导和培训机构项目负责人商议,确定行动学习中要解决的现实问题。

2. 成立行动学习小组

根据确定的主题,选择参训单位不同级别干部,与主题内容有关联的专家学者、参训单位业务骨干等参与培训。

通常来说,行动学习小组一般由5～8人组成。小组成员最好是不同专业背景、不同单位、不同行业、不同职务背景,但对要解决的问题都有一定程度的了解和见解,对问题的解决要能够建言献策,同时,可以突破原有工作经验的限制,创新性地解决问题。

3. 召开行动学习研讨会进行质疑与反思

小组成员定期举行会议,学习小组根据问题的难易程度以及时间限度确定召开研讨会的次数。会上,学习小组进行问题分析,对自己及其他成员的经验进行质疑并在行动的基础上不断反思,从而对问题的本质达到更深入的认识并提出富有创造性的解决方案。每次会议都要对每一学习阶段所汲取的经验教训做好重点记录,为进一步的反思作准备。

4. 制订行动计划并付诸行动

行动计划的制订和产生要通过小组成员的相互交流和深入思考,之后要将行动计划中的问题进行必要的辨析,反复测试行动方案的可行性。小组学习后,小组成员合作或者独立工作,收集相关信息,执行行动计划。

(四)行动学习的应用实例——地方领导干部如何在突发事件新闻发布会中与媒体沟通

1. 目的

提高地方领导干部与媒体有效沟通能力,学习引导正确的舆论方向等的理论和沟通方法。

2. 过程设计

第一步:明确行动学习的主题——北京"7·21"特大暴雨灾害舆情应对。

2012年7月21日,北京突发特大暴雨和泥石流灾害。从21日上午到22日早晨,不到1天的时间内,全市平均降水量170 mm,城区平均降水量215 mm,这是1951年有完整气象记录以来的最大降水量。其中,房山区河北镇的降水量最大,达到541 mm,属于500年一遇,暴雨引发房山地区山洪暴发,拒马河上游洪峰下泄。此次暴雨造成房屋倒塌10660间,造成了78人死亡,导致北京全市受灾面积1.6万 km^2,成灾面积1.4万 km^2,受灾人口190万人,经济损失116.4亿元。

暴雨发生后,北京市及时发布微博,通报天气、路况和救援信息。网友纷纷关注政府部门微博,报告险情、请求支援,北京市政务微博在这场突发事件中起到积极的作用。与此同时,媒体纷纷致电北京市政府新闻办主任询问相关情况。但是,事件突然爆发,新闻办主任在掌握现有信息的情况下,应该如何尽量消除媒体的各种猜测,正向引导舆情呢?

由参与培训的组织的主要领导和培训机构项目负责人商议,确定行动学习中要解决的问题是锻炼领导干部在城市突发公共事件中如何应对事发初期媒体的猜测,学会用正确的方式与媒体沟通交流,并正确引导舆论方向。

第二步:建立行动学习小组并制定行动计划。

学员自由组成4个行动学习小组,要求每组人数不超过8人。小组成员分享曾经有过突发事件新闻发布会的经历并请本组学员共同提出解决办法。小组定期举行会议,运用头脑风暴法讨论如何提高与媒体有效沟通的能力,以及如何引导正确的舆论方向,最终形成行动学习方案。每次讨论之后,学员将结合实际工作执行制定行动学习方案,并在下次会议上将问题解决的进展情况向小组报告。

第三步:行动实施。

设置1~3场新闻发布会进行实战演练。将学员按照原先的分组,每组设组长1名,其中,两个组是发言人组,在具体的演练中将在台上进行新闻发布和回答记者提问;另外两组是媒体组,在演练中扮演记者的角色向发言人组提问。一个发言人组对应一个媒体组就一个突发事件进行一场完整的新闻发布会演练。

八、其他常用现代培训方法简介

(一)拓展训练

拓展训练培训方法起源于第二次世界大战中的英国,原意为一艘小船离开安全的港湾,驶向波涛汹涌的大海,去迎接一次次的挑战,战胜一次次的困难。学员被要求离开舒适区,去接受磨炼。这种培训方法可以培养学员健康的心理素质、勇于开拓的进取精神,增强团结合作的团队意识。

(二)团队研讨

团队研讨法是指在一定时间内,针对一个特定主题,培训教师与学员共同创设问题情境,共同查找资料,通过进一步的讨论分工、实践探索,从许多不同的想法和观点中,总结出学员一致认同的观点和做法,最后提出解决问题办法的培训方式。它以解决问题为中心,引导学员在研讨中产生思维与内涵的共鸣,产生行为与价值的认同,促进学员掌握知识和技能,培养综合思维能力。

(三)世界咖啡法

世界咖啡法既是非常重要的交流工具也是有效的培训方法,它召集来自不同角色、不同心境、不同思维的学员。围坐在咖啡馆的桌子旁进行对话和深度聆听。所有对话者参与并分享所有对话者的智慧,从而获得新的理解和共识的交流活动过程,是产生集体智慧的过程。世界咖啡培训方法的运用,对战略构想、知识创造、快速创新等,都有着立竿见影和实用的启示。世界咖啡法将解决问题作为有效的平台,有助于学员选择更满意的方式参与到谈话中去,能够达到促进个人和组织共同发展的独特效果。

(四)战时演练

战时演练是指参演学员利用应急处置涉及的设备和物资,针对事先设置的突发事件情景及其后续的发展情景,通过实际决策、行动和操作,完成真实应急响应的过程,从而检验和提高相关人员的临场组织指挥、队伍调动、应急处置技能和后勤保障等应急能力。战时演练通常要在特定场所完成,对演练中暴露出来的问题,演练单位应当及时采取措施予以改进,包括修改完善应急预案、有针对性地加强应急人员的教育和培训、对应急物资装备有计划地更新等。通过战时演练可以提高应急救援队伍的实战能力，增强指挥人员的临场应变能力、综合协调指挥能力等。

第二节　现代培训技术

一、多媒体技术

（一）媒体、多媒体技术及多媒体培训

通常所说的"媒体"有两层含义：一是指信息的物理载体，即存储和传递信息的实体，如书本、挂图、磁盘、光盘以及相关的播放设备等；二是指信息表示和传播的载体，即信息的表现形式，例如文字、声音、图片、图像动画、视频等。多媒体计算机中所说的媒体是指后者。

多媒体技术是一种信息处理技术，是把文字、图形、图像、声音、动画、视频等多种媒体信息通过计算机进行数字化采集、获取、压缩、解压缩、编辑、存储等加工处理，再以单独或合成形式表现出来的一体化技术。多媒体技术的基本特征是集成性、控制性、交互性、非线性、实时性、信息使用的方便性、信息结构的动态性。

多媒体培训是指在课堂培训过程中，引入以计算机系统为核心的，集图、文、声、像全方位信息处理功能的智能化培训系统，是根据信息传播理论和培训过程的规律而设计、实施和评价的，它通过形声媒体和软件的运用，调控着培训的全过程，是一种以计算机为中心的新型多媒体技术辅助培训方式。由于计算机具有人机交互、即时反馈的显著特点，多媒体培训是现代多媒体技术在培训中的应用，最终形成的一种图文并茂、人机交互的培训方式。在实施培训过程中，系统中的各种媒体互为补充，协同运用，形成了全新的优化组合，构成了崭新的培训体系。

（二）多媒体技术与培训效能的关系

1. 多媒体技术对培训效率的影响

培训效率是学员的学习收获与培训教师、学员的培训活动量在时间尺度上的度量，它必须以培训目标为依据。培训教师完成培训任务，学员完成学习任务，所用的时间越少，说明培训效率越高。在一定时间内学员学习的内容越多，培训效率越高。

2. 多媒体技术对培训效果的影响

传统媒体呈现内容的方法单一，培训方法也单一，而多媒体技术辅助培训是视听结合，兼用形、像与声音来呈现培训内容，更容易吸引学员的注意力，使学员达到最佳的学习效果。多媒体技术辅助培训的现代培训模式改变了传统培训模式，利用多媒体技术的多维性、集成性、交互性、实时性等特征，在培训中便于学员理解、记忆，从而获得良好的培训效果。

（三）多媒体技术辅助培训的理论依据

多媒体培训是多媒体技术在培训中的运用，它能使人的不同感官在同一时间接收到相同信息源的信息，能充分提高教与学的效率。多媒体系统是作用于多感官的媒体，通过多感官进行学习更符合人类学习的认知规律。关于记忆的研究表明，对于同样的培训内容动

用不同的感官参与学习，学员获得知识后保持的程度是不同的。利用多媒体技术进行培训，使学员既可看得见、听得到，又能动手操作，这样通过多感官的刺激获取的信息一定比单一听课所获得的信息来得多，可见采用视听觉并用的多媒体技术，有利于巩固学员所学知识。

信息加工理论把人的认知过程和学习过程与计算机的信息加工系统进行类比，试图用信息加工的观点来研究人类的认知和学习。由于计算机辅助培训可以把人的认知过程与计算机信息处理的过程结合起来，充分按照学习者的心理特征和认知规律来设计培训，从而有利于达到帮助学员学习的目的。随着人工智能化技术如语音识别、语言合成、文字识别等实用化水平的发展，信息加工理论与人工智能技术和多媒体计算机的结合，将会从客观上促进多媒体辅助培训的进一步发展。

二、慕课

（一）慕课的发展历程

慕课的教育培训理念起源于 2001 年由美国麻省理工学院发起的开放课件运动。开放课件运动起初目的在于为全世界的教育培训工作者、在校大学生和自学者提供免费学习的机会，并尝试为在线学习建立一个高效的、基于标准的范例。因此，麻省理工学院被看作是"开放教育培训资源"的先驱。2002 年，联合国教科文组织在法国巴黎召开会议，正式提出"开放教育培训资源"这一概念，并于 2005 年成立了统一的组织机构——开放课件联盟。2008 年，加拿大爱德华王子岛大学的戴夫和美国国家自由教育科技研究所的布莱恩正式提出 MOOC 这一术语。随后，阿萨巴斯卡大学教授开设了"关联主义和关联知识"课程。将每周需要学习的视频放到网上，由学员自定义时间和步调学习，学员如果遇到问题可以通过社交网站进行提问。各机构开始尝试用这种新型的网络培训模式来取代传统的网络培训模式。

（二）慕课的定义、特点及分类

1. 慕课的定义

慕课即"MOOC（Massive Open Online Courses）"，是大规模开放式在线课程的简称。Massive"大规模"，学习人数众多、学习规模巨大；Open"开放共享"，免费注册，丰富的学习资源向全国乃至全世界开放，学习者眼界也随之扩展到国外；Online"在线"，学习和培训主要通过网络进行，交流与互动都是在网上；Courses"课程"。在慕课模式下，整个培训课堂和学员学习完整、系统在线实现。慕课是包含讲授、讨论、作业、评价以及反馈的培训过程，不只是纯粹的培训或者自学，是融合培训教师讲授、学员学习的整个培训过程。课程中，培训教师的主电脑连接到学员电脑，方便培训教师观察学员的学习状况。学员如何学习、学习效果如何都会在线呈现，并获得相关的学习反馈。

2. 慕课的特点

1）高度的互动性

在培训过程中，培训教师与学员之间、学员相互之间的互动频繁。在课堂上培训教师对学员提问进行集中答疑，以一对多形式进行互动；课后测试通过客观题与学习者进行互动交流。由于先进网络技术的支持，培训教师可以看到学员的笔记、问题，对其学习效果有清晰的了解，可以更有针对性的解答学员的问题。

合作学习是慕课的主要学习方式。在集中授课过程中，将学员分为若干小组，以小组为学习单元，每个小组研究一个主题。在完成任务过程中，充分调动每个成员的积极性，讨论学习主题、交流学习知识。遇到难题，小组成员可以相互交流，也可以询问授课培训教师以及助教。学员课余时间可以通过微信群、论坛等形式交流遇到的问题。

2）学习的便捷性

慕课学习的便捷性主要体现为学习的自主性以及灵活性。慕课充分体现了学员主体，培训教师、网络共同主导这样一个全新"双主"关系。课前，学员搜集学习资料、观看课程视频、阅读相关材料、完成习题，为上课作准备。课中，学员自己选择学习方式，标注笔记，自主选择重点。课后，对于不懂的问题通过微信群、邮箱、课堂留言白板等方式进行讨论。学员充分发挥学习的自主性，培训教师只发挥引导、辅助的作用。慕课的培训与学习是在线的，每节慕课都是由十几分钟的短视频组成。培训中大量采用图片、视频等，培训灵活多样，激发学员兴趣，加深学员对所学知识的理解。

在"慕课"学习模式下，学员的学习地点、学习时间以及学习方式没有固定要求。在非集中授课时，学习者可以利用自己闲散的时间，自己喜好的方式，有目的的自主开展选择性学习。在这样的学习模式下，学员学习的过程将完整呈现，在线评价系统会及时对学员进行评价，帮助学员了解自己学习的情况。上过的课程投放在网上，帮助学员循环观看学习。如果学员有某个知识点没有掌握可以选择回放，再次学习该知识点直至掌握，学习具有极大的灵活性。

3）受众的广泛性

基于互联网的普及、移动技术的迅速发展，慕课受众非常广泛。广泛性主要体现为课程的开放性以及规模性。所谓"开放性"，即向所有人开放，任何人都可注册，进入资格没有严格限定。学习资源具有开放访问权限，学员只要在网上注册、登录，按照自己的兴趣和需求选择学习的课程，学员在网络上实时参与一个共同的学习任务和课程项目，学习体验跨越地域的限制。课程没有学习者人数的限制，具有显著的规模性。规模性一方面是指课程学员的数量庞大，另一方面也指课程资源覆盖范围广。

3. 慕课的种类

从慕课出现至今，对慕课的分类有很多。根据慕课的实践形式，将慕课分为基于网络的MOOC、基于任务的MOOC和基于内容的MOOC。目前，公认程度最高的分类是两种慕课形式：一是基于连通主义的C-MOOC，二是斯坦福模式的X-MOOC。

C-MOOC是以连通主义为理论基础设置的，目的是与学员共享资源，在学习讨论中创建新知识。这类课程模式以一定主题为基础，学员按照自己的兴趣自发参与，需要学员提供更多开放性的学习资源，同时具有较高的自主和自控能力，通过知识的不断连接和创作建立一个学习信息渠道。学员从不同学员的分享中延伸自己的知识网络，形成新的知识。

X-MOOC是以行为主义为理论基础设置的，目的是通过给定的视频或者其他知识资料掌握一定的学习内容，然后进行练习和强化来进行知识学习，更侧重于知识内容传授。它更像是搬到网上的课堂，由培训教师主导，学生可以随时加入退出。通过提交作业、完成测试等方式进行培训效果测评。

(三) 慕课、微课概念区分

微课是以阐释某一知识点为目标、以短小精悍的在线视频为表现形式、以培训应用为目的的在线培训视频。微课是专为辅助教学培训设计，时长多为 5~15 分钟的短小视频，内容多为知识点。微课是协助培训教师加深学员对知识点的理解、巩固知识学习的一种培训模式，具有明确的目的性和针对性。

微课与慕课都是传统培训模式的一种补充，二者都能够帮助在闲暇时间，开展学习，进行自我提升。但二者在知识的系统性、学习的完整性、学习评价、时间长度、侧重点方面有所差别。具体差别如下。

1. 知识的系统性

微课是学习零碎的知识点，知识点之间联系不强，缺乏系统性；慕课是一个系统的、完整的培训过程，知识之间具有衔接性。

2. 学习的完整性

微课主要用于课堂培训中的补充培训或者学习者课后自学；慕课是一个完整的学习过程，是学习者在网上系统学习课程，学习过程中有学习活动、师生交互、学习指导、有作业等。

3. 学习评价

微课只是讲解知识点，没有对学习效果的检查环节，缺少评价的途径与方法；慕课可以通过作业、考试对学习效果进行评估，通过考试后可颁发学习证书。

4. 时间长度

微课学习时间短，把一个知识点讲解明白就算结束；慕课是由一系列课堂组成，时间跨度比较长。

5. 侧重点

微课强调短小，知识点单一明确；慕课强调师生的交互性，以学员为中心，注重发挥学员自主学习能力。

(四) 慕课在安全与应急培训中的应用

1. 解决工学矛盾、化零为整

由于安全与应急培训多为在职在岗培训，学员长期脱产集中学习较为困难，工学矛盾较为突出，慕课的出现很好地解决了这个矛盾。慕课强调双向互动，学员可以随时随地利用自己的空闲时间选择自己需要的课程进行学习，大大提高了学习主动性，突破了学习时间和空间的限制。

2. 形式灵活多样，易于吸收理解

传统培训模式多为满堂灌，以培训教师讲授为主，时间长、学员精力容易分散，学习效率不高。而慕课则采用图表、动画、视频等多媒体的形式，通过灵活多样的培训形式把枯燥的抽象内容以较强的感官刺激表达出来。

3. 可重复利用，降低培训成本

安全与应急培训具有周期性，比如特种作业类培训、高危行业主要负责人培训等均需要再培训，慕课资源可以循环使用，利用慕课可以最大限度上降低培训成本，提高培训效率。

三、虚拟现实

（一）虚拟现实的由来

虚拟现实技术被称为"沉浸式多媒体"或"计算机模拟现实"，它是 21 世纪重要的科技应用，可以说是影响人们生活的重要技术之一，是一种综合了计算机图形学、人机接口技术、传感器技术以及人工智能技术等多领域成果的新技术。目的是提高人机交互的功能，达到真实的视觉、触觉、听觉和嗅觉体验效果。可视化技术是虚拟现实学习环境的核心技术。通过对数据的可视化表达和人机交互的分析，虚拟现实学习环境能够增强用户在计算机虚拟现实中的沉浸感。到 20 世纪 80 年代，虚拟现实技术开始应用于职业教育和培训。

（二）虚拟现实的重要特征

虚拟现实作为学术术语最早源于萨瑟兰的论文"The Ultimate Display"。虚拟现实能够通过计算机、图形工作站以及其他相关设备生成逼真的三维多感官环境，使学员感觉身临其境，同时环境也会对学员的行为产生相应反馈，从而达到人与环境的深度融合和交互。布尔代亚和夸弗托将虚拟现实的重要特征归纳为"3I"，即沉浸性（Immersion）、交互性（Interaction）、想象性（Imagination）。

1. 沉浸性

指逼真、身临其境的感觉。用户借助特殊的输入/输出设备，与虚拟世界进行自然的交互，虚拟现实技术为学员提供视觉、听觉、触觉等感官模拟，学员如同身临其境一般。

2. 交互性

指在虚拟现实环境中，学员可以与虚拟场景进行互动，并可以操纵虚拟场景中的物体，同时虚拟环境也会通过视觉、听觉甚至是触觉等多种感觉形式给予反馈。

3. 想象性

也指创造性，指学员能在虚拟环境中根据自己与物体的交互行为，通过联想、逻辑推断等思维过程，对未来进行想象的能力。虚拟环境的创建也是由设计者想象出来的，既可能是真实现象的重现，也可以是自身想象的结果。

（三）虚拟现实在培训应用中的优势

虚拟现实技术作为一种新型技术应用于培训领域还处于初级阶段。培训领域的虚拟现实技术不仅强调产业领域为培训提供相关的装备、终端、应用系统、平台以及内容的研发，而且在于引入新的培训方式。随着技术的不断发展完善以及与培训理论的深度融合，在虚拟仿真环境中，学员做他们在真实世界中无法做到的事。例如，可以学习操作真实环境中危险而不能触碰的大型机器。虚拟现实技术为师生创设了直观的学习环境，便于学员理解和应用知识，便于培训教师及时调整培训方法。培训计划、培训方法都围绕模拟的环境进行设计。虚拟仿真环境适合培训教师教授程序性知识，使学员应用所学到的技能完成包含多个行为序列的学习任务。可以说，虚拟现实在培训领域会发挥越来越重要的作用。

1. 促进学员知识和技能习得

虚拟现实学习环境对学员知识和技能习得的促进作用主要表现在以下 3 个方面。

（1）对设备和物体内部结构的完美呈现，如煤矿或特种作业中的大型设备、危险化学品基本知识中的化学特性等。虚拟现实学习环境的三维仿真能力能够很好地促进学员对这些问题概念的理解。

（2）特定场景的模拟。常见的仿真场景模拟主要涉及现实生活中没有或无法亲临体验的场景，如高难度应急救援、大型设备实操、高危险性作业实训等。逼真的场景模拟可以给予学员身临其境的体验，调动学习的积极性，让学员在模拟的虚拟环境中进行学习，其会表现出很高的热情并积极参与讨论和交流。

（3）此外，还可以建立虚拟实训室。虚拟实训室是基于虚拟实训系统，利用网络、多媒体、仿真等技术的模拟实训方式。与真实环境下的实训室相比，虚拟实训系统具有改善培训环境、节约办学成本、规避安全风险、激发学员兴趣的优点。虚拟现实技术将学员变为主体，给予他们更多的机会探索学习，促进学员主观能动地学习。

虚拟实训室中的模拟器训练也是一种虚拟现实技术的特定场景应用。学员在"真实"的环境中进行训练，视觉、听觉、触觉有"真实"的感受，有助于提高实际操作技能。

2. 丰富个性化学习环境

虚拟现实的技术特征可以提供丰富的学习环境和多样化的交互与反馈。因而，能够为学员提供更为有效的自主学习机会。当给学员提供允许积极主动地去计划、组织和监控课程活动的个性化和合作化学习条件时，能够有效提升其自我导向学习的能力。

3. 促进学习动机，增强学习体验

虚拟现实学习环境能够提高学员的学习动机，做到"寓学于乐"，主要体现在 4 个方面。

（1）虚拟现实技术通过呈现个性化特征、丰富多彩的媒体形式和刺激性的对话促进学员的学习动机。虚拟现实可以给学员带来放松、愉悦、感兴趣等积极情绪，激发学习内部动机。

（2）虚拟现实技术可创设逼真的场景，提供动态的高交互设置，给学员体验到存在于虚拟现实学习环境中而非自己所在的现实环境中的感觉。虚拟现实学习环境给学员提供了与学习环境进行交互的机会并能够即时反馈，使得学员产生较强的临场感。无论是虚拟仿真应急救援现场、模拟特种设备，还是地震体验，虚拟现实技术都能将学员置身于解决真实问题的情境中，除问题解决外，学员在虚拟现实中学习，往往伴随着角色扮演。学员被赋予明确的角色，激发了创造力和想象力。

（3）虚拟现实学习环境与传统培训教学"一对多"的培训模式相比较，更能够给学员带来一种"一对一"的关注感，这种心理体验也会在一定程度上调动学员的积极性。

（4）传统培训容易脱离具体真实的情境，导致学员知识迁移能力不足，迁移率低、迁移意识不强。虚拟现实技术能够提供丰富的感知线索以及多通道（如听觉、视觉、触觉等）的反馈，帮助学员将虚拟情境的所学迁移到真实情景中，满足情境学习的需要。虚拟现实是促进培训变革的重要技术，能解决培训内容和知识的可视化，增强学习的沉浸感，增加师生、生生及学员与环境之间的交互。

4. 实现更有效的远程培训和在线合作学习

线上培训主要通过视频、声音和文本来实现，虽然给学员提供了更多学习知识的机会和条件，但与虚拟现实学习环境相比，具有一定局限性，比如无法让学员与这些学习环境进行交互，无法给学习者提供即时的反馈等。而网络虚拟现实学习环境不仅能够给学员提供交互和反馈以促进学员在网络和远程学习中的主动性和可控感，能够不受地理位置的影响，瞬间拉近彼此的距离，让学员在虚拟环境中进行更有效的合作学习。

第三节　多媒体课件制作技术

一、多媒体课件

（一）多媒体课件的定义

所谓多媒体课件，就是利用数字处理技术和视听技术，以计算机为中心，按照培训教师的课程设计要求，将文字、声音、图像等多种媒体信息集成在一起，以实现对背景材料的存储、传递、加工、转换和检索的一种现代培训技术手段。

（二）多媒体课件的主要类型

多媒体课件根据内容和作用的不同，可以进行如下分类。

1. 演示型多媒体课件

演示型多媒体课件主要是为了解决培训中的重点和难点开发的。对于用语言很难解释清楚的一些重点和难点，可以用二维动画、三维动画或视频等多媒体形式把它演示出来。这类多媒体课件注重对学员的提示和启发，能反映出解决问题的全部过程，主要用在课堂的演示培训上。这类多媒体课件能按照培训思路逐步深入地呈现给学员，同时，多媒体课件的画面直观、尺寸比例大，有利于学员观看，能带给学员良好的视觉感受。

2. 个别辅导型多媒体课件

个别辅导型多媒体课件主要是为学员自学而开发的。把某些学习内容制作成多媒体课件后，学员自己通过对多媒体课件的操作与使用就能掌握一定新知识。这种类型的多媒体课件所讲授的知识结构是循序渐进的，可以反映出培训策略和培训过程，课件中包含练习以供学员使用，同时，为了让学员检测自己的练习效果，对学员的练习能够进行反馈与评价。这样学员可以利用这种个别交互式系统，在个别化的培训环境中进行自主学习。

3. 模拟操作型多媒体课件

在多媒体技术中的一种计算机仿真技术应用到多媒体课件之后，创造出模拟操作型多媒体课件，这类课件中的各种工作指标参数可更改，学员可以修改不同参数，看到由计算机所模拟出来的"真实"的结果，这样学员不但"亲自"做了多个工作场景，既节省了原料，又安全环保。

4. 训练型多媒体课件

训练型的多媒体课件可以为了强化学员某一方面的能力或知识，通过各种问题的形式进行训练。这种类型的多媒体课件能全面的考核和训练学员的能力，具有一定比例的知识覆盖率。在训练型的多媒体课件中设立不同的等级，每个等级根据操作者的水平确定不同的考核目标，做到循序渐进，逐级上升，等级间跨度小，非常有利于激发学员的成就感和学习的兴趣。

5. 游戏型多媒体课件

游戏型的多媒体课件是通过各种游戏的形式，在寓教于乐中掌握新知识。这种类型的多媒体课件以知识内容为基础，利用多媒体开发平台编写成小游戏的形式，这类游戏规则简单、趣味性强，可以让学员通过玩游戏来学习，从而引发学员对学习的兴趣。例如法律法规知识通关游戏、政治理论知识大比拼、比比看谁能快速找到图片中的危险源等小游戏。

6. 资料工具型多媒体课件

这类课件主要指许多电子工具书包括电子字典、电子词典等电子类的典书，此外，如图形图像库、动画库、声音库等的资料库都可以归结为资料工具型多媒体课件。这种类型的多媒体课件并不反映具体的培训过程，一般只提供某种培训功能或某一种类培训教学参考资料。例如重特大安全生产事故案例汇编、安全培训相关文件汇编等。

7. 网络开放学习型多媒体课件

这种类型的多媒体课件一般采用人与计算机双向互动的形式，由于互联网不受空间和时间的限制，只要把多媒体课件放到互联网上，学员就可以随时随地通过互联网进行学习，例如应急管理网络学院中各类多媒体培训课件。

（三）多媒体技术的特征

随着培训改革的深入、培训技术的发展，人们越来越重视多媒体技术在安全与应急培训领域中的运用。运用多媒体技术可以在屏幕上同时显示几种多媒体信息，能够达到图、文、声、像并茂的效果，将培训内容非常形象地展示给学员。通过多种媒体展现，提高了学员的学习兴趣，使学习内容更易理解和掌握。

多媒体技术具有五个明显的特征。一是多样性。相对于幻灯片等传统媒体而言，多媒体技术可以将文本、图形、图像、音频和视频等根据需要融为一体。二是集成性。指文本、图形、图像、音频和视频等集成，也指这些多媒体信息与相关设备的集成。三是控制性。多媒体课件在使用过程中，培训教师可以根据需要进行相应操作控制，表达出的信息效果大幅度提高。四是交互性。交互性是现代多媒体技术的最主要特征。传统媒体如电视、广播等是单向传播，观看者是被动接受，而现代的多媒体技术可以让学员由被动变主动，在多媒体技术的使用过程中，学员可以对信息进行选择、编辑并能加以控制，学员的学习就变得更加主动和积极。五是实时性。由于计算机硬件技术的发展，计算机运算速度快，处理信息基本没有延时，使多媒体信息中的声音、动画、视频达到在操作后即见的效果。

（四）多媒体课件技术的优势

与传统培训媒体相比，多媒体课件的表现力极为丰富，它集中了幻灯投影、录音录像、电影、电视等培训媒体的优点，具有独特的优势。

1. 信息量大

多媒体课件将图、文、声、像相结合，特别是通过图片、动画、视频等将一些无法带进培训课堂的模型、实物和工艺流程等进行演示，从而拓宽了培训教学的信息途径，充实了培训教学内容。

2. 形象生动

在传统的白板加水笔的培训模式中，很难将抽象、深奥的知识具体化，而多媒体课件通过动画、视频、图像等技术，不仅可以更加生动地描述出内容丰富的视听世界，化繁为简、化难为易，能够充分创造出一个有声有色、生动形象的培训情境，给学员以生动、直观的信息，便于学员的理解和掌握。

3. 内容更新快

培训教师在设计多媒体课件时，可以随时补充最新的资讯，让学员及时了解最新的发展情况，弥补了教材更新周期长的缺点，便于扩大学员的知识面，使课件不脱离教材而又高于教材。

4. 功能强大，使用方便

利用网络技术，培训教师可以进行网上培训、辅导、答疑等工作，实现教与学的双向交流，从而更有效地保证培训效果。多媒体课以其动态、高效、大容量等特点，成为解决培训难题、提高培训效果的有力工具。

二、多媒体课件的制作

（一）多媒体课件的制作原则

多媒体课件制作过程是集培训、技术和艺术于一体。因此，在多媒体课件设计中就应该注意到实用性、适应性、艺术性和交互性等方面的问题。

1. 教育性原则

教育性原则是指多媒体课件制作时应选择与培训对象相适应的题目；将知识难点分散，突出重点，知识点设计深入浅出；应具有启发性，能对学员思维提高有所促进，能力培养有所提高；应设计使用典型的例题、练习题和作业题。

2. 科学性原则

科学性原则是评价多媒体课件的一个非常重要的指标。科学性原则要求多媒体课件中涉及内容科学准确，层次清楚，逻辑严谨。所举的例子要准确真实、合情合理；模拟仿真时要形象、选择符合有关规定的场景、素材、名词术语进行规范操作。

3. 技术性原则

技术性原则要求多媒体课件合理设计文字、图像、动画、声音。应做到文字醒目、色彩逼真、画面清晰、动画连续、配音标准、音量适中、智能性好、交互设计合理。

4. 艺术性原则

艺术性原则要求多媒体课件有效提高培训效果，应新颖并具有创意、整体构思巧妙、节奏合理、整体画面简洁，具有美感。

5. 实用性原则

实用性原则要求多媒体课件操作要灵活、简单方便，应具有很强的容错能力，文档配备齐全。

（二）多媒体课件的制作流程

1. 准备阶段

准备阶段应考虑多媒体课件的整体目标，以及培训内容在多媒体课件中以何种形式体现，如何突出培训重点、难点，多媒体课件中应包含哪些具体内容，哪些内容是需要应用交互的。

2. 脚本设计阶段

脚本的好坏直接关系到多媒体课件的质量。这个阶段要考虑到多媒体课件模板设计、整体布局、各类素材在页面的位置、动画效果出现的时间顺序、是否有音乐等。所有的设计均体现培训教师的创意，因此在制作多媒体课件前一定要编写好脚本。

3. 准备多媒体课件素材阶段

制作多媒体课件需要的素材主要包括文本、图形、图像、声音、动画、视频等。多媒体素材元素的加入让多媒体课件达到了声、文、图并茂效果，调动了学员的积极性，使培训开展更加顺利。

一般多媒体课件主要包含四类素材。一是文本素材。多媒体课件中的文本信息代替了传统培训教学中板书，学员可以从多媒体课件的文本中获取大量的信息。多媒体课件制作应有目的的选择文本信息，突出重点、难点的文字应增大字号、颜色鲜艳醒目。二是图片素材。多媒体课件中图像格式有位图和矢量图，获得图片素材的方法有很多种，例如互联网搜索、图片扫描、数码照相机拍照等，然后通过 Photoshop 等图像处理软件进行加工处理。三是声音素材。多媒体课件的声音素材一般包括音效和音乐两种，可通过各种途径收集或自行录制，后经 wins 系统的录音机、Cool Edit、Gold Wave 等声音软件进行后期加工。四是视频和动画素材。多媒体课件中常用的视频格式有 AVI 格式、MPEG 格式等。这类素材可增加多媒体课件的趣味性，容易展开形象生动的培训，提升学员注意力。它们的来源主要有网络、内部制作、外部采购，后期通过视频编辑软件进行加工处理，对于特殊格式的视频应在说明文本中告知用户安装相应的视频解码软件。

4. 多媒体课件制作阶段

多媒体课件制作阶段包括设计交互界面、制作图形、录制声音、制作动画视频，并把这些素材根据已经编写好的脚本通过制作平台组织到一起。

5. 多媒体课件的测试与发布阶段

多媒体课件测试与发布阶段主要包括：一是通过反复运行多媒体课件，查找整个过程是否有错误或不良效果；二是在不同的环境下运行多媒体课件，检查多媒体课件对硬件环境都有哪些要求；三是检查一下多媒体课件在网络上是否可用。

三、常见多媒体课件之 PPT 的制作技术

随着互联网技术的快速发展，互联网+安全与应急培训的号角已经吹响。微课、翻转课堂、MOOC 等培训技术兴起，迫使培训教师不得不去提升自己的信息化培训水平，现在培训教师上课用的最多的还是 PPT，这表明 PPT 依然是课堂培训中不可或缺的辅助手段。

（一）PPT 课件制作的基本原则

1. 培训的优化原则

PPT 课件应体现明确的培训目标，所选择图片、文字、视频、音频能有效帮助学员构建新的知识。

2. 信息量适度原则

制作 PPT 课件不但培训目标要明确，培训内容要符合学员的知识水平和认知能力，而且信息量宜适中，图片、视频、音频不应过小或过大。

3. 操作建议性原则

课件的安装运行应快捷，图片、文字、视频、音频通用性强，操作要简单、灵活、可靠、链接清楚，便与操控。

4. 画面简约性原则

课件的文字或图片不宜过多，减少无关的图案，文字数量不宜过多，字号不宜过小，画面切换宜简约。

5. 画面艺术原则

PPT课件的艺术感是指学员可以从中获得一种美的享受。因此设计时要注意色彩搭配，因为合理的色彩搭配这种视觉化的意象是最大众化的展现美感的形式。制作PPT课件时应该让重点文字的颜色和背景形成较强烈的对比，而且画面中的所有颜色要搭配合理，简洁明快，达到培养学员审美能力的目的。

（二）PPT课件的基本特点

（1）动画对象多样化。包括文字、图形和图像等都可根据需要设计动画效果。

（2）动画动作模式化。无论动画对象是什么，其动作模式（或称动画方式）都被限制在PPT所规定的种类内。

（3）动画制作方法极其简单。

（三）PPT课件制作的基本步骤

1. 撰写脚本

PPT课件中不宜放大篇幅文字，版面宜简洁清晰。因此，培训教师应精选出重要的知识点，多次删繁就简，提炼出核心内容整理成文字后，将准备的文字尽可能地按照逻辑顺序编排成脚本。

2. 挑选母版

好母版决定了整份PPT的颜值。它的选择要谨慎，一般有以下几个途径：软件本身自带、自己制作、网上下载、其他老师的课件背景、从平时积累的素材库选取等。简而言之，最好是简洁美观，符合培训内容，不可花里胡哨，让学员眼花缭乱。

3. 设计目录、梳理逻辑层次

一般而言，层级不要太多。否则，容易混淆，最好是每一张PPT能顺延前一张，遵循学员的思维连贯性。

在制作PPT时更要注意，屏幕排版整齐、知识结构清晰、逻辑层次得当，符合培训内容的逻辑关系和学员的认知规律。

4. 选择幻灯片样式

新建幻灯片的时候，会有很多样式可选，比如标题式、栏目式、图片式。每一种样式的背景也不一样，培训教师在选择的时候根据培训内容来选择样式，注意文字、图片和超链接等元素的需求，选择合适的幻灯片样式。

5. 加入图表、音视频

能汇集图片、表格、音频、视频、动画等多种媒介，充分调动学员的听觉视觉，帮助学员理解知识点。可以用图片表示文字所未能表达尽的内容。可以用表格呈现数字所未能说明的内容。可以用动画或视频来展现事故的过程或者实际操作。这些媒介辅助培训，让培训变得更有趣起来。

6. 确定幻灯片格式

细节决定成败，PPT当中的细节不可小视。比如所选文字的颜色与背景是否适宜，搭配起来是否便于观看，以及文字的大小、字体，图片的所在位置，切入转出是否适合，放映的时间衔接是否恰好，都会直接影响学员的视觉效果，因此细节应反复推敲。

7. 多次放映，体验整体效果

制作是一回事，但是放映效果却是另外一回事。当制作好一份课件后，培训教师要反复放映，体验效果，反复检查PPT衔接的速度，音频、视频的插入，超链接的外链，设置的翻页方式，PPT适应屏幕大小的尺寸等。设置动画效果，可以选择插入，即可插入图片、超链接、flash等内容，选中幻灯片文字还可以进行动画效果设置。最后观看效果满意后打包发布。

（四）PPT课件制作的几点建议

1. 所使用的文字、图片、音频、视频

PPT课件内容可以包括文字、图片、音频、视频等，培训教师选择图片、音频和视频时，要与培训内容有关，要选用那些对课堂教学有帮助、便于学员理解和掌握的内容，而那些与上述作用的相反内容就应该舍弃，以免分散学员的注意力。应该使用常用的文字、图片、音频和视频，并且要具有较强的通用型以便于电脑的显示和播放。所选择的文字和图片还要注意字体、字号和颜色等问题，以免使学员产生疲劳感，不利于学员对学习的感知。

2. 重点培训内容设计安排

PPT课件是为了辅助培训，能对学员的综合技能进行训练，有利于学员能力的培养。培训教师制作PPT课件时要处理好重点和难点内容，做到清楚、明白、突出，并使用恰当方法进行讲解。

3. 页面设置

（1）封面主字号在40~50号为宜，其他字号在20~35号为宜，主题内容字号为18~30号为宜。

（2）字体为黑体或者宋体为宜，也可以使用华文中宋，尽可能避免楷体、隶书。

（3）字体颜色一般都选择红色、蓝色、黑色。背景颜色一般会用浅色系。在应用母版进行PPT设计时，对于讲解不足1小时的PPT，一般使用深色系的背景，文字颜色选择浅色系；如果时长超过1小时以上，一般使用浅色系做背景，文字颜色选择深色系，免得观看疲劳。

（4）每页PPT上一般超过8行内容，可以使用"加黑"来实现强调的效果，每行一般不超过25个字。一般来讲，对于案例的讲解至少对应着1副图表，而且图表中要加上明确的数字。

第六章 安全与应急培训项目开发与管理

培训项目开发是培训工作中非常常见的一个基础性重要环节。要确保培训项目的有效实施，必须遵循培训的科学流程，进行培训项目开发，并实行闭环管理，不断改进提高。本章结合安全与应急培训项目实践，围绕安全与应急培训项目开发与管理的"培训需求分析""培训设计""培训实施""培训评估"四个环节，介绍安全与应急培训项目开发与管理的相关理论与实践方法，其中涉及网络安全与应急培训管理的相关内容详见第七章。

第一节 安全与应急培训项目开发概述

安全与应急培训项目开发由培训需求分析、培训设计、培训项目实施和培训评估四个环节组成。其中，培训需求分析和培训设计属于计划阶段（Plan），培训实施属于实施阶段（Do），培训评估属于检验阶段（Check），培训效果转化和改进属于纠偏和改进阶段（Act），四个环节形成一个闭环，不断完善提升。培训项目开发循环如图6-1所示。

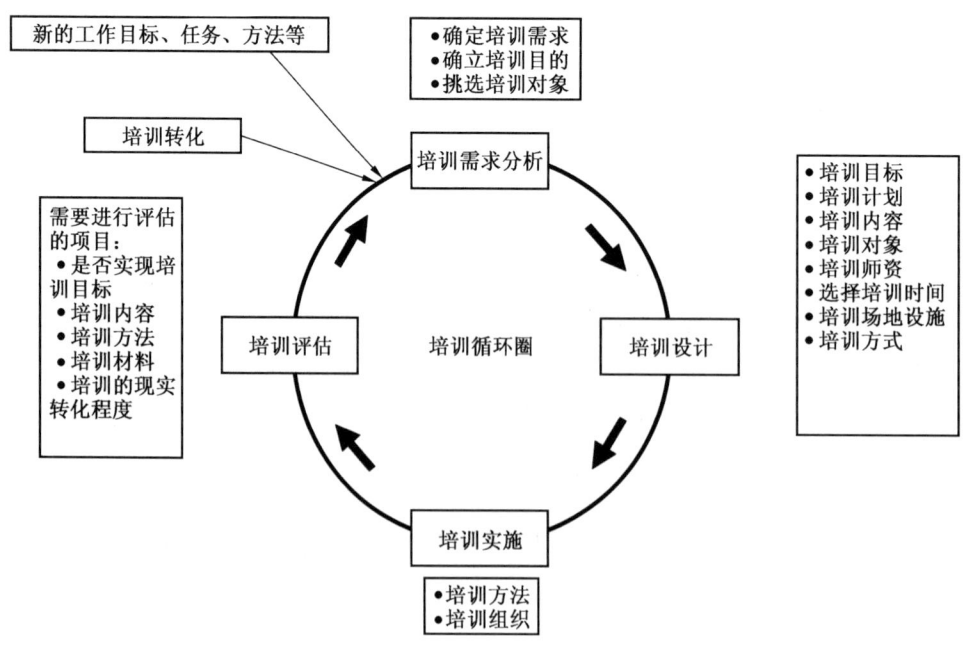

图6-1 培训项目开发循环图

一、培训项目开发的基本概念

培训项目是指具有明确的培训目的和目标，必须在特定的时间、预算、资源限定内，依据规范完成的专项培训活动。其核心是提升培训对象的思维认知、基本知识和技能等。不同类型的培训项目，对培训项目管理、参与人员及职责、培训资源等要求也有所不同。

培训项目开发是为满足特定培训对象需求，分析设计培训内容、培训方式方法、考核评估等而持续进行的具有明确目标的系统活动。培训项目开发是培训工作的起点，其质量将直接影响培训的实施和效果，是保证培训项目顺利开展的基本前提。

二、培训项目开发的原则

培训项目开发要遵循三个基本原则，即必要性与可行性相结合、针对性与系统性相结合、统一性与灵活性相结合（图6-2）。

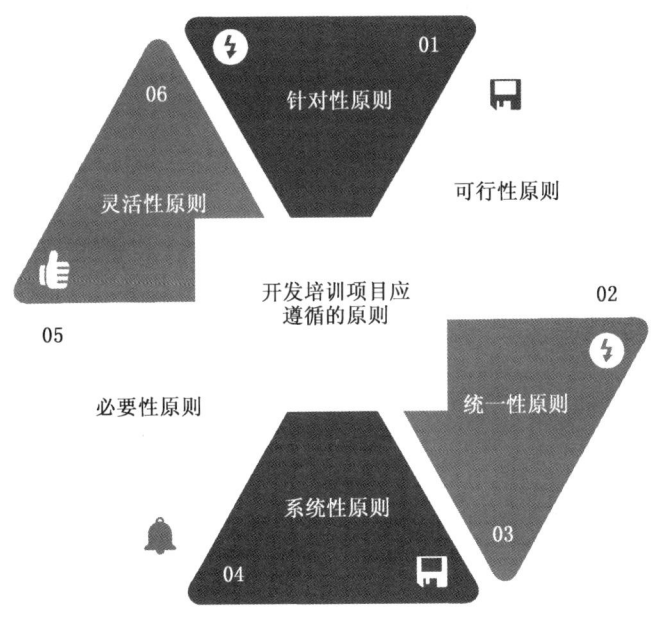

图6-2 培训项目开发遵循的原则

（一）必要性与可行性相结合

必要性是通过分析岗位存在的短板，根据培训对象需要的新知识、新技术、新理念，结合组织需求，以培训助力新知识、新技术、新理念的普及和建立。可行性则是对培训项目实施所需的人员、资金、场地、政策等保障措施进行衡量，以确定其与培训项目实施的匹配程度。二者需要相辅相成。

（二）针对性与系统性相结合

针对性是在认真分析培训对象的知识、技能、态度现状前提下，充分考虑培训对象个体层面需求和组织层面需求，进行科学的培训需求分析，根据分析结果，有针对性地设计培训内容。系统性是根据培训对象专业特点和成长规律,结合新技术、新技能、新理念的发展趋势,系统设计培训内容。

(三) 统一性与灵活性相结合

统一性是按照培训"统一标准、统一课程、统一考核"的要求,使培训内容、培训方式、培训教材与培训考核等方面协调统一,确保培训效果。灵活性则是根据培训对象实际情况,开发具有鲜明特色的培训课程,灵活组织理论教学、实操训练,以满足培训对象的实际需要。

三、培训项目开发的类型

根据主体和内容的差异,可将培训项目开发划分为以下类型。

(一) 根据培训主体差异划分

根据培训主体差异,可将培训项目开发划分为指令性开发、自主性开发。

(1) 指令性开发。其是指根据组织需求,国家相关法律法规、规范、文件等指令要求而进行相应的培训项目开发。

(2) 自主性开发。其是指根据政府、企业和个人的培训需求进行的培训项目开发。

(二) 根据培训项目内容差异划分

根据培训项目内容差异,可将培训项目开发划分为积累性开发、即时性开发和前瞻性开发。

(1) 积累性开发。其是根据以往培训项目基础素材不断积累,进行的衍生培训项目开发。

(2) 即时性开发。其是根据政府、企业根据组织急需的培训需求进行的培训项目开发。

(3) 前瞻性开发。其是根据政府、企业与培训机构根据组织未来改革或发展需要进行的培训项目开发。

四、培训项目开发的要素

培训项目开发的要素主要包括培训需求分析、培训方案设计、培训实施管理、培训效果评估。

(一) 培训需求分析

培训需求分析是培训方案设计的前提和基础,通过获取正确的培训需求并进行科学分析,能够确保培训方案设计切实符合培训各方需求,保证培训质量。

培训需求分析的关键是全面调研不同主体需求,结合培训主体和培训项目内容差异,基于特定时期现状,通过分析研判提出培训需求分析报告。

培训需求分析包括但不限于以下要素:

(1) 针对不同需求调研对象确定相应需求调研方法。

(2) 组织、个体、岗位等需求调研结果。

(3) 建立恰当的分析模型,对需求调研结果进行分析并得到结果。

(二) 培训方案设计

培训方案设计是培训项目实施的基础和总纲,科学的培训方案设计是保障培训有效实

施管理的前提。

培训方案设计的关键是根据培训需求分析的结果，结合培训对象的知识、能力和态度，制定培训目标、培训模式、培训大纲与课程体系。合理调配培训资源，选择恰当的考核办法，实现培训质量的闭环管理。

培训方案设计主要包括以下要素：

（1）培训大纲。其包括培训目标、课程体系与知识要点、学时分配、培训方式方法、考核方式及要求等。

（2）培训教材。其包括选用或编写培训教材。广义的培训教材包括培训课件。培训教材应以培训大纲为依据，全面涵盖培训内容，注重以培训对象需求为中心，以知识、技能和案例为导向。

（3）培训实施。其包括培训教师、教辅材料、培训地点及场地、资金等资源的计划与安排，以及工作人员、管理措施等。

（三）培训实施管理

培训实施管理是对培训方案设计的具体落实，是对培训项目的具体实践，是培训项目最终效果的决定因素之一。培训实施管理应严格遵循培训方案设计，结合培训现场情况，将计划性与灵活性有机结合，确保培训项目有效实施。

培训实施管理应把握以下要素：

（1）培训人员管理。明确培训实施人员、岗位、职责、监督机制，做到"事事有人负责、时时有人监督"。

（2）培训资源管理。明确对培训场地、培训设备、培训材料、软件系统、实操实训、食宿等培训资源的事前准备、事中管理、事后整理等。

（四）培训效果评估

培训效果评估是对培训项目落实情况的综合分析，是实现培训项目闭环管理的关键，是培训项目持续改善的基础。培训效果评估应符合培训项目特点，体现高效、全面、准确、客观、公正。

培训效果评估包括以下要素：

（1）培训效果评价机制。针对不同类型培训对象、培训内容等，选择恰当的培训效果评估机制，高效、全面取得准确的培训评估数据。

（2）培训效果分析机制。建立恰当的效果分析模型，对获取的培训评估数据进行分析，得到客观、公正的培训效果分析结果。

（3）培训改进措施。根据培训效果分析结果，给出培训项目具体的改进措施，对培训项目予以改进和完善。

第二节　安全与应急培训项目开发步骤

一、培训需求分析

培训需求分析是通过收集组织需求、培训对象的实际需求与岗位需求，分析培训对象

在知识、技能与态度等方面存在的差距,为开展培训提供依据。培训需求分析是确定培训目标、设计培训方案、有效地实施培训的首要环节和重要保障。

(一)培训需求分析的类型

培训需求分析的目的是为了精确定位培训目标,使培训与人才建设、岗位需求相匹配,满足组织对成员能力提升的期望。培训需求分析的类型主要包括组织、个体和岗位的培训需求。

(1)组织培训需求。培训设计者通过系统地分析组织目标、资源、环境等影响培训规划和绩效的因素,从而准确地找出组织存在的问题,并确定培训是否是解决这些问题的最有效途径以及组织最需要的培训类型。

(2)个体培训需求。个体培训需求分析可以参照马斯洛需求层次模型,并结合培训对象的职业追求,主要集中在"自我实现"层面中个人岗位的专业需求和晋升的能力需求,最终达到个人职业发展目标。

(3)岗位培训需求。培训设计者根据岗位对培训对象的能力要求进行系统的分析,从而找出培训对象从事该岗位所需要的知识、技能和能力。

(二)培训需求分析原则

(1)客观性原则。任何一项培训需求分析工作都要从实际出发,实事求是,防止拍脑门、想当然,坚持客观性原则是做好培训需求分析的重要保障。

(2)适时性原则。培训管理人员根据培训对象素质提升需要与当前发展趋势需要,进行培训需求的分析,及时开发相应的培训项目。

(3)广泛性原则或称代表性原则。培训需求分析的样本量应大一些,具有代表性,以保证需求分析结论的真实性和典型性,避免主观性和片面性。如对于组织培训需求,不能仅通过极少数组织成员的问题和差距分析就作出结论。

(4)经济性原则。一方面培训管理人员要有成本意识,在保证培训需求分析质量的前提下,尽可能降低培训需求分析成本;另一方面在培训需求分析的基础上,对各种需求进行整合,从而找到具有同一培训需求的目标人群。尽可能避免重复预测,浪费资源。

(三)培训需求分析的方法

培训需求分析的方法主要有观察法、问卷调查法、访谈法、工作任务分析法、资料分析法及全面性分析法等(表6-1)。

表6-1 培训需求分析方法特点及适用范围

名称	分析方法	特点	适用范围
观察法	通过与培训对象在工作岗位上一起工作,或通过其领导、同事对其工作进行考察、评价来确定培训需求的方法	1. 基本方法,应当与其他调查工具配合使用; 2. 对培训对象有直接的了解; 3. 时间长; 4. 要求观察者对工作背景熟悉; 5. 使用观察记录表	1. 生产性工作; 2. 服务性工作

表6-1（续）

名称	分析方法	特点	适用范围
问卷调查法	确定与培训有关的问题，将一系列问题编制成调查问卷，发放给调查对象，填写之后再收回分析	1. 简单有效，节省时间； 2. 成本较低； 3. 可针对较大规模人群广泛实施； 4. 结果间接获得，真实性受影响； 5. 问卷发放量足够大，才能得到较全面的信息； 6. 问卷编制、数据分析难度较大，对培训管理者要求较高； 7. 问卷应当包括开放问题和封闭问题	使用范围较广
访谈法	为了了解培训对象在哪些方面需要培训，就其工作技能、知识、工作态度等方面的需求进行面对面访谈的方法。它可以是正式的或非正式的，结构性的或非结构性的	1. 有效地了解员工的需求； 2. 容易建立互相信任的关系； 3. 充分的沟通； 4. 时间长，不适合大规模人群； 5. 可能会影响员工的工作； 6. 要求培训管理者有较高的面谈技巧	1. 培训对象数目较少； 2. 管理者培训
工作任务分析法	以工作说明书、工作规范或工作记录表作为确定员工达到要求所必须掌握的知识、技能和态度的依据，确定培训需求的方法	1. 结论可信度高； 2. 时间长； 3. 费用较高	新入职人员培训需求分析
资料分析法	通过对包括组织的图表，计划性文件，政策手册、审计和预算报告等资料的分析确定培训需求	1. 结论可信度较好； 2. 必须与其他方法配合使用才能得到可靠的结论	适用于组织层次的培训需求分析
全面性分析法	通过对组织及其成员进行全面、系统的调查，以确定理想状况与现有状况之间的差距，从而进一步确定是否进行培训及培训内容的一种方法	1. 确定教育培训需求常用的方法； 2. 有效性好； 3. 时间较长； 4. 成本较高； 5. 由于组织的不断创新与变革，教育培训工作需要不断更新，因此这种分析工作必须是可持续的，而非一次性的	1. 在职员工培训需求分析； 2. 制定教育培训规划

（四）培训需求分析流程

培训需求分析是培训工作的起点，也是对有需求的组织进行有效培训的前提，需要在规划与设计培训之前，由培训管理人员采取各种方法和技术，对组织及培训主体的能力水平、培训意愿，以及培训对象的知识、技能、态度等方面进行系统的调研，将调研结果进行分类汇总，形成分析报告。培训需求分析流程与具体步骤见表6-2。

表6-2 培训需求分析流程与具体步骤

培训需求分析流程	具 体 步 骤
前期准备	1. 收集参训单位、培训对象资料，建立培训资料库，及时掌握培训对象的现状； 2. 建立收集培训需求信息的通道
制定计划	1. 制定工作计划； 2. 设立工作目标； 3. 确定分析方法
实施计划	1. 征求培训需求； 2. 审核汇总培训需求； 3. 分析培训需求； 4. 确认培训需求
分析总结数据	1. 对培训需求信息归类、整理、分析； 2. 对参训单位、培训对象的相关资料仔细分析，找出准确的培训需求，分析处理个别需求和普遍需求、紧急需求和长远需求之间的关系
撰写报告	1. 具体内容包括报告提要、实施背景、目的和性质、实施方法和过程、培训需求分析结果、分析结果的解释评论、附录； 2. 报告中各项情况的分析和说明，必须有出处有依据，表述要准确

二、培训项目设计

培训项目设计是指根据培训需求调研分析的结果，研究确定培训目标，为保证实现该目标而对培训大纲、培训教材、培训实施等关键要素进行配置和优化的过程。培训项目设计既是对培训需求的一种理性响应，又是对实施过程提供具体指导，在培训需求和培训实施之间起着承上启下的作用。

（一）培训项目设计的基本要素

培训项目设计的基本要素包括：培训目标、培训计划、培训内容、培训方式、培训师资、培训对象、培训时间、培训场地及设施、评估考核等。

（1）培训目标是指培训活动的预期成果。培训目标是培训项目设计的起点和落脚点，贯穿于整个设计方案中，是确定培训内容和培训方法的依据，也是培训效果评估的依据。培训目标的设定来源于培训需求，但不等同于培训需求。

（2）培训计划是指按照一定的逻辑顺序排列的记录，它是从组织的战略出发，在全面、客观的培训需求分析基础上，对培训内容、培训时间、培训地点、培训者、培训对象、培训方式和培训费用等作出的预先系统设定。培训计划作为培训项目开发的重要组成部分，在培训管理活动中具有极为重要的地位和作用。

（3）为了能够实现培训目标，落实培训计划，重点工作是确定培训内容，选择培训方式，遴选培训师资，三者是彼此关联，相互支撑的关系。

（4）培训对象、培训时间和培训场地及设施的确定也是培训项目设计中不可缺少的内容。培训对象一般都自然形成，只要有需求，就有对象，容易确定，需要注意的是，有些培训内容对应的培训对象是交叉的，此时要根据培训的规模和资源合理取舍。在培训时间的选取上主要考虑工学矛盾的问题，常规性培训项目的实施时间可以根据以往的经验确定，而适应性培训的实施时间就要根据实际时间确定。培训学时要结合培训内容和培训对象的接受能力合理确定，在培训场地的选择上要依据培训的方式而定。

（5）对于评估考核要素，通过评估可以对培训效果进行正确合理的判断，了解培训项目是否达到既定的目标和要求，找出培训的不足以便今后培训的改进，同时通过评估可以发现新的培训需求，为下一轮的培训提供重要依据。

（二）培训项目设计的基本步骤

培训项目设计的基本步骤包括：研究项目、找准需求、分析资源、拟定计划、撰写计划书、审定方案等。

1. 研究项目，明确目标

首先要认真研究培训项目本身，准确把握项目所要解决问题及要达到的目标，培训目标只有符合 SMART 原则，才是科学有效的目标。其次要认真研究培训需求分析报告书及相关资料、信息，特别是该项目决策依据，准确认知和把握实质。只有在此基础上，计划方能行之有效。

2. 找准需求，确定培训对象、内容及方式

培训项目设计要回答为什么培训、培训谁、培训什么等问题，只有在对组织及个人现实水平与项目培训目标之间的差距进行全面、准确分析的基础上，才能找准需求。根据缺什么补什么、需要什么培训什么的原则，进一步确定培训的类型，从而有针对性地选择培训对象、培训内容和培训方式方法等。有的培训可以内部解决，有的要考虑送出去进行培训。

3. 分析资源、环境，做好安排

在进行培训项目设计时，要对包括培训教师、培训经费、培训设施等方面的资源和培训环境进行认真分析，并做好相应的安排。对教师资源的分析重点在综合素质结构，看其是否能够胜任培训任务；对设施设备的分析重点是数量和质量，看能否支持培训顺利实施；对于经费的分析重点在于资金需求与现有资金状况的比较，以及争取资金的方法及可行性等。另外，设计培训项目时还要注意良好环境（有利于培训项目实施的客观环境）的培育。

4. 拟定计划草案，保障运作有序

在目标、条件、战略和任务都已经明确的情况下，还要制定出内容具体、切实可行、全面完整的培训计划草案，让各项工作从无序转化为有序，明确即将进行的培训活动中应该做什么、何时做、如何做、谁来做等问题。

5. 撰写计划书，提交决策

对计划草案进行初步论证评估后，就可以将它加工成正式、规范的培训项目计划书，再提交决策组织或人员。培训项目计划书是设计工作的成果，也是培训项目能否顺利通过评审和培训组织领导最终进行决策的依据。

6. 审定培训项目策划方案

审定培训项目策划方案的主要内容：

（1）培训项目的必要性，理由是否充分，依据是否可靠。
（2）培训项目的目标确定是否适当。
（3）培训项目是否具有很强的针对性和实用性。
（4）培训项目的任务说明是否明确、全面、具体。
（5）培训项目的费用估算是否正确。
（6）培训项目的效果、效益预期是否合理。
（7）培训项目名称、方案的格式是否规范，表述是否清楚、准确等。

以上审定的重点是培训项目的必要性是否充分，培训目标是否准确可行，培训的针对性、实用性是否强。

第三节　安全与应急培训课程开发

课程开发是培训项目开发的重要组成部分。培训项目和课程开发是统领和被统领的关系，是纲和目的关系，是任务（培训目标）和载体（培训内容）的关系。培训项目决定、支配和引领课程开发，同时课程开发又积极地反作用于培训项目。课程开发可以丰富培训项目的内容、增强培训项目的亮点，匡正培训项目的偏颇，使培训项目更加成熟和完善。

一、安全与应急培训课程开发的概念

安全与应急培训课程开发是指通过选择课程的教学内容和相关教学活动并进行计划、组织、实施、评价、修订完善的过程。它包括确定课程目标、选择和组织课程内容、实施课程和评价课程等阶段。

安全与应急培训课程开发的主要特点是教学知识的操作性和实用性强，教学内容与工作联系紧密。进行课程开发时，需充分结合培训对象所处岗位、兴趣、动机、学习风格等方面的种种因素，分析培训对象的培训需求。对培训对象的知识和技能进行测评找出短板，再根据短板进行培训课程设计。

二、培训课程开发经典模型

培训课程开发模型主要有 6 种经典模型，即 ISD 模型、ADDIE 模型、HPT 模型、CBET 模型、霍尔模型、纳德勒模型。

（一）ISD 模型

ISD（Instructional System Design）模型即培训系统设计模型，是以传播理论、学习理论、培训理论为基础，运用系统理论的观点和知识，分析培训中的问题和需求并从中找出最佳答案的一种理论和方法。ISD 模型应用流程包括五个环节，即分析、设计、开发、实施和评价。ISD 模型应用流程如图 6-3 所示。

在安全与应急管理培训课程开发中运用 ISD 模型需要有应急管理系统或企业的各层级人员、课程设计人员及培训教师参与。

通常由应急管理系统或企业的高层管理者确定本系统目前所面临的问题，由课程设计人员利用 ISD 模型设计培训课程，然后由培训教师将培训课程内容传授给培训对象，并通

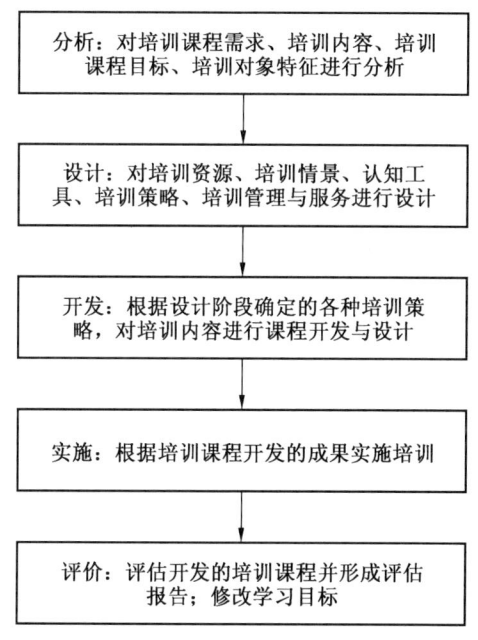

图6-3 ISD模型应用流程

过对培训对象的测验，评估培训效果，不断修正和改进培训课程。

从理论上讲，ISD模型简洁、有序而科学，能有效地指导培训课程开发工作。然而，在实践中，应急管理系统或企业还要根据不同的条件、不同的需求，灵活地运用ISD模型，才能设计出最佳的培训课程。ISD模型示意图如图6-4所示。

（二）ADDIE模型

ADDIE模型是一套有系统地发展教学的方法，主要包含3个方面，即判断培训对象要学什么（学习目标的制定）、如何去学（学习策略的应用）、如何去判断培训对象已达到学习效果（学习考评实施）。

ADDIE模型就是从分析（Analysis）、设计（Design）、开发（Develop）、实施（Implement）到评估（Evaluate）的整个过程。课程开发人员利用此模型需掌握宽泛的知识领域，一般包括学习理论、传播理论、接口设计、应用软件、信息系统以及人力资源发展等。

ADDIE模型的操作步骤（图6-5）。

（三）HPT模型

HPT（Human Performance Technology）模型即绩效干预模型，是一种课程开发的操作方式。HPT模型通过确定绩效差距设计有效益和效率的干预措施，获得所希望的人员绩效。它涉及行为心理学、教学系统设计、组织开发和人力资源管理等多学科的理论，是绩效改进的一种策略。

HPT模型的操作包括5个步骤（图6-6）。

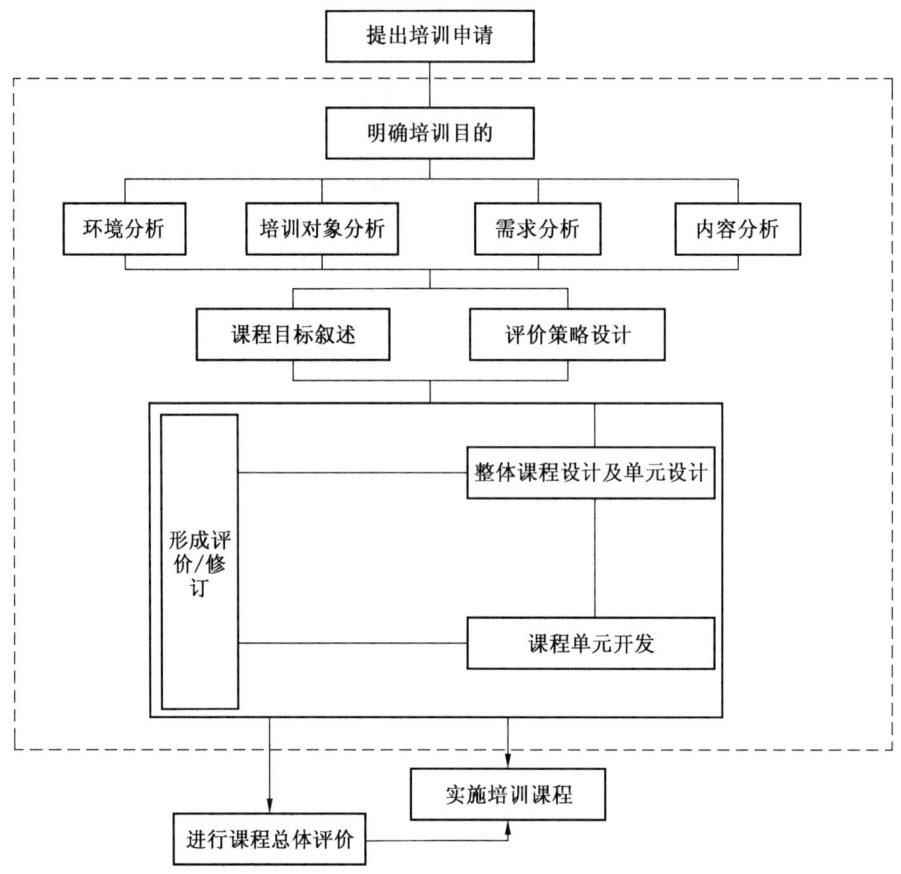

图6-4 ISD模型示意图

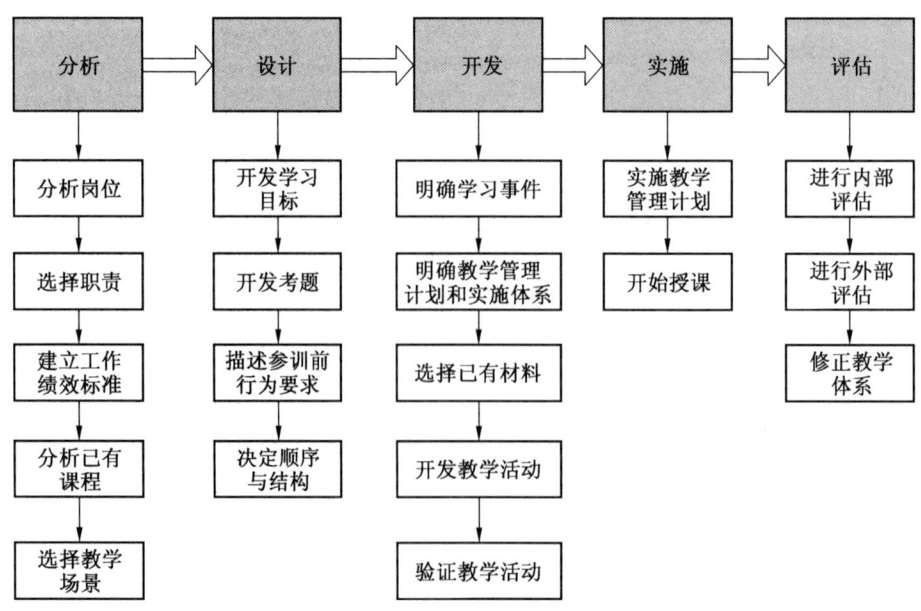

图6-5 ADDIE模型的操作步骤

第六章 安全与应急培训项目开发与管理

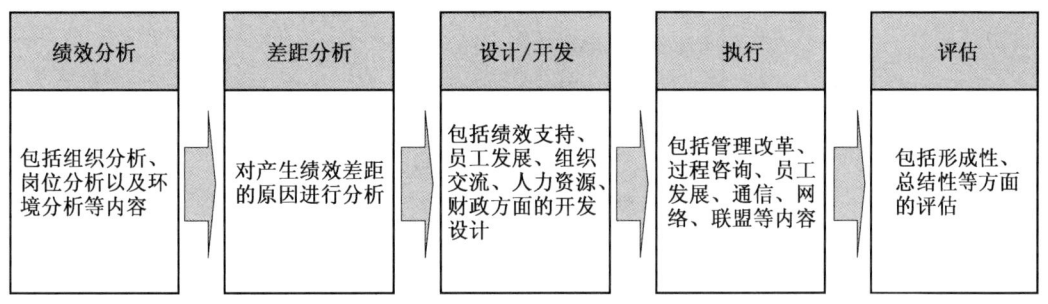

图 6-6 HPT 模型的操作步骤

（四）CBET 模型

CBET（Competency Based Education and Training Model）模型即能力本位教育培训模型。能力可以是动机、特性、技能、人的自我形象、社会角色的一个方面或所使用的知识整体，所以，能力是履行职务所需的素质准备。通过培训，可以使人的潜能转化为能力。

能力本位指的是从事某项工作所必须具备的各种能力系统，一般由 1~12 项综合能力构成，而每一个综合能力由若干专项能力构成，各专项能力又由知识、态度、经验和反馈构成。

CBET 模型以某一工作岗位所需的能力作为开发课程的标准，并将学习者获得的相关能力作为培训的宗旨。CBET 模型的操作步骤（图 6-7）。

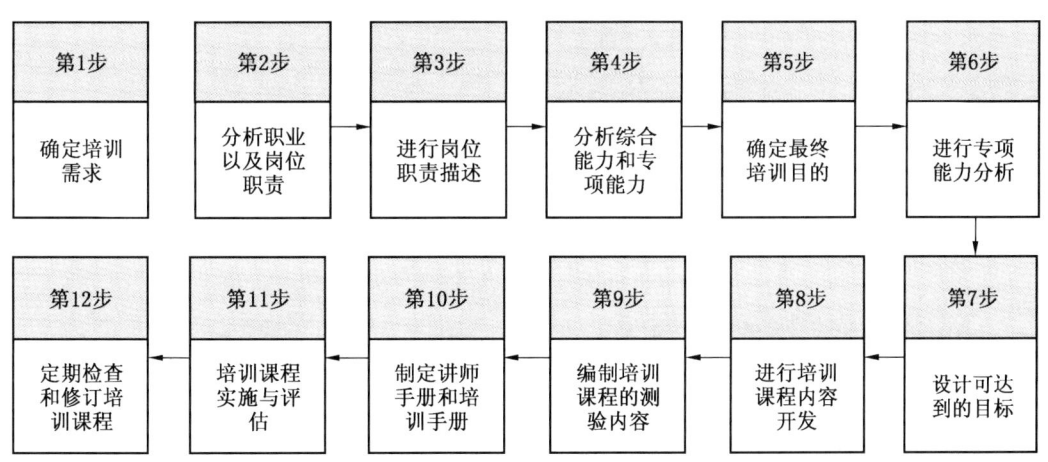

图 6-7 CBET 模型的操作步骤

（五）霍尔模型

1972 年，美国著名成人教育专家霍尔在多年研究的基础之上提出了接受培训的成人学习者的课程开发模式。霍尔模型示意图如图 6-8 所示。

该模型一共包括 7 个步骤，即可能的培训活动、对培训活动作出进一步的决策、确信与精选目标、设计合适的课程（资源、领导者、方法、时间安排、顺序、社会强化、个别化、角色和关系、评价标准、设计方案的阐述）、使课程适应更多培训对象的生活方式、实施课程计划、测量和评价结果。霍尔模型应用流程如图 6-9 所示。

可能的培训活动
对培训活动作出进一步的决策
确信与精选目标
设计合适的课程
使课程适应更多培训对象的生活方式
实施课程计划
测量和评价结果
资源、
领导者、
方法、
时间安排、
顺序、
社会强化、
个别化、
角色和关系、
评价标准、
设计方案的阐述

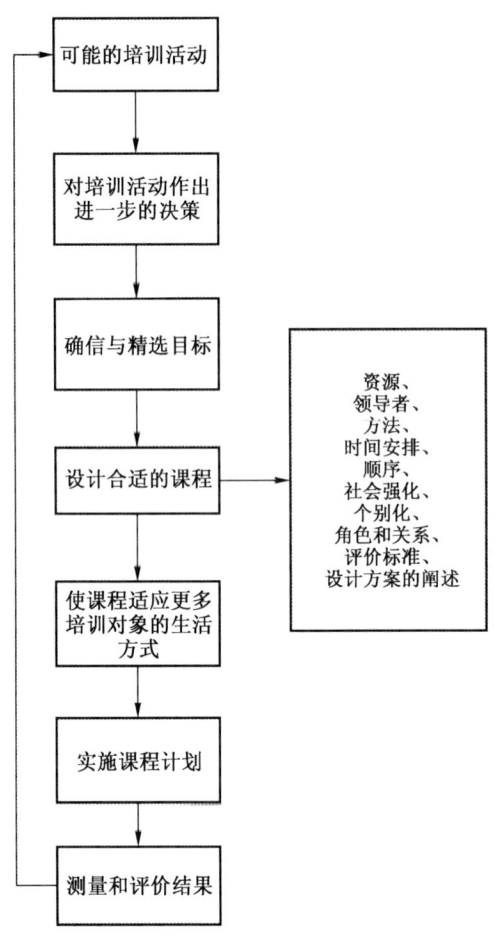

图6－8　霍尔模型示意图

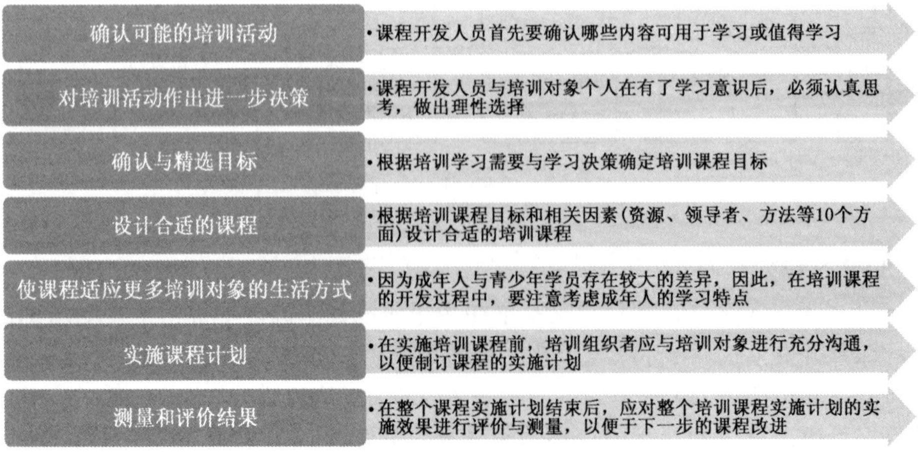

确认可能的培训活动
•课程开发人员首先要确认哪些内容可用于学习或值得学习
对培训活动作出进一步决策
•课程开发人员与培训对象个人在有了学习意识后，必须认真思考，做出理性选择
确认与精选目标
•根据培训学习需要与学习决策确定培训课程目标
设计合适的课程
•根据培训课程目标和相关因素(资源、领导者、方法等10个方面)设计合适的培训课程
使课程适应更多培训对象的生活方式
•因为成年人与青少年学员存在较大的差异，因此，在培训课程的开发过程中，要注意考虑成年人的学习特点
实施课程计划
•在实施培训课程前，培训组织者应与培训对象进行充分沟通，以便制订课程的实施计划
测量和评价结果
•在整个课程实施计划结束后，应对整个培训课程实施计划的实施效果进行评价与测量，以便于下一步的课程改进

图6－9　霍尔模型应用流程

（六）纳德勒模型

纳德勒模型是一种开发企业培训课程的模型，目的是通过培训课程方案的设计来促进企业的人力资源开发，在提高个人工作效益的基础上提升企业的效益。纳德勒模型示意图如图 6-10 所示。

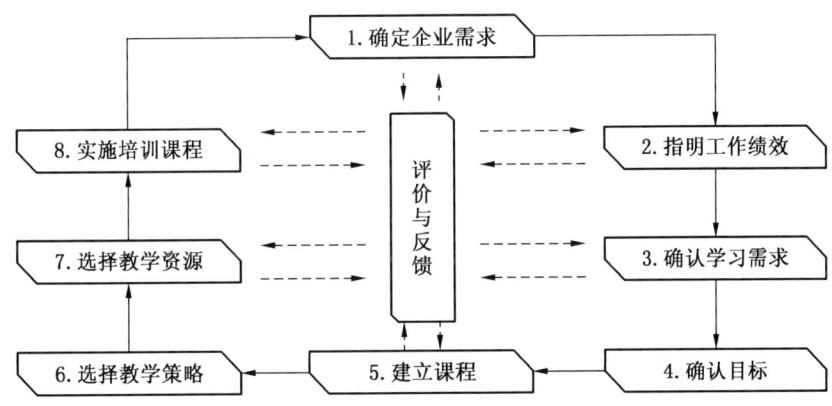

图 6-10　纳德勒模型示意图

纳德勒模型由八个重要的事件组成，即确定企业需求、指明工作绩效、确认学习需求、确认目标、建立课程、选择教学策略、选择教学资源、实施培训课程，并对全过程进行评价与反馈。纳德勒模型应用流程如图 6-11 所示。培训需求分析流程见表 6-2。

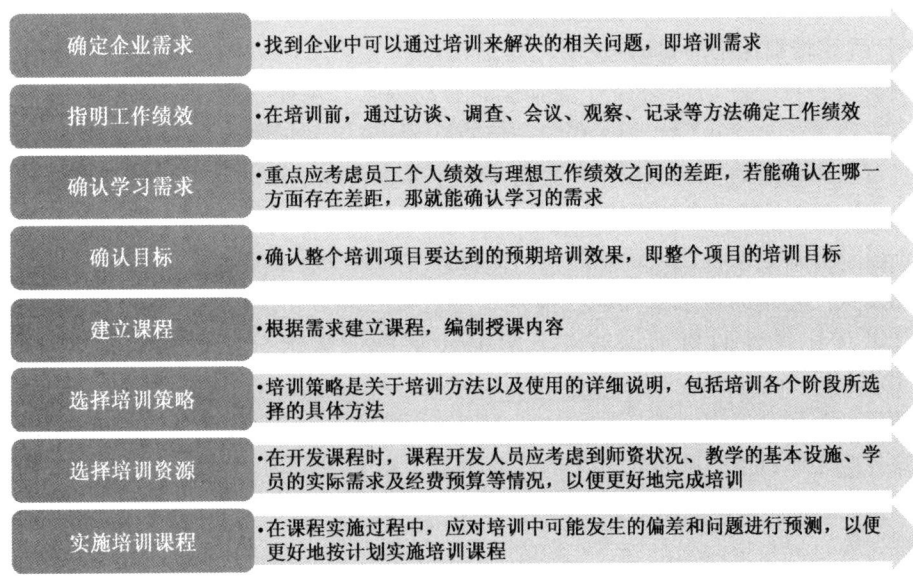

图 6-11　纳德勒模型应用流程

三、安全与应急培训课程开发流程

安全与应急培训课程的开发需要完成立题、立纲和立节 3 个阶段。立题是为确定课程方向，即对课程对象、课程目标以及课程名称的确定。立纲则为构建课程体系，是对课程进行整体设计。立节则为完善课程内容，对单元课程进行精准设计。

安全与应急培训课程开发流程（图 6-12）探讨的是立题、立纲和立节 3 个阶段的设计过程，一般包括培训的目标、内容、学习活动及评价程序。

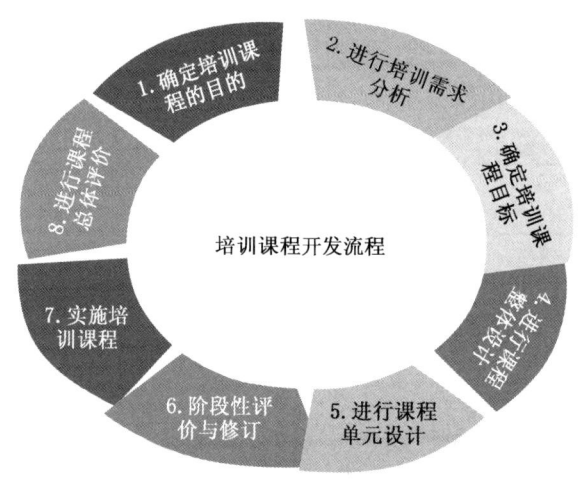

图 6-12 培训课程开发流程图

（一）确定培训课程的目的

培训课程的目的是培训课程开发流程的启动因素，主要是解决"为什么"的问题。如北京市发布了《北京市生产经营单位主体责任规定》，某集团公司为了在本公司加强该规定的宣贯工作，启动"北京市生产经营单位主体责任规定解读"课程的开发。

（二）进行培训需求分析

培训需求分析是课程设计者开展培训课程开发的第一步。培训需求分析是以培训对象需求为出发点，对培训对象的知识技能现状进行调查和分析，分析期望与现状之间的差距，设计出有针对性的培训课程。下图描述了培训需求分析的内容、方法和目的（图 6-13）。

培训需求分析是培训课程开发的重要步骤，也是培训课程调查与研究的阶段。培训需求分析流程应按照以下步骤进行需求信息的收集工作（图 6-14）。

（三）确定培训课程目标

培训课程目标是指课程本身要实现的具体目的和意图，是培训组织评估培训对象在通过课程学习以后，在职业认同、知识技能等方面期望实现的程度，它是确定课程内容、教学目标和教学方法的基础，也是课程实施与评价的基本出发点。在制定课程目标时一般应遵守 SMART 原则（表 6-3）。

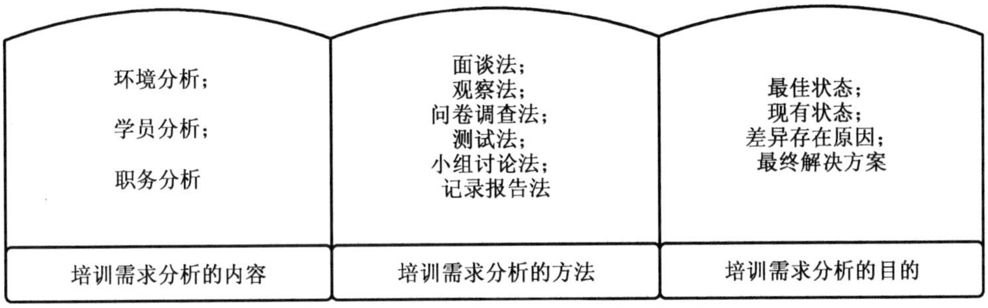

第六章 安全与应急培训项目开发与管理

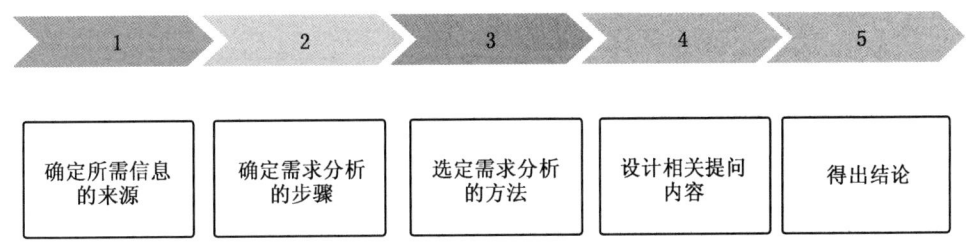

图 6-13 培训需求分析的内容、方法和目的

图 6-14 培训需求分析流程

表 6-3 制定课程目标 SMART 原则

原 则	说 明
S（Specific）	明确性、特定具体的，即用具体的语言清楚地说明要达到的行为标准
M（Measurable）	可衡量性，即应该有明确的数据作为衡量达到目标的依据
A（Achievable）	可以达到的，要根据培训对象的素质、经历等情况，以实际工作要求为指导，设计切合实际的可达到的目标
R（Realistic）	实际性，即在目前条件下是否可行、可操作，是不是高不可攀和没有意义
T（Timed）	时限性，即目标是有时间限制的，没有时间限制的目标没有办法考核，或考核的结果不公正

设定课程目标的意义在于目标的运用，目标运用主要表现在以下 8 个方面（图 6-15）。如依据上述原则，可将《综合应急预案编制与管理》课程目标设定为在 5 天内，通过培训与练习，了解综合应急预案在应急管理工作中的重要作用，应急预案编制与管理相关法律法规和政策；掌握综合应急预案的框架结构、编制流程、各组成部分的编制重点；掌握风险辨识与评估方法、应急资源调查方法等；掌握综合应急预案的评审、发布、备案的依据与程序，以及宣传培训与演练、修订等知识与技能，达到对综合应急预案能说得清楚、初步会编制会管理。

（四）培训课程整体设计

培训课程整体设计是针对某一专题或某一类人的培训需求而开发的课程架构，即课程

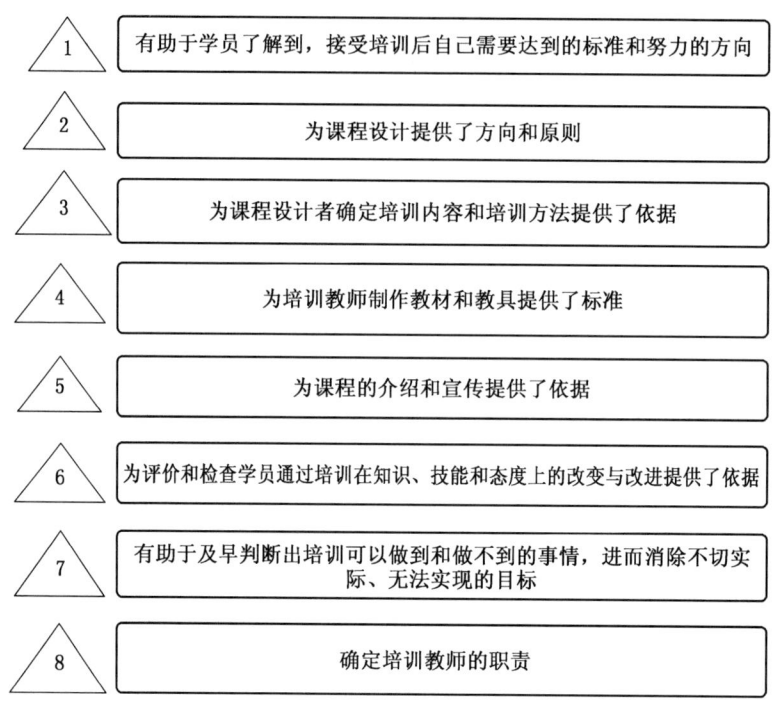

图6-15 课程目标的运用

体系。其任务包括确定课程模块、具体课程名称、每门课程知识要点以及授课方法等。

（五）培训课程单元设计

培训课程单元设计是建立在课程整体设计的基础上，具体确定每一单元的授课内容、授课材料和授课方法的过程。培训课程单元设计的优劣直接影响培训效果的好坏和培训对象对课程的评估等级。培训教师或培训课程设计人员在进行单元设计时，可以借助图表等工具对单元设计的成果进行概括，单元设计项目汇总表（表6-4）就是有效工具之一。

表6-4 单元设计项目汇总

单元名称		单元编号		
单元学习目标				
知识		技能		态度
具体授课安排				
时间	章节/模块	内容	预期目标	授课方法	所用材料

表6-4（续）

材料准备						备注
发给培训对象的材料		其他附加材料		相关文献、资料		
名称	份数	名称	份数	名称	份数	

（六）阶段性评价与修订

在完成培训课程的单元设计后，需要对课程目标、需求分析、整体设计和单元设计进行阶段性评价与修订，以便为培训课程的实施奠定基础。课程阶段性评价应遵循以下流程（图6-16）。

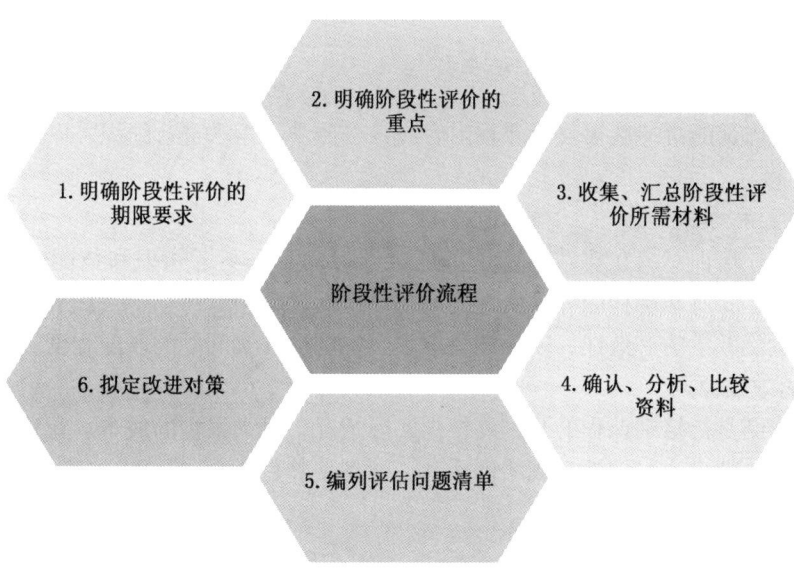

图6-16 课程阶段性评价流程示意图

（七）培训课程实施准备

即使设计了好的培训课程，也不意味着培训就能成功。如果在培训实施阶段缺乏适当的准备工作，也是难以达成培训目标。培训课程实施的准备工作主要包括培训方法的选择、培训场所的选定、培训技巧的运用等方面。在实施培训的过程中，掌握必要的培训技巧能取得事半功倍的效果。

四、安全与应急培训课程开发的原则

无论是课程体系还是单门课程的开发，都是为了培训实施并达到预期的培训目标，因此，应当以终为始，把握课程开发的针对性、速效性、复合性、创新性原则。

（一）针对性原则

针对性是指根据培训人员的实际情况，灵活地开发课程，最大限度地满足他们的学习需要，使其能够理论联系实际，真正解决工作中遇到的问题。

1. 确定针对性原则的依据

1）学习需求的多样性

培训课程的根本任务是提高培训人员的工作技能、工作水平和工作效率，提升职业化发展的能力。而培训对象的工作经历、年龄结构、教育背景等差异都会导致学习需求不同，因此应该根据具体的学习需求，有针对性地进行课程开发。根据培训对象的学习需求，一般可分为补充型、更新型、问题型、提高型四个类型。

2）成人学习的特殊性

从成人学习心理来看，参与培训的人员学习动机深刻、目的性较强，学习能力并不弱于青少年学生。但由于年龄较大，加上边工作边学习，在学习上与青少年学生还是有一些差异，因此课程开发必须注意结合成人学习的心理特点，要符合成人的心理发展规律。

2. 针对性原则的贯彻

1）教学内容按需施教

成人参与培训的目的性很强，课程内容应该按照学习需求进行组织，以达到良好的培训效果。

2）教学过程学用结合

一方面，让培训对象在实践中感受到通过学习确实提高了知识和技能水平；另一方面，通过实践检验所学课程能够解决现实问题，从而调动培训对象学习积极性。通过学用结合还可以检验教学的有效性，以及评估课程开发解决现实问题的匹配程度。

（二）速效性原则

速效性原则是指培训课程的开发要根据实际情况，投入最少的成本、花费最少的时间完成培训活动，即多快好省地完成培训活动，达到培养目标。

1. 确定速效性原则的依据

1）已有的学习基础

很多培训对象在参加培训之前，已经具备一定的知识基础和相对熟练的技能，并不需要从系统的基础理论学起，否则不仅浪费人力、物力、财力，也达不到预期的效果。

2）社会发展的变数

科学技术迅速发展，面对日益变化的社会生产、生活需要，作为组织和培训对象来说，不可能长时间地进行脱产学习，否则培训对象刚刚完成培训或是培训还没有结束，所学的知识就已经过时。

3）职业岗位的需求

参与培训的人员一般都在职业岗位上发挥着重要作用。对于组织来说，组织人员脱离岗位参与培训，并不强求学习系统的知识与技能，只要通过学习能够满足岗位的需要就可以。因此，从效益原则考虑，投入少、回报高也是组织发展需要关注的重要问题。个人同样关注投入产出的效益，学习时限较长，不仅财力投入大，时间消耗多，而且可能加剧学习与工作的矛盾，影响学习效率。

2. 速效性原则的贯彻

1）精讲课程内容

由于大多数培训对象在参与培训时已经具备一定的专业知识和专业技能，因此在有些课程实施过程中可以不进行系统的讲解，培训教师可以对教学内容进行一定的加工，提炼需要学习的材料。

2）提高效率，精简教学时数

在对教学内容加工的基础上，培训教师可根据实际教学情况和培训对象学习的特征，一定程度地压缩教学时数，以达到时间短、见效快的继续教育目的。

（三）复合性原则

复合性原则是指培训在提高专业技能、职业发展能力的同时，注重提高培训对象的整体素质。主要包含两个方面的含义：一是专业技能的复合发展，二是职业修养的复合发展。

1. 确定复合性原则的依据

1）造就复合型人才是社会发展的需要

复合型人才是指掌握两门或两门以上专门知识和技能的人才。在当前形势下，单一化的人才已经不能较好地适应时代发展的需求。这种需求主要表现在：科学发展的综合化趋势。著名科学家卢嘉锡认为，当代科学技术发展有两种形式：一是突破，二是融合。社会发展对复合型的需求决定了培训内容的丰富性，也推动了课程开发向综合性、整体性发展，成为课程开发的重要基础。

2）加强职业修养教育是发展的保证

除了具备扎实的专业知识与技能外，从业人员还要具有高尚的职业道德、顽强的意志品质及较高的职业热情。在新的历史时期，从业人员职业修养的高低对工作质量有较大的影响，因此在培训活动中必须注重修养教育。

2. 复合性原则的贯彻

1）根据岗位对知识和技能的需要开发课程

贯彻课程开发的复合性原则，必须对专业岗位进行一定程度的分析，根据满足岗位所需要具备的知识和技能开发课程。

2）课程实施中融入职业修养的培养

在课程实施过程中，组织人员通过各种渠道对培训对象的职业修养进行熏陶和培养，提高培训对象的心理素质，不断培养从业人员积极向上、爱岗敬业的职业情感和职业精神。

（四）创新性原则

创新性是指现代培训的课程开发要推陈出新，注重培养从业人员的创新素质。

（1）解放思想，认识创新的重要性。课程开发者必须解放思想，认识并重视新形势下创新的重要性，把创新理念融入课程开发中。

（2）大胆改革，开设培养创新人才的课程。在培训课程开发中融入培养创新思维和创新能力的内容，有利于培养培训对象的创新素质。

（3）突破传统，课程内容要重视人才个性的发展。从心理学的角度看，个性是创新人才的基本素质之一。课程开发要注重为培训对象的个性发展提供空间,最大限度地调动他们的积极性、主动性,让他们充分发挥自己的聪明才智。

五、安全与应急培训课程开发的主要内容

安全与应急培训课程开发的内容包括基本事项、课程定位、观点整合、逻辑组织、课程结构等。

(一) 基本事项

在开发安全与应急培训课程之前,应确定五大基本事项,以确保课程其他内容的顺利开发。五大基本事项包括课程名称、课程目标、课程开发周期、课程开发人员、课程开发经费。

1. 课程名称

安全与应急培训课程名称要让受众清晰地了解课程的核心主题,如《综合应急预案编制与管理》切勿使课程主题模糊不清或过分夸大其词,以避免受众的误解。

2. 课程目标

安全与应急培训课程目标是描述课程要达到的具体结果。如前所述,应符合SMART原则。

3. 课程开发周期

安全与应急培训课程开发周期是指完成课程开发所用的时间,即记录课程开发的起始日和结束日,初步计算所用时间。

4. 课程开发人员

安全与应急培训课程开发人员是指与安全与应急培训课程开发相关的成员以及分工和职责。

5. 课程开发经费

测算开发安全与应急培训课程所需要的经费。

(二) 课程定位

安全与应急培训课程的准确定位,是做好安全与应急培训课程开发的重要前提。一是要对培训对象的心态以及知识与技能掌握的状况进行深入分析。如培训对象想学什么?培训对象该学什么?培训教师能教什么?培训教师会教什么?哪些是培训对象的强项?这样有深度的分析对于提高安全与应急培训课程内容的针对性和充分发挥培训教师的作用大有裨益。二是在课程开发时要考虑哪些内容。如针对培训对象心态、观念上可能存在的误区,从哪几个方面进行引导;针对培训对象的知识缺项,主要讲授的理论与原理,哪些是有待于突破的重点与难点;针对培训对象技能上的薄弱点,进行哪些有针对性的训练,这项工作有哪些典型情形需要解析,有哪些实施步骤和实施要点。

(三) 观点整合

在对安全与应急培训对象深入分析的基础上,要从不同角度审视安全与应急培训课程的内容,考虑培训对象的独特需求,从中提炼形成安全与应急培训课程的主要观点。安全与应急培训课程一定要有核心的理论框架,要考虑理论的高度、深度与广度。选取理论的要点是基本概念——准确定义;经典理论——适当选取;问题分析——有根有据;主要观

点——总结提炼。以适用为原则，不求多、不求深、不求系统。

（四）逻辑组织

安全与应急培训课程内容选取之后，按照一定的逻辑顺序进行课程内容的组织与表达。逻辑表达时力求做到：思路清晰，主题鲜明；逻辑合理，层层递进；观点鲜明，论证到位；针对目标，形散神在。

每门安全与应急培训课程要有一条鲜明的主线贯穿始终。观念态度类课程要有很强的理论性与思想性，有清晰的逻辑主线；技能类课程要突出本堂课程的核心原理操作要领，解析要到位。通过一系列的引导方法与训练手段，实现培训课程目标的要求。

（五）课程结构

在进行安全与应急培训课程结构设计时，首先要确定总的论点，列出分论点，根据培训时间还可继续裂变成从属论点等多层次，然后列出具体支撑论点的材料。如需要普及性了解时，可采用横向结构；对某一方面内容进行深入解析时，可以采用纵向结构。具体观点表达可以采用两个基本方法：一是采用归纳法，从具体事例开始，通过逐步论证，最后得出结论；二是采用演绎法，先提出结论，然后举出事例等予以证明。

第四节 培训效果评估、改进与成果转化

培训始于需求调研和分析，而终于评估与反馈。培训评估与反馈是对整个培训工作的效果评估和检验，同时又能发现问题并对下一次的培训提出合理化建议和改进方案，其重要性不言而喻。

一、培训效果评估

（一）培训效果评估目的

培训效果评估工作的目的是确认培训目标是否实现，用以满足对培训效果的期望；收集培训成果以衡量培训是否有效，用以调整培训项目，缩小培训目标与实施培训效果的差距。

（二）培训效果评估模型

对于培训评估标准研究，国内外应用最为广泛的是由美国学者柯克帕特里克提出的培训效果四级评价模型又叫柯氏四级评估模型，该评估模型将培训的效果分为 4 个层次（表 6-5）。

表6-5 柯氏四级评估模型

评估级别	主要内容	可以询问的问题	衡量方法	评估时间
一级评估：反应层面评估	观察培训对象的反应	1. 培训对象喜欢该培训课程吗？ 2. 课程对自身有用否？ 3. 对培训讲师及培训设施等有何意见？ 4. 课堂反应是否积极主动	问卷、评估调查表填写，评估访谈	培训中或培训结束时

表6-5（续）

评估级别	主要内容	可以询问的问题	衡量方法	评估时间
二级评估：学习层评估	检查培训对象的学习结果	1. 培训对象在培训项目中学到了什么？ 2. 培训前后，培训对象知识及技能方面有多少程度的提高？	评估调查表填写，笔试、绩效考试、案例研究	培训结束时
三级评估：行为层评估	衡量培训前后的工作表现	1. 培训对象在学习的基础上有没有改变行为？ 2. 培训对象在工作中是否用到培训所学到的知识	由上级、同事、客户、下属进行绩效考核、测试、观察和绩效纪录	培训结束后3~6个月
四级评估：结果层评估	衡量参训组织的变化	1. 行为的改变对组织的影响是不是积极的？ 2. 组织是否因为培训而发展的更顺心更好	考察事故率、人员流动率、士气	培训结束后6个月以上

1. 一级评估

一级评估即反应层评估。在培训组织实施过程及结束时，向培训对象发放《课堂教学评估表》（表6-6）和《综合问卷调查表》（表6-7），分别对培训教师，课程内容、教材配备、培训组织、后勤服务等方面进行评估，征求对培训的反应和感受。培训对象最清楚其完成工作所需要的是什么。如果培训对象对课程的反应是消极的，就应该分析区分是课程开发设计的问题还是实施带来的问题。

表6-6 课堂教学评估表

讲授题目：

授课教师姓名：　　　　　　　填表时间：　　年　　月　　日

填表说明：
1. 为获得教师课堂教学质量第一手资料，进一步改进教学工作，提高教学水平，请您在课后按授课教师实际情况逐项填写，在相应栏目打"√"，希望得到您的支持与合作；
2. "评估指标"栏的 [A] [B] [C] [D] [E] 分别表示优秀、良好、一般、较差、非常差

评估指标	教学内容	1. 备课充分，授课认真	[A]	[B]	[C]	[D]	[E]
		2. 符合政策，资料准确	[A]	[B]	[C]	[D]	[E]
		3. 研究新问题，提出新观点	[A]	[B]	[C]	[D]	[E]
		4. 联系工作实际	[A]	[B]	[C]	[D]	[E]
	教学方式方法	1. 教学过程合理有序	[A]	[B]	[C]	[D]	[E]
		2. 重点突出，详略得当	[A]	[B]	[C]	[D]	[E]
		3. 方法灵活，手段多样	[A]	[B]	[C]	[D]	[E]
		4. 启发学员思考参与	[A]	[B]	[C]	[D]	[E]
	教学效果	1. 补充知识，更新观念	[A]	[B]	[C]	[D]	[E]
		2. 帮助分析解决问题	[A]	[B]	[C]	[D]	[E]
		3. 启发工作思路	[A]	[B]	[C]	[D]	[E]

表6-7 综合问卷调查表

调 查 项 目	评价意见用（√）表示			
一、您对本期培训班所设课程必要性的评价	很有必要	有必要	一般	没必要
1. 课程一				
2. 课程二				
3. 课程三				
4. 课程四				
5. 课程五				
6. 课程六				
7. 课程七				
二、您对本期培训班教学管理的评价	很满意	满意	一般	不满意
1. 对培训班管理人员工作的评价				
2. 对教材的评价				
3. 对教学环境的评价				
三、您对本期培训班后勤服务的评价	很满意	满意	一般	不满意
1. 对餐饮质量的评价				
2. 对客房服务的评价				
四、您参加本期培训班后的总体感觉	收获很大	有收获	一般	收获很小

五、通过培训，您认为：
自己主要收获是：

本期培训班不足是：

您对改进培训班的意见和建议是：

2. 二级评估

二级评估即学习层评估。在培训结束时，对培训对象在所学知识、技能、态度等方面进行测评考核，还可以通过对培训对象参加培训前和培训后知识技能测试结果的比较等，以了解他们对培训所学掌握的程度。

3. 三级评估

三级评估即行为层评估。其主要是评估培训对象对所学知识、技能、态度在实际工作中应用的情况，由培训对象的上级、同事、下属或者客户观察他们的行为在培训前后是否发生变化，并甄别哪些是通过培训而发生的行为改变，以此来衡量培训的实际效果。

4. 四级评估

四级评估即结果层评估。从组织的高度判断培训是否能给组织的安全生产和应急管理成果带来具体而直接的贡献。可以通过一系列指标来衡量，如事故率、生产率、员工离职率、员工士气以及客户满意度等。通过对这些指标的分析，管理层能够了解培训所带来的收益。结果评估或称效益评估的难度都是最大的，但对组织的意义也是最重要的。

以上培训评估的四个层次，实施从易到难，费用从低到高。一般最常用的是培训中的一、二级评估，而最有效、最有用的是培训后的三、四级评估。是否评估，评估到第几个阶段，应根据培训的目标、时间、重要性等因素来决定。

二、持续改进

持续改进是实现培训质量管理体系方针和目标的验证手段，也是培训自我完善的重要措施。持续改进遵循戴明原则——PDCA管理模式。持续改进的实施应明确持续改进的计划和方案适宜有效、落实责任、具有可操作性；培训项目负责人负责持续改进工作的实施，承诺保障计划和方案落实的各项资源。

培训是为了更好地开展工作，即便是培训活动达到了预期的效果，下一步还应该制订一些配套措施，形成规范、制度、活动的闭环，固化培训的成果，形成提高培训对象的综合能力，实现培训效果最大化。

三、培训成果转化

培训成果转化是指培训对象有效且持续地将在培训过程中所学到的知识、技能、方法等成果运用到工作中的过程。培训组织可以采取措施帮助提高培训成果进行转化（图6-17）。

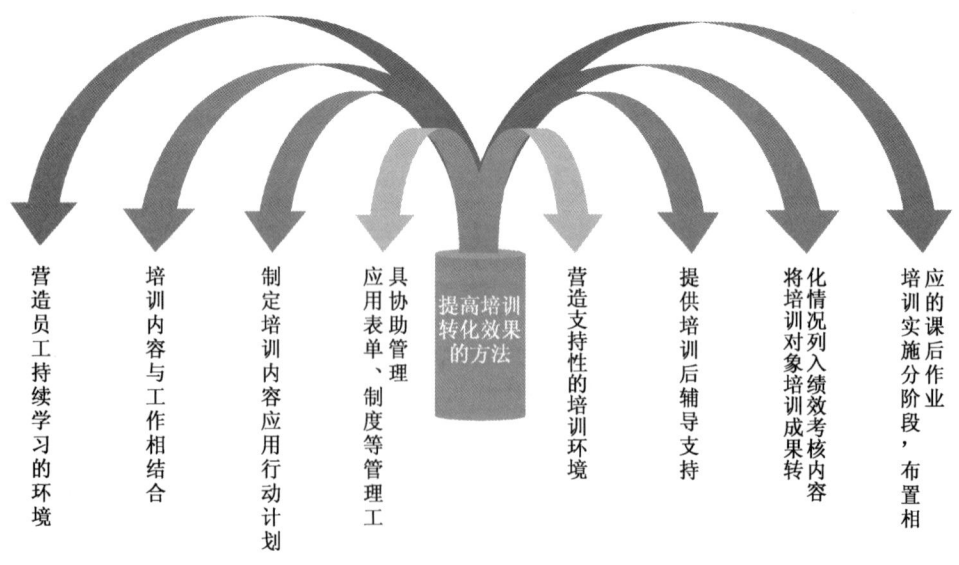

图6-17 提高培训转化效果的办法

第五节　安全与应急培训项目案例

为更好地理解前述安全与应急培训项目开发与管理，本节通过应急管理干部大培训和安全与应急培训教师培训两个具有代表性的实例，介绍不同类型培训项目开发和管理流程。

一、应急管理干部大培训项目

（一）背景说明

为深入贯彻落实党的十九大和十九届二中、三中、四中全会精神，认真学习贯彻习近平总书记关于应急管理工作重要指示批示精神，特别是在主持中共中央政治局第十九次集体学习时的重要讲话精神，按照中央印发的《2019—2023 年全国党政领导班子建设规划纲要》《2018—2022 年全国干部教育培训规划》（简称《规划》）等有关干部教育培训重要部署，着力解决应急管理系统干部能力素质问题，应急管理部决定，自 2020 年至 2022 年，利用 3 年时间在全国范围内开展应急管理干部大培训。应急管理部整合了 11 个部门的 13 项职责，其干部来自不同的部门，存在"三个短板、一个不足"，即认知上的短板、能力上的短板、制度上的短板、革命精神上的不足。

（二）需求调研

为深入了解省、市、县三级应急管理机构人才资源现状及需求，使队伍建设和人才引进培养更具导向性和针对性，为应急管理事业提供强有力的人才保障和智力支持，应急管理部人事司会同培训中心开展了"应急管理领域专业人才资源现状及需求"专题调研工作。调研采用现场与书面相结合的方式。调研组到部分应急管理部门和高等院校等开展现场考察座谈；函调与统计分析组对全国省、市、县三级应急管理部门（含所属参公事业单位和承担行政执法职责的其他事业单位）专业人才资源现状进行了函调，收到全部 32 家省级应急管理厅（局）的数据，并对 2.7 万余项数据进行了统计分析。

（三）调研结果及分析

1. 组织对培训的需求

通过培训使从事安全生产监管和应急管理的人员深刻领会习近平总书记关于应急管理重要论述精神，学习安全生产、防灾减灾救灾、应急救援相关业务知识，强化科学思维、法治思维意识，提高防范化解重大风险和提高危机管理能力。

2. 岗位对培训的需求

精通安全生产、防灾减灾救灾、应急救援业务知识；增强重大风险科学研判、应急准备、监测预警、应急响应、决策指挥、恢复和学习等全过程的应对能力。

3. 培训对象对培训的分析

根据来自 32 家省级应急管理厅（局）的数据分析，培训主要对象有以下几个特点：

1）学历层次

调研数据显示，20% 的人员具有硕士以上学历，75% 的人员具有大学本科学历，5% 的人员具有专科学历（图 6-18）。针对学历较高的人员，除了培训通用的知识之外，还

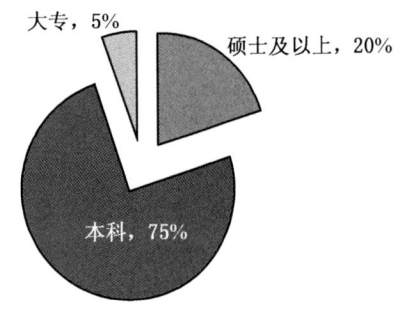

图 6-18 学历层次

要加入相关技术领域专业知识,更要突出专业的最新理论和技术,拓宽其知识视野,培养其转化、吸收、应用新技术的能力和创新能力。

2）专业背景

应急管理部门是新成立的部门,大多数人员都是从安监、消防转隶而来,边摸索、边工作。因此,培训课程设置应兼顾梳理本身知识体系的漏洞和突出应急管理知识两方面,既要有深度和广度,又要突出前瞻性,以问题为导向,与实际工作中常见问题相结合,增加案例分析和演练实战的教学比例。

3）培训经历

调研显示大多数人员有机会参加本地区组织的专业培训,但是各地区组织的培训参差不齐,工学矛盾突出,培训质量得不到应有保证,统一组织开展全国范围内的应急管理干部培训势在必行。因此,针对培训对象的调研分析,其培训需求如下:

（1）深入领会习近平总书记关于安全生产、防灾减灾救灾、应急救援的重要论述精神。

（2）面对新形势、新任务、新要求,应急管理部门干部要在思想观念、工作职能、工作方式、工作作风上有一个很大的转变,以不断适应机构改革后的工作要求。

（3）学习先进管理方法和国外应急管理有益做法,提高应急管理干部队伍整体能力素质,为推进应急管理体系和能力现代化奠定坚实基础。

（4）结合工作实际,选择工作中遇到的典型问题,请专家诊断并提供解决的思路。

（5）培训手段多样化,专题讲授、案例分析、演练实战、经验分享等相结合,增强师生之间、学员之间的互动学习和交流。

（四）确定培训目标、内容和方式

1. 确定培训总体目标

通过全国应急管理干部大培训,用习近平新时代中国特色社会主义思想武装头脑、统一思想、指导工作,增强应急管理系统干部进一步树牢"四个意识"、坚定"四个自信",做到"两个维护"的自觉性,全面提高应急管理干部的专业精神、专业素养、专业能力,有效履行防范化解重大安全风险、及时应对处置各类灾害事故的重要职责,担负起保护人民群众生命财产安全和维护社会稳定的重要使命,为推进我国应急管理体系和能力现代化提供有力保证。

2. 确定培训内容

培训内容紧紧围绕坚持贴近实战、围绕实战、服务实战,逐年递进、逐年提升的思路设置。2020年,侧重学习了解应急管理形势、任务、基本理论、基本方法和基本知识,解决"补短板、固根基"的问题。2021年,侧重学习应急管理专业知识,解决"强能力、上水平"的问题。2022年,侧重学习掌握事故灾害"防、抗、救"全链条知识,形成应急管理各要素整体合力,重点固化"一体化、常态化"长效机制。

3. 选定培训方式

采取集中培训与分散学习相结合、上级示范与逐级培训相结合、线上培训与线下培训相结合、国内培训与国（境）外培训相结合等方式，分级分类对应急管理系统各级干部和国家综合性消防救援队伍干部开展全员培训，突出对各级领导干部的培训。

1）联合培训

应急管理部与中央组织部、中央党校（国家行政学院）联合举办省部级领导干部专题研讨班、市地级领导干部专题培训班和省级应急管理厅（局）分管负责同志专题培训班3类专题培训班。集中优势资源，结合实际联合举办有关专题班次。

2）网络培训

应急管理部每年组织应急管理干部参加网络培训，把网络培训作为干部培训的重要渠道，课程设置侧重基础知识，相关理论，课程内容及时更新、全年不间断、全员全覆盖、逐年有提升。

3）集中培训

应急管理部组织举办示范培训班次，对市（地）、县（区）级应急管理局局长、国家综合性消防救援队伍总队级和高级专业技术职务干部、业务骨干等进行培训。其余干部由各省（市、区）按照分级培训原则组织实施。

4）出国（境）培训

重点组织省级应急管理部门和应急管理部机关厅局级干部、国家综合性消防救援队伍总队级干部赴俄罗斯、英国、法国、德国、日本等国家开展学习培训和合作交流，帮助干部开拓国际视野，吸收借鉴发达国家前沿理论、先进方法和成功经验，提高干部应急管理工作能力和水平。

用3年时间对全国范围内应急管理干部进行培训，每年培训的具体班次可视具体情况动态调整。

（五）培训课程体系设置及审定

1. 培训课程体系设置

2020年重点解决"补短板、固根基"问题，集中培训课程以深入学习习近平总书记关于应急管理重要论述及训词精神为主线，设置了应急管理新形势、新任务，应急管理法律法规体系，应急管理概论，自然灾害、生产安全事故应急管理，应急管理实战演练，舆情引导与媒体沟通等6个模块，根据课程模块确定具体的培训课程及相应的知识要点，共分为8个专题讲座，1次团建训练、1次案例教学和1次分组研讨。

2. 课程体系审定

为保障授课质量，应急管理部人事司组织了课程审定工作，邀请行业内专家学者参与审定，并征求有关方面的意见。审定的重点是课程体系是否贴近培训工作的总体目标，是否有利于对培训质量的有效评价。一是审定课程体系是否具有科学性，即课程设置是否对应急管理干部具有系统性、严密性，各部分之间的衔接性。二是审查课程体系适用性，即课程对于应急管理干部的针对性、指向性和可接受性。三是审定课程体系的先进性，即课程是否新颖，紧跟新时代的步伐，是否具有前沿性、前瞻性和与时俱进的特点。

以上过程，同时也是制定培训方案的过程，分别形成了《全国应急管理干部大培训总体方案》（简称《总体方案》）《2020年市（地）、县（区）级应急管理局局长专题培训班培训方案》以及市（地）、县（区）级应急管理局局长专题培训班实施方案。《总体方案》由应急管理部印发，明确了大培训总体目标和2020年至2022年的具体目标，培训主题和内容、培训方式、保障措施。应急管理部成立大培训工作专班，主要负责大培训综合、统筹、指导、组织实施等工作；在应急管理部培训中心设立应急管理干部大培训工作办公室，具体负责重点班次组织实施、督导督学、日常管理等工作。

（六）组织实施

1. 实施前的准备

一是根据确定的课程，选择授课教师、培训辅导教材、培训地点。二是起草培训通知和发文，落实参训学员。三是设计《课堂教学评估表》《综合问卷调查表》，制定大培训督导方案等。

2. 实施过程管理

1）网络培训管理

组织应急管理系统约11万名干部，于2020年4月份开始，根据分配的账号与密码，自主参加应急管理干部网络学院"大培训"多个专题的学习，课程包括习近平总书记关于新时代中国特色社会主义概论、法律法规、应急管理、安全生产知识等。完成每门课程的学习测试即为合格。

2）集中培训管理

领导直接抓、抓重点。每期培训班开班式和结业式，大培训办公室领导都出席并发表讲话。第一期市（地）级应急管理局局长专题培训班，部培训中心主要负责同志带队在开班前前往办学点进行实地考察，确保各项工作准确推进，分管领导带队进行全程督导，规范了培训班流程。

实行班主任管理与自我管理相结合。每期培训班由班主任开课、学员结课；成立班委，并创建了班级微信群；每个研讨组选定组长，负责组织座谈研讨和团队建设；结业式上，由组长作小组讨论情况交流发言、班长作班级总结发言。

科学评估教师授课与培训班质量效果。专门开发了"一课一评"软件，设计了6个打分题，通过识别二维码进入系统进行打分，并及时将相关情况反馈给授课教师，以便改进。制发《综合问卷调查表》，由学员对培训课程必要性与合理性、组织管理、后勤服务等进行整体评价。

从细微处入手，规范培训管理和服务。无论是培训手册、培训证书、教学讲义等式样或内容，还是学员请（销）假，大培训办公室都事无巨细，从严要求和把关，能提供书面的均要求提供纸质版留存入档。

全程督导与阶段督导相结合，督促培训有效实施。大培训办公室成立督导工作组，负责督导培训实施单位训前、训中、训后主要工作开展情况，如实记录，并提交督导情况报告。

（七）培训总结与成果转化

结合培训效果评估、学员研讨交流、培训督导等情况，分别对市（地）、县（区）级应急管理局局长专题培训班以及全年应急干部大培训情况，从总体情况、主要做法、存在的主要问题、意见建议等方面进行归纳总结，并提交总结报告。第一期市（地）级应急管理局局长专题培训班总结报告得到了应急管理部主要领导的高度重视与肯定。

注重培训成果的总结与转化。大培训办公室组织专人,对参训市(地)、县(区)应急管理局局长提交的论文进行整理、修改和统稿,制作2本论文集,以推广各地应急管理工作的好经验、好做法,也可作为下一年大培训的参考教材。

二、安全与应急培训教师培训项目

(一)背景说明

2012年1月19日,原国家安全生产监督管理总局发布《安全生产培训管理办法》,对不同人员安全培训作出了明确规定,其中企业从业人员安全培训,明确以自主培训为主,也可委托具备安全培训条件的机构进行安全培训。2013年,国务院印发《国务院决定取消和下放一批行政审批项目等事项的决定》,取消了原国家安全生产监督管理总局对安全培训机构的资质许可。但此前通过安全监管部门审批的一、二、三级安全培训机构,以及从事安全与应急培训的社会机构的教师,仍然希望通过参加国家级的培训机构提供的培训,不断提高师资授课水平,从而提升本机构的培训服务水平。2015年中共中央印发的《干部教育培训工作条例》第四十二条规定:"建立专职教师知识更新机制和实践锻炼制度,保证专职教师每年参加教育培训的时间累计不少于1个月。"因此,加强安全与应急培训教师培训,既是中央要求,也是实践需要。

(二)需求调研

通过对全国100家企业、200个培训组织、50位培训专家进行问卷调查及分析,依照来源,可把安全与应急培训教师分为三类(表6-8),一是企业内部的安全培训教师,主要为企业内部员工进行培训;二是安全中介机构的安全培训教师,主要为安全中介机构的客户进行服务;三是商业类安全培训教师,主要为安全咨询类公司客户或者企业客户提供较高质量的安全内训。

表6-8 安全与应急培训教师分类表

序号	类别	习惯称呼或角色	服务对象
1	企业内部安全培训教师	安全内训师(安全主任、车间主任、班组长、安全员等)	企业内部员工
2	中介机构安全培训教师	安全培训教员(兼职安全讲师)	企业负责人;安全管理人员;其他从业人员等
3	商业化安全培训教师	安全培训教师、导师(自由职业者)	企业中高层人员;企业班组长等

(三)调研结果及分析

1. 组织对培训的需求

通过培训使从事安全与应急培训的教师掌握最新安全生产、防灾减灾救灾、应急救援培训等相关政策,了解安全与应急培训机构相关动态。

2. 岗位对培训的需求

掌握安全生产、防灾减灾救灾、应急救援类基础知识；运用现代培训方法提升课程开发以及课堂呈现等能力。

3. 培训对象对培训的需求

1）企业内部培训教师

这类培训教师普遍有丰富的工作实践，熟知企业情况以及参训人员状况，但是普遍缺乏系统的理论基础和专业的培训技巧，对参加专业的师资培训项目意愿强烈，希望能通过参加培训，看到差距及存在的问题，学到科学的培训方法，提升培训效果。

2）中介机构安全培训教师

这类培训教师水平良莠不齐，不乏有一些有专业背景且从事多年安全培训的教师。这部分人参与培训，更多的是为了更新知识、交流经验、寻找更多参与市场化培训的机会。还有一部分人由于进入培训教师队伍不久，有专业支撑且培训方法灵活，但缺乏从业的有效证书，他们参加培训更多的是为了获取培训合格证。

3）商业化安全培训教师

这部分人在安全培训市场上有一定的认可度，对自己授课的培训课程了然于心，针对服务的目标客户需求熟练运用不同的培训方法，他们参加培训更多的是为了获取国家级培训机构的认可，从而提升占领培训市场的份额。

（四）确定培训目标、内容和方式

1. 培训目标

通过项目的实施，使培训对象熟悉安全与应急培训的原理、方式和规律，掌握培训需求分析、课程设计和教案编制的技巧，提高培训演讲技巧和培训现场控制能力，了解国内外安全与应急培训的先进模式和技术，强化教师的事业心、进取心和自我激励等。

2. 培训内容

培训共66学时，其中，线上培训10学时，线下培训56学时，考核8学时。线上内容涵盖了安全生产、防灾减灾救灾、应急救援等专业知识；线下内容主要包括我国应急管理形势与任务、应急管理相关法律法规、应急管理基础知识、安全生产管理、安全心理学、课程设计与开发、现代培训方式方法等。

考核采取笔试与试讲演练相结合的方式，笔试满分100分，80分以上为合格；学员试讲演练为6分钟，评委平均评分为70分以上为合格，两种考试都合格才可获取培训证书。

3. 培训方式

基于培训内容，项目综合采用讲授式、案例式、研讨式等培训方式，注重与培训对象的互动。通过课堂练习、小组研讨、讲演、课后讲评等教学活动，充分调动培训对象学习的参与度与积极性。

（五）培训课程体系设置及审定

1. 培训课程体系设置

安全和应急管理培训教师培训课程主要包括习近平总书记关于应急管理重要论述、安全生产培训相关法规及政策、安全生产管理基础知识、现代成人培训理念、培训课程设计与开发、安全生产心理学等6个模块。根据课程模块确定具体的培训课程及相应的知识要点，共分为 8 个专题讲座，1 次案例教学和 1 次分组研讨。

2. 课程体系审定

为确保培训效果，应急管理部培训中心邀请行业内专家学者参与审定，并征求有关方面的意见。审定的重点是课程体系是否贴近培训工作的总体目标，是否有利于对培训质量的有效评价。一是审定课程体系是否具有科学性，即课程设置是否具有系统性、综合性，各模块之间的关联性。二是审查课程体系适用性，即课程对于应急管理干部的针对性、指向性和可接受性。三是审定课程体系的先进性，即课程是否新颖，紧跟新时代的步伐，是否具有前沿性、前瞻性和与时俱进的特点。

（六）组织实施

1. 培训前期准备

一是做好培训需求分析，设计课程内容，选择授课教师，遴选培训辅导教材，设计《课堂教学评估表》《综合问卷调查表》，与网络培训部门沟通线上培训班事宜。二是培训地点的选择，印发通知，相关资料的印制等。三是对培训相关咨询的答疑。

2. 实施过程管理

1）网络学习管理

指导受训人员使用分配的账号和密码，登录应急管理网络学院自主学习。必修学时为 10 学时，网络课程包括了安全生产、防灾减灾救灾、应急救援等专题。

2）面授培训管理

实行班主任制度，培训班配备 1 名班主任、1 名班主任助理。他们将全程跟踪，做好服务。

（1）培训组织管理。建立班级微信群，及时传达班级管理信息，也有助于增进受训人员之间的交流和学习；严格课堂纪律、考勤制度，学员上下午签到，超过 2 次缺勤不参加试讲考核。

（2）教师授课管理。要求教师严格按照教学内容制作多媒体课件；不但要传授理论知识，更要注重运用现代培训方式方法；发放《课堂教学评估表》，对授课教师一课一评，并把统计结果反馈给授课教师。对学员评分最低的教师实行末位淘汰。

（七）培训评估及总结

项目遵循 PDCA 模式，以循环创新和持续改进为目标，对培训效果进行反应层和学习层的两级评估。

1. 培训教师能力评估（反应层）

设计《课堂教学评估表》，分别从教学内容、教学方式与方法及教学效果三个方面对授课教师教学情况进行评估。

2. 课程满意度评价（反应层）

采用《综合问卷调查表》，对培训班所设课程的必要性、合理性等由受训人员进行整体评价，评价意见分为很有必要、有必要、一般和没必要四个层级。对参加培训班的总体评价分为收获很大、有收获、一般和收获很小四个层级。

3. 综合考核评估（学习层）

对培训教师的综合考核评估一般分为理论考试和试讲考核两个环节。根据"培训对象学到了哪些知识"等内容,对学员进行理论知识考核。根据"培训对象在哪些态度上发生了转变、掌握或提升了哪些技能"等内容,对学员进行试讲考核,综合考核评估成绩 80 分以上为合格。

最后,根据《课堂教学评估表》《综合问卷调查表》和综合考核评估情况的统计、分析,做好培训班总结,以备改进措施,及时调整培训方案,优化培训内容和方式。

第七章　安全与应急网络培训管理

2008年，习近平总书记在全国干部教育培训工作会议上强调，要充分发挥网上培训覆盖面广、共享性好、灵活性强、成本低廉的优势，开展在线学习、网络培训和远程教育，以适应现代培训发展的新趋势，并有效解决工学矛盾等实际问题。现阶段，网络培训已经成为同脱产培训、在职自学等并行的重要学习方式之一，特别是突如其来的新冠肺炎疫情暴发，更是催生加快了网络培训发展进程。网络培训作为一种新兴培训模式，符合培训管理的一般规律，遵循基本流程，同时因为网络的特殊性，与传统培训管理的固有思路相比，在各个方面又有较大不同。本章简要介绍网络培训发展历程、安全与应急网络培训项目的策划与设计、网络培训课程的开发与管理等内容。

第一节　互联网＋安全与应急培训

20世纪90年代，中国互联网＋教育培训模式的尝试和探索已经开始。2015年，李克强总理在《政府工作报告》中提出制定"互联网＋行动计划"，"互联网＋"这一名词迅速铺展开来，各行业、各领域，全方位、多角度不同程度与互联网＋迅速融合，成为产业界和学术界高度关注点，尤其是互联网＋教育培训产业被普遍认为是最受关注的领域之一。

一、"互联网＋教育培训"兴起的背景

2012年11月，易观集团董事长兼CEO于杨在第五届移动互联网博览会上首次提出了"互联网＋"的概念。2015年3月，李克强总理提出"互联网＋"行动计划，将重点促进以云计算、物联网、大数据为代表的新一代信息技术与现代制造业、生产性服务业等的融合创新，发展壮大新兴产业，"互联网＋"成为国家的一个发展战略。2015年7月，国务院颁布《关于积极推进"互联网＋"行动的指导意见》（简称《指导意见》）指出："'互联网＋'是把互联网的创新成果与经济社会各领域深度融合，推动技术进步、效率提升和组织变革，提升实体经济创新力和生产力，形成更广泛的以互联网为基础设施和创新要素的经济社会发展新形态"。《指导意见》从顶层规划了"互联网＋"发展宏伟蓝图，提出了明确的发展目标，并列出了十一个具体行动，涉及国民经济的方方面面，可谓既高屋建瓴，又落地生根。在教育培训行业，《指导意见》明确提出："要鼓励互联网企业与社会教育机构根据市场需求开发数字教育资源，提供网络化教育服务。鼓励学校利用数字教育资源及教育服务平台，逐步探索网络化教育新模式，扩大优质教育资源覆盖面，促进教育公平。鼓励学校通过与互联网企业合作等方式，对接线上线下教育资源，探索基础教育、职业教育等教育公共服务提供新方式。推动开展学历教育在线课程资源共享，推广大

规模在线开放课程等网络学习模式,探索建立网络学习学分认定与学分转换等制度,加快推动高等教育服务模式变革。""互联网+教育培训"行动是关系到学校、社会教育机构和互联网企业等多方参与、共同协作的系统工程。"互联网+"的发展不是用来取代传统教育培训的,而是促进传统教育培训焕发出新的活力。

二、"互联网+"对教育培训的影响

"互联网+"是指以互联网为主的一整套信息技术在经济、社会生活各部门的扩散、应用过程,即"互联网+各个传统行业"。"互联网+"不是简单地把互联网和传统行业强加在一起,而是运用互联网平台和信息技术,使得互联网和传统行业深度融合,充分发挥互联网在社会资源配置中的优化和集成作用,提升全社会的创新力和生产力,形成更广泛的以互联网为基础设施和实现工具的经济发展新形态。"互联网+"对教育培训产生深入骨髓的影响,促进了新教育培训生态的重建。

新冠肺炎疫情暴发后,网络课程及在线学习更加广为人知。2020年7月6日,人力资源和社会保障部等部门联合发布了9个新职业,在线学习服务师"升级"为新职业,从业者转入"正规军"。在线学习服务师是指运用数字化学习平台(工具),为学习者提供个性、精准、及时、有效的学习规划、学习指导、支持服务和评价反馈的人员。其主要职责:①对学习者进行学情分析,提出针对性的学习规划和学习建议;②为学习者提供全方位、全周期的个性化指导、支持和课程管理服务,解决学习者学习过程中的技术、内容、方法等问题;③负责在线学习的班级管理,为学习者建立和维护在线交互社群;④运用分析和评价工具对学习者的学习活动和学习成果进行综合评价并及时反馈;⑤根据学习者体验,对学习平台、学习工具、学习资源等提出优化建议。

党的十九届四中全会提出:"要发挥网络教育和人工智能优势,创新教育和学习方式,加快发展面向每个人、适合每个人、更加开放灵活的教育体系,建设学习型社会。"党的十九届五中全会审议通过的《中共中央关于制定国民经济和社会发展第十四个五年规划和二〇三五年远景目标的建议》中强调:"发挥在线教育优势,完善终身学习体系,建设学习型社会。"两次全会提出构建和完善全民终身学习的教育体系,这既反映了世界教育发展的终身化趋势,也指出我国构建终身学习体系、打造学习型社会的方向。网络教育和人工智能的发展,在创新学习方式中发挥极其重要的作用。

当今世界,正在经历一场更大范围、更深层次的科技革命和产业革命。互联网、大数据、人工智能等现代信息技术不断取得突破,数字经济蓬勃发展,各国利益更加紧密相连。5G已经蓄势待发,智能手机、平板电脑等移动终端发展日新月异,大数据、云计算、区块链技术推动工业时代演进为数字时代。互联网带给我们的,除了生活方式的改变,还有学习方式和学习习惯的转变。各地网络培训平台建设和网络培训工作也呈现良好的发展势头,许多单位在网络培训体系建设、课程资源建设、新技术手段应用等多方面取得了成效,积累了经验。

(一)"互联网+"让教育培训从封闭走向开放

"互联网+"打破了权威对知识的垄断,让教育培训从封闭走向开放,人人能够创造知识,人人能够共享知识,人人也都能获取和使用知识。在开放的大背景下,全球性的

知识库正在加速形成，优质教育培训资源得到极大程度的充实和丰富。这些资源通过互联网连接在一起，使得人们随时、随事、随地都可以获取他们想要的学习资源。学会学习和终身学习，是信息社会对公民的基本要求。互联网技术与教学的整合，迎合了时代的要求，在培养公民树立终身学习的态度上，有独到工夫。

（二）"互联网＋"使教师和学员的界限不再泾渭分明

在传统的教育培训生态中，教师、教材是知识的权威来源，学员是知识和技能的接受者，教师因其拥有知识量的优势而获得课堂控制权。但在"互联网＋"时代，学员获取知识已变得非常快捷，师生间知识量的天平并不必然偏向教师。此时，教师必须调整自身定位，让自己成为学员学习的伙伴和引导者。

（三）"互联网＋"对教育培训资源重新配置和整合

一方面，互联网极大地放大了优质教育培训资源的作用和价值，从传统一个优秀老师只能服务几十个学员扩大到能服务成千上万个学员。另一方面，互联网"联通一切"的特性，让跨区域、跨行业、跨时间的合作研究成为可能，这也在很大程度上规避了低水平的重复，加速了研究水平的提升。在"互联网＋"的冲击下，传统的因地域、时间和师资力量导致的教育培训鸿沟逐步被缩小，教育培训有效供需将逐步平衡。

三、"互联网＋教育培训"特征

"互联网＋教育培训"是一种新型教育培训形态，是推进互联网及其衍生的相关技术与教育培训深度融合，实现对教育培训的变革，创造教育培训新业态。他并非仅仅是互联网、移动互联网技术在教育培训领域上的应用，也不仅仅是教育培训用互联网技术建立各种教育、培训平台，而是互联网、移动互联网与教育培训深度融合，是推动教育培训进步、效率提升和组织变革、增强教育培训创新力和生产力的具有战略性和全局性的变革。"互联网＋教育培训"作为一种新型教育培训形态具有以下五个特征。

（一）跨界连接

"互联网＋"中的"＋"表达的就是一种跨界，是由此及彼的连接，在跨界连接基础上产生一种新形态。在教育培训领域，互联网可以说无所不能"＋"，可以"＋"理论，可以"＋"课程，可以"＋"培训，可以"＋"管理，可以"＋"技术，可以"＋"组织等。每一种"＋"体现的都是跨界连接，都是原有教育培训层次和水平的升级，一次质的飞跃。"互联网＋培训"，通过人机交互模式、人工智能等，使老师和学员由线上分离变为线上互动结合、问答交流的体验得以实现。

（二）创新驱动

"互联网＋教育培训"体现的是用互联网思维对教育培训整体及部分创新，使教育培训发生质的变革，达到水平的飞跃。一是强化技术对教育培训创新的支撑。如图形图像技术、搜索技术和社交网络促进互联网教育培训形态的进一步发展，数字化、虚拟世界、云计算、网络视频、课题录制、移动教学等新技术带来了教育培训互动创新模式的形成等。二是形成开放分享式创新。互联网技术为创新的开放和分享提供便利与可能。教育培训主体的创新理念和设想通过互联网进行创新协作和集成，使参与者共享成果、教育培训的创新点迅速扩散，并发展为创新的线和面。

（三）优化关系

"互联网+教育培训"打破原有的各种关系结构，对其优化重组，升级到更高水平，使师生关系、教育培训机构与学员的关系发生根本变化；改变组织、合作关系等的传统内涵，使现实世界与虚拟世界界限模糊；让学员拥有学习选择权，进行广泛的分享，实现信息的对称交流；使人的角色关系互换、变化，真正集成大众智慧进行创新。

（四）扩大开放

"互联网+教育培训"使教育培训走出了学校及其他教育培训机构，跨越地区、国家，全球连成一片，实现了真正的开放。可汗学院就是一个典型案例。2007年，可汗学院创立。其目的是让更多人能够享受有品质的教学。该院经过两年的努力迅速聚集了1000万名学员，成为世界上最大的网络"学校"。

（五）更具生态性

教育培训的生态性表现为多元、多样、自然、进化、渐进、质变等。"互联网+教育培训"使教育培训上述特性更突出、更具操作性。因为先进的技术可以更广泛地关注每一个学员，把学习内容呈现得更多样、更合乎需要，而教师与学员的角色和作用也将发生深刻变化。学员的主体地位、创造性更能充分表现，学习方式更加个性化、细微化，使学习变得无处不在、无所不能。教师更主要是指导者、引导者，是学员技能和意识提升的关心者、启迪者。

四、安全与应急网络培训的现状

安全与应急网络培训尚处于不懈探索过程中。根据培训对象的不同，有面向应急管理干部和面向企业安全生产从业人员及安全生产社会中介机构从业人员的两类网络培训。由于其政策完善度不同，两类网络培训也呈现不同的发展态势。

（一）应急管理干部网络培训效果显著

近年来，网络培训已逐步成为干部教育培训的重要方式之一。2012年，中央组织部开通了中国干部网络学院，绝大部分省市都已经开通了干部网络培训平台，大部分中央和国家机关部委、中管金融企业、中管企业和中管高校也广泛开展了干部网络培训。为适应网络培训快速发展的新形势，在总结实践经验的基础上，2015年10月颁布的《干部教育培训工作条例》提出，要充分运用现代信息技术，完善网络培训制度，建立兼容、开放、共享、规范的网络培训体系；提高干部教育培训教学和管理信息化水平，用好大数据、"互联网+"等理念和技术手段。这些举措将有利于引导和规范网络培训健康发展，更好发挥现代信息技术在教育培训中的作用，为干部教育培训工作注入新的活力。《2018—2022年全国干部教育培训规划》围绕干部教育培训和互联网融合发展，提出干部教育培训的目标任务和工作要求，调整了网络培训量化指标，将各类干部每人每年网络培训学时要求统一为不低于50学时，同时规定网络培训学时不计入脱产培训学时，进行单独核定提升了干部网络培训的考核比重。中央的这些决策部署既谋长远又重实际，既注重宏观指导又明确具体措施，为干部网络培训指明了方向、提供了重要遵循。2020年7月21日，国家市场监督管理总局和国家标准化管理委员会联合发布公告，批准《干部网络培训业务管理通用要求》（GB/T 38856—2020）等10项国家标准正式发布，进一步用标准化手段解决干部网络培训标准化的需要。

应急管理干部网络学院作为应急管理干部网络培训的主阵地，由应急管理部人事司主管，应急管理部培训中心承办，其前身为2015年9月建成的全国安全监管干部网络学院。应急管理干部网络学院持续加强平台、课程、服务、制度和队伍"五位一体"能力建设，进一步夯实基础，现全面支持电脑端、App端、微信端多端访问、数据同源，可为学员提供自主学习、专题学习、直播学习、社交学习、线上线下相结合培训学习、测试考试、知识查询、学习档案管理等服务；构建包括理论教育、党性教育、专业能力（应急管理、安全生产、防灾减灾救灾）、综合知识和其他等5大门类的网络课程体系框架，收集整理包括应急管理方面法律法规、政策文件等教学辅助资料，供学员开展自主选学。通过出台《应急管理干部网络学院管理暂行办法》，进一步明确应急管理干部网络学院建设目标和意义、管理体制及职责分工、学员和学员所在单位职责、教学资源开发、教学方式组织、质量评估、数据信息保存、运行维护、品牌知识产权和资产等内容。学院建立了应急管理部机关和所属事业单位、省、市、县四级共4527名的网络培训管理员队伍，明晰了做好学员信息维护、学习过程答疑解惑、督学提醒等服务职责。

2019年，应急管理干部网络学院受应急管理部人事司委托相继开设"深入学习贯彻习近平新时代中国特色社会主义思想和应急管理知识""应急管理与安全生产风险防范""自然灾害防治基础知识""化工安全专业知识"等4期网上专题培训班；受应急管理部政策法规司委托，举办省级以上安全监管执法人员及执法证到期换证培训班；受北京市应急管理局、河北省应急管理厅、湖南省应急管理厅等单位委托，举办区县安全监管执法人员及执法证到期换证网络培训班，共有79家单位约1万余名应急管理干部参加学习，实现了省级以上应急管理干部网络培训和部分省份县级以上应急管理干部网络培训全覆盖。

2020年，应急管理部印发《全国应急管理干部大培训总体方案》，提出应急管理部每年组织应急管理干部参加网络培训，把网络培训作为干部培训的重要渠道，做到课程设置科学、内容及时更新、全年不间断、全员全覆盖、逐年有提升。依托应急管理干部网络学院，主要开展习近平新时代中国特色社会主义思想及党的十九届四中全会精神、习近平总书记关于应急管理重要论述、党史新中国史、应急管理综合实务、危险化学品安全、非煤矿山安全、工贸安全、自然灾害防治、应急处置与救援等专题培训。目前，已注册132081人，实现省、市、县三级应急管理干部网络培训全覆盖，单日学习最高峰值近4万人。

（二）企业安全生产网络培训基本处于自发探索阶段

据不完全统计，现有社会化企业安全生产网络培训平台不足30家，由于缺乏安全生产网络培训规章制度依据和可操作的标准，这些平台基本上处于自发探索阶段。新冠肺炎疫情发生后，为统筹加强复工复产安全防范和安全服务工作，有效防范疫情传播和生产安全事故，应急管理部于2020年2月制定出台了统筹推进企业安全防范和复工复产八项措施，其中第七条措施是加强线上安全教育培训，组织专家和专业监管人员对企业重点岗位人员、新录用人员进行免费线上安全培训，重点讲解岗位安全操作规程。全国各省因地制宜，陆续开展复工复产网络培训工作。

应急管理部培训中心主办的应急管理网络学院，积极普及疫情防控基础知识和推进企业安全防范和复工复产培训，陆续推出《新冠肺炎防控知识手册》《疫情防控期间使用消毒产品的安全提示》《疫情防控期间复工复产安全防范》等3个专题疫情防控公益网络微课程，全网累计学习人数突破1.5亿，单日学习峰值人数达2500万人，小时学习峰值超过300多万人；免费为湖北、湖南等10余个省（市、区）和1000多家生产经营单位近45万职工特别是企业重点岗位人员、新录用人员提供疫情防控、安全生产责任制落实、班组安全管理、个人安全防护、岗位安全操作规程等线上培训资源及服务。

黑龙江省应急管理部门为有效满足疫情防控期间复工复产企业培训需求，在全系统部署采取"线上＋培训"的形式开展免费安全培训。从国家认可的培训平台中优选后，推荐给各企业和培训机构，并明确线上学习课时按1：1比例计入培训总课时。在疫情应急响应解除后的30个工作日内，凭线上培训平台出具的学时记录申请考试考核，特种作业新培人员还需按培训大纲学时要求完成"实操"培训后，再申请考试考核，为企业安全复工复产"托住底"。

江西省应急管理部门下发通知，暂停安全生产集中培训和考试，并积极联系了3家安全生产网络学习平台，为江西省相关企业从业人员提供复工复产前免费网络在线培训。同时要求，疫情防控期间，企业一律不组织员工参加各类培训机构开展的集中培训，鼓励通过远程视频直播、网络培训平台、手机App等方式开展员工安全培训。各企业和培训机构可根据实际需要自行选择。

湖北省应急管理部门在新冠肺炎疫情防控关键时期要求停工停产不停学，安全培训一刻也不能放松。坚持疫情防控和安全生产"两抓两不误"，在抗击疫情的同时，紧抓企业安全生产，创新思维，想方设法提升企业员工的安全知识和安全技能。依托应急管理网络学院、湖北应急管理网络学院等网络培训平台为三岗人员提供免费的公益在线安全培训，为2万余名相关从业人员提供在线培训，取得了良好的社会效果，得到了社会各界的广泛好评。

五、安全与应急网络培训目前存在的问题

一是培训平台功能还不能契合当下最前沿的网络培训技术、模式，与国外和国内先进的网络培训平台在功能和运营上还存在一定差距，还不能充分满足各级各类培训对象的需求。

二是没有形成科学系统的线上线下相结合培训模式课程体系，未充分构建基于"互联网＋"思维的线上线下相结合教育培训模式。

三是存在标准不健全、政策不明确、措施不到位、课程不共享以及同现实需要不相适应等突出问题。

四是课程资源建设有待加强，部分课程资源内容老化，对各级各类培训对象缺乏针对性。课程资源整体质量不高，安全与应急专业课程特点不突出、实效需求还无法充分满足，未能形成上下联动的资源共享格局。

因此，着眼于建设兼容、开放、共享、规范的安全与应急网络培训体系，推动优质网络培训资源共建共享，急需规范和加强安全与应急网络培训工作，共建安全与应急网络培训生态圈，有效提升安全与应急培训供给能力和质量，进一步夯实安全与应急工作基础。

六、安全与应急网络培训发展趋势

（一）结合行业特点，融合最新技术手段

充分运用"互联网+"，用好互联网、大数据、人工智能等信息化手段，推广当下最新的 VR 应用、AR 应用、智慧化应用系统、人脸识别等，让课堂更有感染力、培训更有吸引力。

（二）创新培训方式方法

根据培训内容要求和应急管理干部及其他学员特点，改进网络培训方式方法，探索运用访谈教学、论坛教学、行动学习、翻转课堂、雨课堂智慧教学等方法。鼓励和支持运用网络培训、专题讲座等形式开展各方面基础性知识学习。

（三）统筹整合网络培训资源

根据需求分类建立课程体系，梳理岗位能力模型，开展好课程推荐遴选等活动，建立安全与应急师资系统，形成网络培训资源生态闭环。建设在线学习精品课程库，迭代开发移动学习平台。严把网络培训的政治关、质量关、纪律关。

（四）健全标准制度体系

坚持依法依规、科学合理、统一规范、通用适用的原则，从综合类、平台类、内容类、数据类等方面加强网络培训标准体系研究，组织有关单位分批编制网络培训标准，形成较为完备的标准体系。

（五）加强师资队伍网络培训能力建设

加强安全与应急专兼职教师网络培训能力建设，如学习网络课程开发基础知识、培训课程设计等，掌握相关主流课程开发软件基本操作，视频类课程、网页类课程开发工具使用和制作技巧等。

（六）加强借鉴教育人社等部门的好经验好做法

探索建立学习培训学分银行制度，有序开展学习成果的认定、积累、转换，制定线上学习课时按比例计入培训总课时的标准，逐步实现理论知识更新再培训以线上培训为主。探索建立学员个人终身账号和档案，存储个人学习、培训、从业等信息，一人一档、终身有效，使培训和考核过程可追溯。

第二节 安全与应急网络培训项目策划与设计

网络培训作为培训的一种形式，其本质依然是培训。因此，在对网络培训项目进行策划与设计时应符合培训项目策划与设计的一般规律，遵循基本流程。关于培训项目策划与设计的一般规律与流程在本书第六章已经进行了详细的讲解，本节不再赘述，需要关注的是，在符合、遵循培训项目策划、设计的一般规律和基本流程的基础上，网络培训项目的策划与设计必须基于网络的特殊性，不能简单套用传统面授培训项目策划设计的固有思路。明确网络培训与传统面授培训区别是有针对性做好网络培训项目策划与设计的基础。

一、网络培训与传统面授培训的区别

网络培训又称 E – Learning、在线培训、网络教育和在线学习等。E – Learning 强调运用计算机网络技术辅助教学，以提高教学效果。在实际应用中的"E"代表电子化（Electronic）的学习、有效率（Efficient）的学习、探索（Exploratory）的学习、经验（Empirical）的学习、拓展（Extended）的学习、延伸（Extended）的学习、易使用（Easy）的学习、增强（Enhanced）的学习，"E"所代表的含义正是网络培训与传统面授培训的重要区别。

（一）网络培训与面授培训在时空性、地域性上的区别

面授培训对于时空、地域要求较高，往往授课对象与讲师处于同一时空、地域，面对面直接进行信息的传递。这种传递方式的优势在于方式直接、便于互动。但因其对时空、地域要求较高，存在传播范围小、传播效率低的不足。相对于传统面授培训，网络培训可突破专家、培训场地等客观条件对于培训的限制，通过网络打破时间、空间阻隔，进行自由配置和实施。和传统面授相比，网络培训可以让不同时间、空间的学员迅速便捷实现同质学习，完成信息的传递、知识的获取，并通过网络可进行相互沟通与协作。因此，在学员难以集中的培训项目中，网络培训可发挥更大的作用。但是在互动性上，网络培训与面授培训相比在现阶段仍存在不足。

（二）网络培训与传统面授培训在培训进程主导权上的区别

在传统面授培训中，讲师是整个培训过程的实际掌控者，对整个培训进程牢牢掌控，学员则在讲师掌控的培训进程中获得知识传递。网络培训则是以学员为主体，学员通过网络及终端获取培训资源，是否学、何时学、如何学、学多少均由学员自行掌控，网络培训组织方对培训的管理体现在前期准备和制度建立上。面授培训中讲师对于培训进程的强掌控，可以确保培训进程的完成进度与阶段效果，但对针对学员反馈的调整则受到课程体系与讲师水平的影响。网络培训以学员为主导，学员根据自身的感受调整学习进程，可以获得更为个性化的过程设置，但是因学员个人主导，完成进度与阶段效果受学员个人学习主动性影响较大。因此，在能力提升类的培训中，网络培训往往更容易激发学员的主观能动性，取得比面授培训更好的效果。

（三）网络培训与传统面授培训在教学、学习形式上的区别

面授培训教学形式、学习形式随着培训理论及科技发展，已由单方面讲授发展成为课堂讲授、实操模拟、浸入式体验等多种教学、学习形式，大大提升了培训效果，但因实操模拟、浸入式体验等新兴教学手段对于场地、硬件要求较高、资金投入较大，现阶段尚难以大范围普及。网络培训基于网络传输和平台技术的发展，除可以实现文字、音频、图画、视频类教学外，也可以通过直播教学、交互页面、模拟操作等实现互动教学。随着 5G 技术的发展，虚拟现实技术（VR）、增强现实（AR）、混合现实（MR）等更先进的培训技术将应用在网络培训中，实现个性化、交互化学习。因此，在内容复杂、危险因素较大、难以模拟实操的一些培训项目或硬件投入建设压力较大的项目中，网络培训可以发挥"小投入、办大事"的优势。

（四）网络培训与传统面授培训在教学管理上的区别

培训实施过程中，培训的过程及档案的管理一直是培训管理人员的难点，随着信息化技术的不断发展，身份识别技术的不断进步，网络培训已能够实现涵盖培训报名、实施、考核、归档等全流程管理。网络培训的管理能够提升效率，减少人为错误。因此，从培训管理的角度，网络培训的信息化属性是传统面授培训所没有的先天优势。

可见，传统面授培训与网络培训各自具有自身的特点及优势。专业培训工作者在进行网络培训项目策划与设计时，应基于网络培训的特点，突出其优势，才能使网络培训取得最佳效果。

二、安全与应急网络培训的特点

安全与应急网络培训因其对象、需求、目标的不同，与一般网络培训相比，具有其特异性，也正是这些特异性，决定了安全与应急网络培训的策划与设计具有更大的难度、更高的要求。

（一）安全与应急网络培训对象的特点

我国现阶段一般网络培训对象多为以下几类群体：在校学生或学龄前儿童、资格证书考生、能力提升需求人员。这几类群体存在一个共同点，即群体特征明显，个体差异较小，培训对象共性较高。如在校学生或学龄前儿童培训，往往其年龄段、基础知识水平接近，具有共性；资格考试往往需具备统一报考条件要求，因此资格证书考生多具备接近的知识水平，具有共性；能力提升需求人员看似构成复杂无规律，但其对于某项能力的需求即为其共性。因此一般网络培训中培训对象共性突出、特征明显，对其需求的分析确定较为容易，甚至可以说，培训可以确定培训对象的内涵和外延，培训对象要去适应培训的要求。

与此相对，安全与应急网络培训对象构成复杂，分析难度较大，很难确定培训对象的共性。安全与应急网络培训对象包括各级各类应急管理干部、消防救援人员以及"三项岗位"人员、其他从业人员等，全面涵盖社会广泛人群，很明显在安全与应急网络培训中，培训很难确定培训对象的内涵和外延，去适应培训对象的要求。

因此，在进行培训对象分析时，安全与应急网络培训与一般网络培训存在略有不同的路径——一般网络培训是从培训出发去分析，因为培训决定培训对象；安全与应急网络培训则要从培训对象去分析培训，培训对象决定培训。两种略有不同的路径决定了在进行安全与应急网络培训策划与设计时，要紧紧围绕培训对象的特点，不能闭门造车。

（二）安全与应急网络培训需求的特点

与一般网络培训相比，安全与应急网络培训的需求更为复杂和立体。再次以在校学生或学龄前儿童、资格证书考生、能力提升需求人员为例：在校学生或学龄前儿童参加网络培训的核心需求是学历、学分，需求简单而明确；资格证书需求、能力提升需求更是明显单一，非常容易确定。安全与应急网络培训的需求则不同，全国应急管理干部、消防救援人员以及"三项岗位"人员分布在不同的行业、地区、岗位，往往是多种需求交织在一起，需要综合立体分析方能确定。

比如在对新进员工进行培训需求分析时，往往容易从三级安全教育的法规要求出发，或者从企业岗前能力教育出发，又或是从企业管理出发等，而这些需求就像是组成整体的一部分，仅仅从这些需求出发往往变成"瞎子摸象"，只能取得局部的成果，但如果对其整合，这一需求就非常清晰，减少了企业事故的发生，保证员工和企业的安全。同时，因为应急培训针对的是突发事件，而突发事件所具有的不确定性，使得培训需求的确定更为困难，加大了安全与应急网络培训需求确定的难度。

因此，和一般网络培训相比，安全与应急网络培训在进行策划与设计时，对培训需求的分析要从整体出发，针对突发事件的特点，结合安全风险分析的相关工具，进行综合立体的分析，才能得到相对准确的结果。

（三）安全与应急网络培训目标的特点

培训目标的确定往往受到培训需求分析结果的影响，是培训需求分析的直接产物，安全与应急网络培训目标也同样具备复杂、多变，难以确定的特点。一般网络培训的目标多为学时的完成、考试的通过等，其目标与需求同样简单、纯粹。安全与应急网络培训的目标则较为复杂，往往不是可简单检测验证的目标，而是需要综合分析评测的结果。

再次以新进员工培训目标的确定为例，完成规定学时培训、通过新进员工入职考试这种培训目标只是培训需求中的组成部分之一。如只是基于设定好的培训目标往往会使培训与需求偏离，无法取得理想的效果。正确的培训目标应该以综合立体分析得到的培训需求为依据，比如针对新进员工的身份，综合考虑组织需求、结合风险分析结果，可分析确定具备保证安全的基础上提升相关绩效能力是新进员工培训的目标。因此，在进行策划与设计时，要基于提升安全能力，保证企业安全，提升相关绩效这一目标进行。

可见，相对于一般网络培训，安全与应急网络培训在进行培训需求与目标确定时难度更大。专业培训工作者在进行网络培训项目策划与设计时，应从培训对象出发，综合分析确定整体需求并以整体需求满足为目标。

三、安全与应急网络培训项目设计

经过对网络培训与传统面授培训的对比分析，结合安全与应急网络培训的特点，在进行项目策划与设计时，应做好下列工作。

（一）培训需求的确定

（1）确定培训对象，并对培训对象进行分类。分类的依据应结合网络培训的特点，不仅仅对培训对象的年龄、知识结构、基本能力等进行分类，也应对培训对象对网络培训的了解和掌握程度、网络培训可能使用终端的持有和使用情况进行分类。

（2）根据分类结果，确定培训对象的主要特征和不同分类群体各自的共同性，并对这些特征及共同性进行分析，确定培训对象的培训需求。

（3）将培训对象的培训需求与组织需求进行比对及融合。在这个过程中，要基于安全与应急网络培训的特点，对多个需求进行融合的同时从整体的角度去分析，特别注意应急培训中风险识别理论的科学运用，将不确定风险"黑天鹅事件"（在特定的事件背景下，不可提前预测，超出事前对事件有关知识的掌握范围，并带来极端后果的低概率事件）作为培训需求确定的重要依据，提高培训需求的准确性和全面性，最终确定培训需求与培训目标。

（二）培训方式的选择

基于网络培训的特殊性，依据确定的培训需求，选择合适的培训方式。这里需要注意的是，安全与应急网络培训作为网络培训的一种，同样存在线上培训、混合式培训这两种不同的方式，而混合式培训又可细分为翻转课程、线上+线下培训等不同具体培训方式。根据培训需求的不同选择最适合的培训方式，下面举例几种需求与培训方式的对应关系，可供参考。

（1）单纯的宣贯需求——线上培训+考试。

（2）实操能力提升需求——混合式培训（理论线上+实操线下）。

（3）意识提升培训需求——混合式培训（翻转课堂式培训）。

（4）知识普及的需求——线上培训。

（5）绩效提升的需求——混合式培训循环（培训+评估）。

随着5G网络商用的发展，应关注VR、AR、MR等先进培训手段在网络培训中的应用，充分利用先进培训手段提升培训实效。

（三）实施方案的策划

在确定培训需求与培训目标的基础上，结合选定的培训方式，对安全与应急网络培训项目实施方案的策划，主要包括以下几点。

1. 培训大纲的梳理

对前期确定的培训需求与培训目标进行分析，梳理所涉及的知识内容及能力要求，确定培训大纲。培训大纲的确定不应仅仅是内容的罗列，还应结合培训方式的不同对所需知识内容及能力要求进行加工，使其逻辑顺序、学时搭配符合不同培训方式的特点。这里需要注意，培训大纲不得与现行法律规范相抵触，应满足或高于现行法律规范的标准要求。

2. 培训内容的策划

根据已确定的培训大纲，结合培训对象共性分析结果，以培训需求和培训目标为引领，确定具体培训内容。培训内容的确定不应仅仅是对培训大纲的扩充和解读，还应根据不同培训方式自身的特点进行培训内容的策划。比如对单纯线上培训，应考虑培训内容的灵活多样，吸引力强，如混合式培训应考虑线上培训内容与线下培训内容的彼此衔接与呼应。这里需注意，培训内容的确定与策划要通盘考虑到培训平台的选择以及培训课程的开发等因素，避免出现非常好的培训内容策划但无法实现等问题。

3. 培训平台的选择

其包括两层含义，第一层含义是培训平台的建设，第二层含义是培训平台类型的选择。因为培训平台的建设对培训策划中培训平台类型的选择有决定性作用，因此我们首先介绍培训平台的建设。

1）培训平台的建设

培训平台即在线培训平台，是指能够满足记录学员在线参加课程培训、考试、练习及调查问卷、培训交流等功能，能够对学员学习情况全程跟踪管理并全面掌握，实现对员工的远程培训的软件系统和硬件的组合。

培训平台的建设应结合自身需求，以满足自身具有最多共性的培训实施为目标，综合选择培训功能组合的培训系统及终端硬件。现阶段我国常见培训系统建设方式为定制培训平台、SaaS平台（SaaS是Software–as–a–Service的缩写名称，意思为软件即服务，即通过网络提供软件服务)、平台租用这三种方式。平台支持的终端硬件为电脑端、移动端,其中移动端又分为程序端、微信端等。

2) 培训平台类型的选择

在已有培训平台的基础上,培训平台选择的第二层含义是基于培训内容,结合培训需求及目标,单纯选择电脑端、移动端或二者结合实施培训。这里需注意培训平台的选择应合理,比如对需要长时间观看的培训课程不宜选用移动端,对针对一般从业人员的碎片化课程则不宜单纯选用电脑端。

4. 培训课程的开发与选用

培训课程的开发和培训平台的建设一样是个系统化的工作,涉及内容较多,这里不再详细展开,此处主要介绍培训课程开发与选用时应遵循的一些基本原则。以应急管理干部大培训"应急处置与救援"专题课程体系为例。

(1) 课程开发与选用应做好课程体系规划并实施。网络培训课程因其是前期开发,在具体培训实施过程中无法根据学员情况即时微调,灵活性相对于面授培训较低。为解决这一不足,就要求在进行网络培训课程开发选用之前根据整体培训工作安排,分析培训需求,设计规划课程体系。在设计规划课程体系时,宜采取模块化原则,将课程按照知识点划分至最小模块,由若干模块组成课程体系树(图7-1),在面对不同培训需求可以灵活组合模块,可形成不同专题,通过模块的不同组合提升网络培训课程的灵活性。

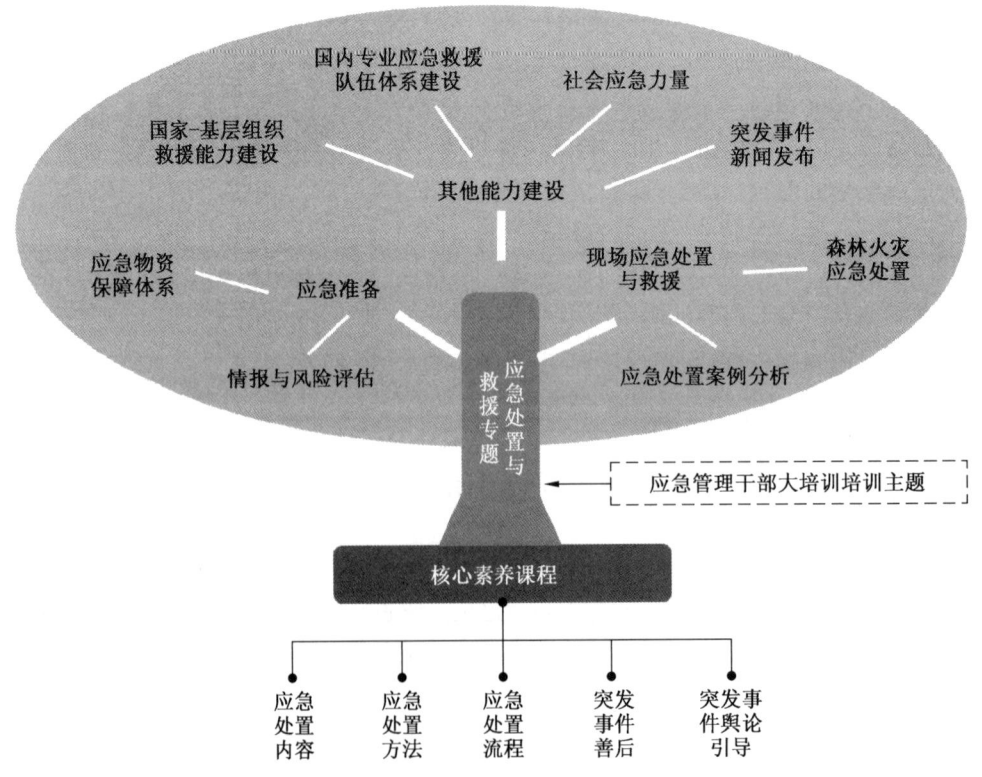

图7-1 课程体系树示例

(2) 课程开发与选用应符合培训对象的特点。针对不同培训对象应开发或选用符合其喜好的课程类型，如针对一般从业人员适宜开发或选用内容简单、形式多样、节奏轻快的微课（课程时长为 3 至 15 分钟的课程），针对管理人员往往适宜开发或选用内容丰富、讲解透彻、结构完整的标课。

(3) 课程开发与选用应符合培训内容的特点。针对不同的培训内容，应开发或选用能更好地阐释内容的课程类型，如针对简单、零散的小知识点，适宜选用图文动画等微课形式，不适宜采用课堂讲授的形式；针对系统化知识，适宜选用课堂讲授或课堂讲授与案例短片配合的方式，不适宜采用图文动画或 PPT 加配音的方式。

(4) 课程开发与选用应符合培训平台的特点。针对不同的培训平台，应开发或选用合适类型的课程。比如，主要在移动端使用的课程就不宜开发或选用表格、文字较多的表现形式，适宜开发或选用画面简洁、颜色轻快的表现形式。

5. 培训过程管理的设定

基于培训需求与培训目标的不同，以相关法律法规为依据，对安全与应急网络培训应采取不同的过程管理措施。过程管理措施可分为人为管理及技术管理两大类。

1）人为管理

其是指培训过程管控通过具体人员进行，这一方式多用于集中网络教学、直播网络教学中。集中网络教学是指将学员集中在统一的培训场所通过网络终端进行网络培训，其本质为将面授培训的师资替换为网络课程，其过程管理与传统面授培训并无本质差别。直播网络教学则是通过讲师或管理人员在培训过程中提问、调取学员屏幕、调取学员摄像头等方式进行现场监管，其本质是利用技术手段实施的人为监管。

人为管理方式的优点是能够灵活监管，最大程度上确保学员注意力的集中；缺点是受过程管控人员个人意志影响，其结果容易出现不规范、不标准的问题。

2）技术管理

其是指通过培训平台的技术手段，实现对培训人员的管理，这一方式多用于多点网络教学、自主网络教学中，是真正基于网络培训这一形式的管理手段。常见的技术管理手段包括但不限于人脸识别、验证码识别、防拖动设计、页面管控及监控、拍照监控、答题监控、反应监控等。技术管理与人为管理相比，因其实现是基于代码，在现代科技的基础上，能够实现标准统一、过程规范的监管记录，不足是无法监控培训过程中学员的投入情况。

6. 培训考试的设计与管理

培训考试的设计与管理应建立在培训项目整体设计的基础上，由培训需求与培训目标决定，受到培训平台选择的影响，紧密结合培训方式的选择，最终应确保能够对培训目标是否实现进行有效的检验。

（四）培训总结与评估

培训结束后，应对培训进行总结与评估。培训总结与评估的指导原则与传统面授培训并无较大差异，应重点关注的是如何充分发挥网络培训的技术优势，提高培训总结与评估的效率与质量。如利用培训平台的数据看板功能实现数据的可视化、清晰化，利用网络平台的大数据分析实现对培训后绩效提升情况的分析。

一个好的培训总结与评估能够对培训工作的不断提升起到关键作用，是培训闭环管理的关键环节。网络培训也是同样，特别是对于安全与应急网络培训这种意识培训与能力培训交织的培训形式，如何快速、准确的进行绩效评估对培训质量的持续提升具有关键影响力。

四、项目策划与设计时应考虑的其他因素

（一）培训平台间联动互动

我国安全与应急网络培训仍处于发展阶段，不同地区、行业均已有具备行业优势、满足行业用户需求的成熟培训平台存在。因此，如何实现不同平台之间的互动与联动，实现优势互补的同时避免恶性竞争，如何充分发挥现有多个平台的联动互动是现阶段安全与应急网络培训项目策划与设计时应考虑的因素，是安全与应急网络培训长久良性发展关键的因素。

（二）培训资源的共建共享

我国安全与应急网络培训多由原有的线下培训转型而来，原有的线下培训机构转型升级为线上培训机构必然造成线上培训机构先天带有缺陷。缺陷表现在从事安全与应急网络培训的培训机构多带有行业特征，其课程、讲师等培训资源只能满足部分培训需求；而原生线上安全与应急网络培训机构或缺乏足够资源，或快速开发资源以至于相关资源质量无法满足高标准的培训需求。因此，如果实现培训资源的共建共享是目前我国安全与应急网络培训亟待解决的问题，也是在进行安全与应急网络培训项目策划与设计时应考虑的问题。

（三）培训衍生产品的开发利用

通过对成熟的网络培训体系分析总结，成熟的网络培训体系往往更加重视线上线下的互动互联，其核心目的是通过快速传播的线上培训带动线下衍生产品。因此，在进行安全与应急网络培训项目的策划与设计时，应在策划设计阶段就充分考虑到与线下产品的联动，实现对培训衍生产品的开发利用。

（四）社交培训的有效使用

现阶段，社交购物、社交商务等社交＋赋能的软件已在人们的生活中发挥至关重要的作用，其核心原因在于社交功能巨大的凝聚力和快速的扩张力与大数据分析的结合，带来高效的分析与精准的推送。安全与应急网络培训同样因其行业性、专业性的特点，具有先天的社交优势，因此如何有效利用社交＋赋能提升安全与应急网络培训的质量，是进行培训项目策划与设计应予以考虑的问题。

本节，通过对网络培训的特点以及安全与应急网络培训特点的分析，得出做好安全与应急网络培训工作所应注意的重要环节，并在此基础上对安全与应急网络培训项目的策划与设计进行了介绍，最后结合当前安全与应急网络培训存在的一些迫切需求，指出了应前瞻性关注的要点。一个高质量的安全与应急网络培训项目的策划与设计不仅仅是一次成功培训的前提与基础，更是推动安全与应急网络培训行业整体发展的助推器，希望能有更多更好的安全与应急网络培训项目出现，进而推动整个行业的不断发展。

第三节　安全与应急网络培训课程开发与管理

一、网络培训课程概述

（一）网络培训课程概念

网络培训课程简称网络课程，是网络教学的核心，是网络学习环境的基础。网络课程是作为网络教学系统的一个有机组成部分而进行设计的，因此，在网络课程开发中要考虑到与网络教学系统中其他组成部分形成一个有机的整体。作为网络教学系统资源核心的网络课程，往往集教师、教材、教学媒体为一体，成为承载网络教学功能的核心要素，所以说网络课程在很大程度上影响着网络培训的质量。

网络课程包括网络课件和教学活动两个组成部分，网络课件是教学活动的内容基础，网络课程开发应当包括网络课件开发和教学活动设计。

（二）网络课程的核心要素

基于独特的教学内容设计和支撑环境特征，网络课程以多种媒体为载体，通过 Web 网页等形式与学员交互。网络课程具有以下六方面核心要素：

1. 教学设计

教学设计是网络课程的核心，指对课程的学习目标、学习过程及评价的设计，这是决定网络课程质量的关键。它的任务在于如何根据学员的特点和需求、学习内容的实际情况，依据教学理论，发挥技术的优势，为网络课程服务。教学设计涉及教学内容、教学策略、学习互动、学习支持、评价与反馈等方面内容，在很大程度上决定了课程的教学效果。

2. 教学资源

教学资源是物化了的教学内容，除了网络学习内容以及纸质教材、教学参考书等，同时，还包括教师补充的网络学习内容、网上师生互动的内容、辅导答疑的内容，以及网上获取的学习内容等资源。网络课程资源建设具有丰富的媒体和技术选择，选取恰当的资源呈现方式，满足成人学员的学习行为习惯，建设多种媒体有机结合的立体化教材。

3. 学习活动

学习活动在网络培训中，主要发挥引导学员学习、有效使用教学资源、提高学习效率的作用。学习活动主要由学习目标、学习任务、完成各个任务的操作步骤、学习资源、学习工具和支持服务、学习评价等部分组成。网络课程的学习活动设计应以实现课程目标为宗旨，设计师之间互动活动和学员自主学习活动，包括课程导学、自主学习、协作学习、课程辅导、学习评价，激发学员的学习自主性和积极性。

4. 学习支持

为促使学员进行有效自主学习，还需要为学员提供有针对性的学习过程支持，如导航、答疑、反馈等，因此学习支持是网络课程的核心要素之一。学习支持一般包括学习过程跟踪和记录、学习反馈、课后答疑、学习辅助工具等。由于网络课程的独特展现形式、学员学习技能的欠缺、突出的工学矛盾等，都需要有学习支持服务来督促、鼓励、帮助学员,支持学员坚定学习信心、克服学习困难、顺利完成学习。

5. 学习评价与反馈

网络课程的学习评价是指以学习目标为依据,运用一切有效的技术手段,对学习活动的过程和结果进行测量、衡量,并给予价值判断的过程。评价是教学过程中不可或缺的环节,对促进学习起到重要作用。设计网络课程评价应明确评价的目的,并遵循关注学习过程、评价内容多元化、评价方式多样化、评价手段网络化和人性化结合等原则。最常用的4种学习评价方式有考试、需评分的作业、在线评价以及档案袋评价。目前网络课程的评价方式以教师对学习者的评价(如作业和考试)为主,很少考虑学员自我评价以及同伴的评价,而这两种方式对学员获得学习成就感非常有效,对成人学员来说,考试的方式和内容也应该适合他们的学习特点。

6. 技术手段

网络课程通过信息技术手段实现,技术手段甚至会决定教学模式。当前网络教学平台中,交流和协作的功能比较普遍,技术管理和资源管理受到重视,但课程设计功能均有缺乏。我国普通高校网络教育在教学平台及网站建设方面已经从以网上简单地发布信息和共享资源,转变为利用网络辅助教学为主,很多学校已经开始大规模的基于网络的学习,网络的优势正在教育实践中得到发挥。近年来,互联网的视频直播、手机短信、QQ群微信群等手段越来越多地引入到网络课程中,并且起到了很好的效果。新一代的平台开发技术、虚拟现实技术等也在积极地探索中,这将必然带来网络课程新的发展,使得学习过程更加便捷、高效、人性化。

二、网络课程开发模型概述

网络教育的迅速发展对网络教育资源的质量和数量提出了更高的要求,迫切需要能以批量生产的方式开发出高质量的教育资源。网络课程的开发既涉及教学内容的教育性和科学性,又涉及网络培训的平台性和效益性。网络课程不仅涉及课程内容与目标、学习者角色与需求、课程形式与过程等诸多课程开发自身的元素,还涉及在线学习活动、学习支持服务、学习评价与反馈、支撑技术与平台等方面。

网络课程开发经历了个体生产和简单多人协作的过程,目前仍处于这两种形式共存的状态。个体化或作坊式的网络课程开发模式难以适应日益增长的资源需求,网络课程开发模型能够为网络课程的批量生产提供便捷高效的流程管理。

高质量的网络课程开发必须以高效严谨的管理流程和制度为基础,而这一点充分体现在网络课程开发模型中。从1998年开始,我国陆续开展网络课程开发流程或模式的研究,产生了教学软件生产的层次模型、新型教学软件开发模式框架等研究成果。随着网络教育实践活动和相关研究的逐步开展,逐渐形成了一系列比较成熟的课程开发模型,如"三五"模型、ADDIE模型、SAM敏捷迭代模型、DDE课程开发模型、6R研究型网络课程开发模型。其中,"三五"模型基于课程开发的思想设计教学内容、教学过程及活动控制,同时结合项目管理方法规范开发工作的组织和管理,使网络课程开发工作具有明确的阶段划分,强化了项目团队建设,提高了课程开发效率,得到较为广泛的应用。同时,本书也会对其他开发模型进行简要介绍,可根据实际工作场景选择合适的网络课程开发模式。

(一) ADDIE 模型

1. 模型介绍

ADDIE 模型起源于美国军方，1975 年，美国佛罗里达州立大学受美国陆军委托，设计出一个课程开发模型。该模型是一种课程开发的有效策略，可以应用于各种教学活动及课程设计中。该模型将课程开发分为五个阶段，分别对应"ADDIE"五个英文单词首写字母，即 A 代表 Analysis（分析），主要包括学习需求分析、学习内容分析及学习者分析；D 代表 Design（设计），主要是指学习目标的设计与学习策略的设计；D 代表 Development（开发），主要是指媒体的选择、资源的开发；I 代表 Implementation（实施），主要是指试验、实践过程；E 代表 valuation（评价），主要是指检验与修改。需要重点说明的是，这五个要素并非是线性过程，而是基于系统方法的思路，环环相扣，相互影响的关系（图7-2）。

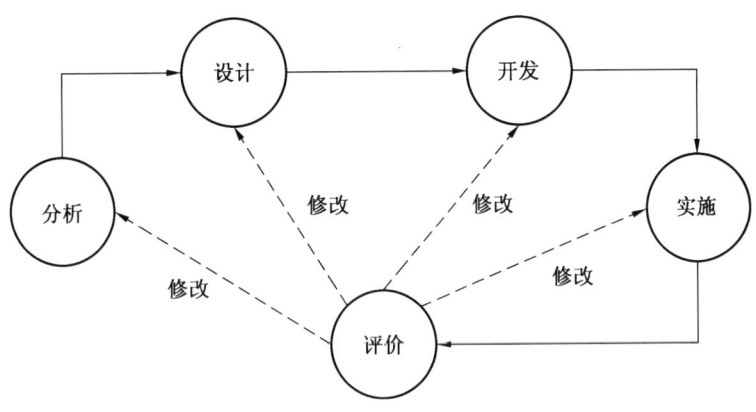

图 7-2　ADDIE 模型

2. 课程开发步骤

1）分析

其主要包括需求分析、学习者分析和学习内容分析。

（1）需求分析，主要是解决网络课程开发的必要性与可行性问题。通过"5W1H"（Who，What，When，Where，Why，How）的提问方式，帮助教师明确主题及范围。在主题选取方面，基于四个基本原则：宜小不宜大，宜少不宜多，具体不抽象，可操作易测量。在此前提下，考虑选取"重点、难点、热点、关键点、易错点"等有代表性的知识点。

（2）学习者分析，主要是突出以学员为中心的理念，使用学员喜欢且能听得懂的语言以及方式呈现内容。主要从三方面分析学员基本特征：一是认知特征分析，侧重从年龄阶段、思维方式、专业特点分析其特征；二是心理特征分析，主要分析其学习态度、学习动机与学习风格，尤其注意引导学员对职业的认同感与归属感；三是分析初始能力与基础分析，从学员的已知经验出发，帮助学员找到起点。

（3）学习内容分析，是指围绕主题选取内容，采用由浅入深、由表及里的方式表达，形成内容关系图。避免按照学科逻辑组织编排内容，要用学员能听得懂看得明的方式对内容重新组织和编排，清晰准确表达主题。

2）设计

一是目标设计，网络课程目标集中在解决一个核心问题，以"是否解决问题"作为检验标准。二是脚本设计，网络课程的核心是具有充分表达力的视频，脚本的设计要符合视频资源制作基本规范，但可以根据实际需要而简化。三是画面设计，画面应简洁清晰，引导学员思考。若有教师出镜，着装干净大方，讲解过程中不宜频繁走动；若无教师出镜，画面需遵循视觉心理特点，引导学员的视线与思路。四是策略设计，包括内容组织策略与教师讲解策略，内容时长控制在 30 分钟左右，内容组织由浅入深，由易到难，层层递进，符合网络课程面向个体学习的特点；讲解语速相对常规课堂授课速度偏快些，能让学员注意力更容易保持集中。

3）开发

根据网络课程主题及类型的需要选择开发工具，若是录屏式课程，选用合适的录屏软件；若制作动画式课程，选用合适画面编辑软件等。随着技术的不断发展，用于制作网络课程的工具也层出不穷，不要盲目追求先进，关键要根据主题需要而合理选择。

4）实施

实施是检验网络课程的重要环节。通常网络课程开发出来后，会先让一部分学员观看使用，针对存在的问题做出修正和调整。网络课程也有多种使用方式，既可作为学员的课前学习资料，为开展翻转课堂教学提供支持，又可作为学员的课后学习资料，用来帮助基础相对薄弱的学生及时巩固知识，还可用在线下课程中，作为学生的辅助资料帮助他们完成课堂内的学习任务。在实施过程中，收集到的反馈数据，可为下一次的网络课程设计与开发提供参考。

5）评价

评价是以目标为依据，以"是否满足学习者学习需求""是否有用"作为评价关键点。此外，网络课程是否具有代表性、典型性、可推广性，也是评价的要点。

（二）SAM 敏捷迭代模型

传统的基于 ADDIE 模型开发的网络课程不具有迭代性，是一个单向的、线性的过程，并且开发的每个环节没有要求对阶段性成品进行交换意见和讨论，使得课程开发的成功性具有一定的风险。SAM 敏捷迭代模型是与传统开发课程模型 ADDIE 相比较而提出的，整个开发过程强调团队之间的合作性，并且把评估环节放在了课程准备、设计、开发的各个阶段，通过各阶段的不断循环，实现课程开发的不断优化和改进。

1. SAM 敏捷迭代模型的相关概念

SAM（Successive Approximation Model）敏捷迭代模型又称持续性逼近开发模型。它强调将课程拆分成碎片化来开发，从课程设计之初就能快速获取用户反馈，并最终接近最佳课程设计标准。SAM 理论不同于 ADDIE 理论，它提供了一个全新的课程开发模型。在 ADDIE 模式下，优质的课程需要严格走完既定流程才能被完成，耗时长，开发者较少考虑学习者的学习需求和体验感受，因此在实际操作中课程质量往往不高。伴随着这一系列的问题，在 ADDIE 的基础上也衍生出了很多的模型，应用最为广泛的就是 SAM 敏捷迭代模型。

2. 基于 SAM 敏捷迭代模型的网络培训课程设计与开发

SAM 敏捷迭代模型是一个设计开发流程，在整个设计开发过程中，将所有相关人员考虑在内（图7-3）。

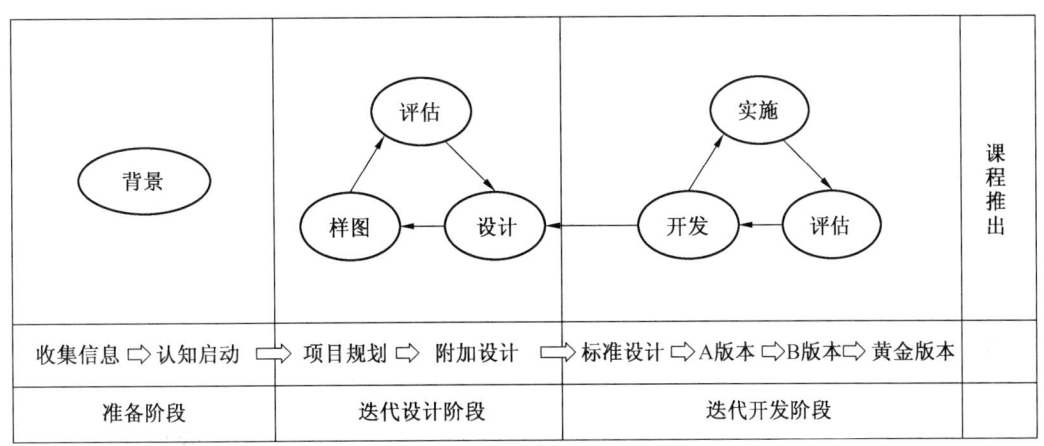

图7-3 SAM 敏捷课程开发模型

从模型的特征来看，SAM 是属于多次循环迭代模型，在 SAM 模式下，发现偏差或未达到预期目标，可以直接返到上一步的设计阶段重新迭代。SAM 敏捷迭代模型分为3个阶段、8个步骤、7项不同的任务。

1）准备阶段

准备阶段的主要工作是在尝试设计第一个方案之前收集背景信息。背景信息可以帮助我们设定目标、识别特殊问题和排除其他选项。这一阶段通过缩小焦点为下一阶段的集中设计活动做准备。

（1）收集信息。准备阶段首先要收集项目背景信息，这些信息将用于指导设计和传达决议。需要收集的背景信息包括：之前的绩效改进措施及获得成果；目前应用计划；可获得的内容资料；组织机构在培训方面的责任；约束条件，如时间表、预算、法律要求；最终决策者；项目成功定义。收集信息应从项目负责人开始，确定该项目现有的约束条件（预算、时间表或其他因素）。

（2）认知启动。认知启动包含很多至关重要的目的信息，对于活动的完成起关键作用。认知启动是集体讨论解决方案的活动，在该活动中设计团队和关键利益相关者评估收集到的背景信息并生成初步设计创意。SAM 采用认知启动会的形式明确负责人及成果描述，会议成员包括绩效把控者、预算把控者、内容专家、样图师、目标学员代表。设计过程中所有出现的争议都通过面对面的方式解决，尽量满足各方需求。

2）迭代设计阶段

迭代设计阶段重点在于鉴定整套解决方案，团队将继续设计、讨论并评估，从而修订当前样图，并建立出新的在认知启动阶段中未被开发出来的样图。迭代设计阶段的目标是确保每个组成部分都能有效地支持教学目标。结合考虑所有需要被学习的技能，不断尝试修正设计直到达到完美。

（1）项目规划。项目规划需要谨慎考虑成本和质量管理及相关通信、风险、时间表范围和人员的影响。项目规划要对影响时间表和预算的课程设计开发细节进行定量评估，明确团队成员的职责和项目成果。

（2）附加设计。提出好的设计之后，需要对其进行研究，形成有吸引力的教学方法，开展全方位的评估和改善，这部分内容需要附加设计团队来完成，附加团队需要将全部内容考虑在内，课程设计可变得更加具体，并在完成所有细节设计之后更有深度。

3）迭代开发阶段

迭代开发阶段的迭代与迭代设计阶段稍有不同，迭代开发阶段的目标是创造一个最终产品。团队的努力再也不能被认为是可随意丢弃的。经过无限制大规模复审和修订，注意力主要集中在产品的快速构造上。

（1）标准设计。在开发阶段伊始，通过制定计划形成标准设计，作为第一个周期中的产品。在本阶段，需要确定是否需要附加设计工作或设计返工。如果需要的话，这一过程将返回至迭代设计阶段去创造我们所需的设计；若不需要，是否迭代开发可继续创造A版本的最终产品。标准设计本质上是将所有样本整合起来测试和证明其可行性。标准设计评估在这一过程中起关键性作用。

（2）A版本。A版本是网络课程大纲的最终版本，可依靠批准的设计保障所有的内容和媒介均得到实施。A版本的完成和批准表示开始验证周期。评估A版本是期望发现与书面材料、图片材料和功能性要求之间的偏差。

（3）B版本。因为在A版本中通常能够发现偏差，所以设计了第二周期，即验证周期，该版本即为B版本。B版本是A版本的修改版本。将A版本进行修正其在评价过程中识别出的错误得出的B版本，被视为第一个黄金候选版本。供主体专家以及目标学员代表评估。

（4）黄金版本。黄金版本的推出是在最终开发阶段。黄金版本强调，如果我们识别出问题，需要在B版本转变成黄金版本之前调整问题。按照要求对B版本进行修改，从而得出B2版本，如有需要，在解决所有问题之前，将会产生一系列的候选版本，如果B版本如预期那样运行并且未识别出其他的问题，这一版本无须进一步修改即可变为黄金版本，并为推广实施做好准备。

针对网络培训课程开发，在设计开发流程上，SAM技术是极致的循环迭代式流程，其本质注重敏捷、迭代、高效、简单。在设计开发思路上，SAM的思想是"减法"，让工序尽量减少，直接解决实际工作问题。

（三）"三五"模型

网络课程开发是在一定的资源（包括人员、教学资源、时间、投入等）的约束下，为创造独特的远程教育产品和服务而进行的一系列活动，因而具有鲜明的项目特征。很多研究支持按照项目管理的思想管理网络课程开发工作。"三五"模型强调以活动为中心，开展教学设计，从项目的角度分析网络课程开发过程，并将其分为规划、设计、制作、测试和发布五个阶段，要求项目每个阶段完成特定的工作，并生成相应的文档。其中，前两阶段为课程设计部分，后三个阶段为资源开发部分（图7-4）。

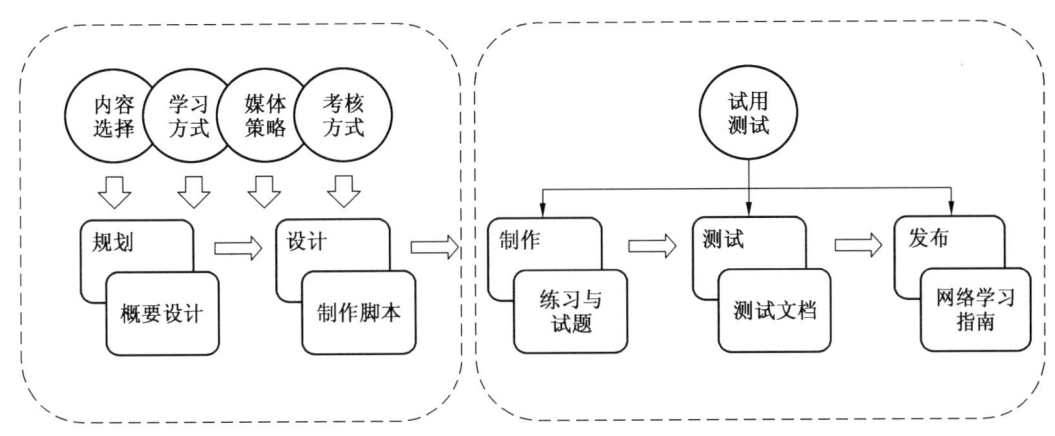

图 7-4 "三五"模型结构图

1. 规划阶段

主要工作：项目负责人、课程负责人和主讲教师对学习内容、学习策略、评价方式等进行整体策划，形成概要设计文档，包括课程要点和课程总体设计文档；组建开发团队，预算开发成本，规划进度安排。

形成文档：概要设计文档（含课程要点文档、课程总体设计文档）。

2. 设计阶段

主要工作：教学设计人员与主讲教师、媒体制作人员、技术开发人员一起对课程内容进行详细设计。这一阶段主要是选择媒体策略、设计学习活动、定义学习成果和评价方式、形成学习活动设计脚本和制作脚本。在设计过程中，采用基于"活动"的设计思想，尽量摆脱传统的以"教"为中心的思想。

形成文档：学习活动设计脚本、制作脚本。

3. 制作阶段

主要工作：媒体制作人员、技术开发人员与教学设计人员一起对课程资源进行整合制作。这一阶段需要选择合适的技术手段、确定课程开发框架模板、课程素材、集成资源、合成网络课程，将课程内容进行技术实现。然后在此基础上编写网络学习方式指南，用以指导学员进行网络课程学习。

形成成果：可用于测试的网络课程（包括测试题）。

4. 测试阶段

主要工作：主要是技术开发人员完成对网络课程的功能测试和性能测试，主讲教师对网络课程和教学设计进行审核，形成相应的测试文档报告。

形成文档：测试文档。

5. 发布阶段

主要内容：主要完成网络课程的部署和发布工作，使学员能够开始网络课程学习。

形成文档和成果：发布后的网络课程、网络学习方式指南。

三、安全与应急网络课程的开发

安全与应急网络课程属于网络课程的一类，同时又具有独特的学科特点，更加注重应急管理案例课程建设，鼓励开展研讨式、案例式、模拟式、体验式教学。为保证课程的开发效果，根据网络课程开发模型，分为规划、设计、制作3个阶段开展实施（图7-5）。

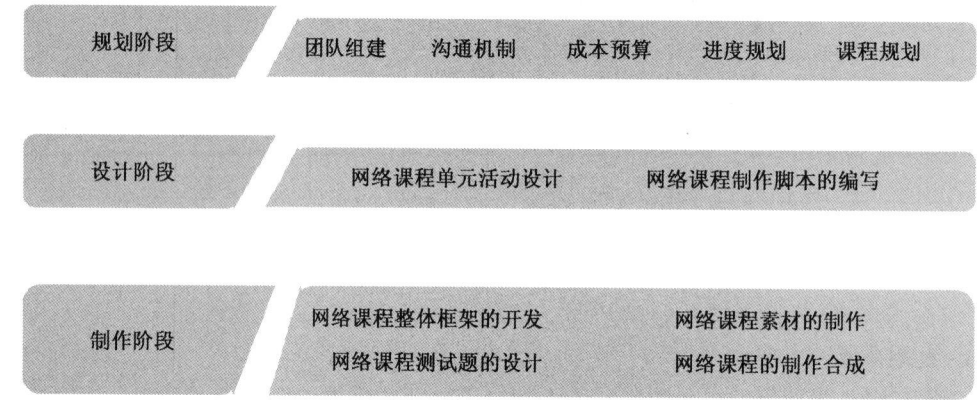

图7-5 安全与应急网络培训课程开发模型

（一）规划阶段

安全与应急网络培训课程开发的规划阶段主要是为整个开发过程提供宏观的方向。开发以团队方式开展，结合安全与应急网络培训实践性要求、案例式教学等行业特点，会遇到许多复杂的情况。本阶段将介绍以下5个重要环节：

1. 团队建设

网络课程的开发需要团队共同协作完成。本部分将介绍网络课程开发项目中的主要参与人员类型及其职责。该阶段，课程负责人要确定担任各部分工作的人员安排。一般来说，网络课程开发团队的规模和人员组成取决于计划开发的课程或网络培训平台自身的情况。

通常，网络课程开发团队主要包含6类人员：

1）项目负责人

其主要负责网络课程开发的实施和管理，如课程开发进度的跟踪、课程开发过程中工作和成果的审核、协调课程开发各环节的工作等。该负责人需要对项目管理和安全与应急专业知识均有一定了解。

2）课程负责人

其主要负责课程内容的整体设计、协调多个主讲教师的工作、对课程质量进行整体把关等。课程负责人要优先选择有安全与应急行业网络培训工作经历人员。

3）主讲教师

与课程负责人、教学设计人员一起完成对课程内容及表现形式的设计，提供课程内容的相关资源，并完成相应内容的讲授。主讲教师有时也参与课程辅导。教师要选择安全与应急行业领域专业知识丰富、有一定行业从业经验的人员。

4）教学设计人员

其主要针对网络培训的特点，与主讲教师沟通确定课程设计脚本，完成网络课程的制作脚本，配合技术开发人员和媒体制作人员完成课程开发。该人员应具有文案制作、资料收集能力以及一定审美水平。

5）媒体制作人员

其主要根据课程设计脚本和制作脚本，来进行课件设计和素材制作，包括音频、视频、动画等。该人员安排以美工为主，最好具有相关行业领域课程制作经验。

6）技术开发人员

其主要负责网络课程的合成和页面脚本语言的开发，以及网络课程与教学管理系统的整合、在平台运行的测试发布和维护等。

对专业要求较高的网络课程开发，开发过程中可以根据需求增加更多的角色，如主讲教师助理、视频编辑人员、课程审核专家等。

2. 沟通机制

沟通贯穿于网络课程开发的整个过程，在网络课程开发过程中起着至关重要的作用，为网络课程开发项目的决策和计划提供依据，为组织和控制实施过程提供手段，为建立开发团队成员间的良好人际关系提供条件。

1）沟通方式

在开展网络课程开发项目时，我们通常借助文档模板、日志等工具的支持，采取会议、电子邮件和电话的方式进行沟通。

会议是网络课程开发中常见的沟通方式，每次会议都应有会议纪要，包括时间、地点、参与人员、执行情况等。

文档模板作为网络课程开发过程中规范性的文档，能促进团队成员之间的有效沟通。日志可以详细记录项目沟通过程。

2）沟通要点

在网络课程开发中，各个阶段的沟通要点如下：

（1）规划阶段。组建开发团队、确定课程开发进度、进行课程规划时，及时进行沟通，同时借助文档模板（"课程要点"和"课程总体设计"模板）的支持。

（2）设计阶段。形成学习活动设计脚本时，辅以文档模板（"学习活动设计脚本"模板）支持。形成制作脚本时，主要借助文档模板（"制作脚本"模板）进行交流。

（3）制作阶段。内部需要进行沟通，辅以文档模板（"制作脚本"模板）、日志的支持。

（4）测试阶段。主要采用会议和电子邮件的方式，并借助日志和文档模板（"测试文档"模板）的支持。

（5）发布阶段。为确定发布通知、导学材料和作业要求等方面的内容，主要以会议、电子邮件和电话的方式进行。

3. 成本预算

合理的成本预算是所有项目顺利完成的保障。成本预算工作主要由项目负责人来完成，主要涉及以下几方面：

1）材料成本

购买已有材料的费用，以及课程材料开发的费用等。

2）人力成本

讲课、教学设计、内容开发、文本材料写作、多媒体设计和产品化、录音与摄像、内容整合与测试后修改、培训费用等的人工成本及课程开发设备费用。

3）课程产品化成本

文本材料印刷包装费用、光盘材料等费用。

4）课程修改费用

对课程材料做修改、重新开发的费用、课程测试费用。

将上面各个成本费用进行求和，就可以得出网络课程开发的总成本。

4. 进度规划

进度规划为我们实施和完成网络课程开发任务提供依据。在进行网络课程开发的进度规划时，需要考虑网络课程的特点、要求、资金、设备等，通常还需征求团队各个成员的意见。规划进度通常先确定整个网络课程开发项目的开始和完成日期，然后实施以下3个基本环节：

1）分解开发任务

主要是将网络课程开发的任务依据各个阶段进行分解，通常采用分层方式，逐层分解，明确到人员和时间。

2）配备人员

为每项任务配备人员，包括负责人和相应参与成员。

3）确定任务所需时间

根据实际情况为每项任务分配合适的时间，通常明确计划开始日期和完成日期。

以上每个环节的内容确定后，可通过表格、项目网络图、条形图或里程碑图的形式将任务、人员、时间进行对应。

5. 课程规划

课程规划在整个开发项目中起着主导作用，它为后续的设计阶段提供依据。

首先，课程规划能够明确地展示出课程的整体蓝图；其次，可以为主讲教师提供一个清晰的线索以便其设计课程的内容框架；再次，它为网络课程开发设计阶段提供依据。

课程规划主要对象是课程，为了很好地对其进行定位，我们需要从课程的基本要素对课程进行详细规划，主要形成两个文档："课程要点"文档和"课程总体设计"文档，两个文档主要由课程负责人或主讲教师填写。

1）课程要点

"课程要点"文档主要是对课程内容进行整体梳理，其基本框架包括：学习目标、知识点、重难点、学习方式、考核方式。

（1）学习目标。学习活动的主体在具体教学活动中所要达到的预期结果、标准，具有导教、导学、导测量的作用。

（2）知识点。将相关知识点合并为一类的知识点集。学员通过对各个知识点集的学习来实现学习目标。

（3）重难点。重难点都是知识点的子集。教师可结合教材以及自己的教学经验，确定出要求学员掌握的重要知识点，以及学员学习过程中比较难掌握的知识点。

（4）学习方式。目前网络课程中常见的 4 种学习方式包括自学自测、讲授、体验、问题解决。自学自测是指通过 Web 网页形式呈现课程内容，学员按照自己的时间安排学习进度，按教学要求独立完成作业和测试题。讲授式是指将教师的讲授过程录制成视频，让学员以在线观看等方式进行学习，学习结束后学员完成作业和测试题。体验式是指在辅导老师的引导和支持下，学员自己选择确定研究专题或习题，以个人或小组的形式，对专题或习题进行深入研究，提交调研报告课程小论文或是习题分析。问题解决式是指向学员提供一些生活、工作中与课程相关的真实问题或任务，让学员以个人或小组形式，在辅导老师的帮助下解决问题。

（5）考核方式。主要目的是对学员进行评价。常见的考核方式包括自测题、课后测试题、电子档案袋、平时学习表现、总结报告等。考核方式应该紧密围绕学习目标设计。

2）课程总体设计

"课程总体设计"文档主要针对课程内容，对如何组织单元活动进行总体描述。其中包含课程的总体描述和各个单元活动，单元活动通常由"课程要点"文档里的学习单元合并形成。

形成单元活动的过程有两条思路：一种是通过章节转换而成，适合于需要精读精讲、知识体系完备以及理论性的课程；另一种是以专题的形式组织，适合于实践性强、知识体系松散的课程。

"课程总体设计"文档的基本框架包括课程定位、内容简述、课程总体目标、课程总学时、单元活动。课程定位主要是对课程性质、课程作用和课程适用对象的描述。内容简述主要是对课程内容的整体性描述。课程总体目标主要根据专业特点和学员层次进行制定。单元活动包括活动名称学习目标、知识点、重难点、学习策略、学习过程、活动评价。

（二）设计阶段

网络课程开发的设计阶段主要基于课程要点和课程总体设计成果，对课程进行详细设计，为制作阶段提供依据。本阶段主要工作为网络课程单元活动设计和网络课程制作脚本的编写。

1. 网络课程单元活动设计

这是对单元活动的具体设计，内容如下：

1）单元活动四要素

网络课程单元活动包括任务、学习过程、学习方法和组织形式 4 个要素。单元活动设计是在课程总体设计的基础上，针对每个单元活动进行交互过程的详细设计，是编写制作脚本的直接蓝本。单元活动设计脚本由单元活动的四要素转化而来，通常包括以下内容：学习任务、学习步骤、建议时间、素材、评价方式。

（1）学习任务是单元活动中需要完成的事情，是学习目标的具体化，同时对学习步骤有引领作用。一个单元活动中学习任务数不宜太多，建议不超过4个。

（2）学习步骤是对每个学习任务的具体实施过程进行描述。

（3）建议时间是对每个学习步骤的建议时间。

（4）素材包括文本、图片、视频、案例、作业、练习题（包括答案）。

（5）评价方式包括在线测试、个人作业、小组作业、论坛发帖等。

2）学习任务类型

学习任务按表现形式可分为11类，包括自学自测、视频讲解、讨论交流、案例分析与讨论、专题研究性学习、文献搜索与观点整理、网络辩论赛、头脑风暴、学前反思、学后反思、虚拟实验等。结合安全与应急行业的网络培训对实践和案例性教学的现实需求与应用频率，本书选取视频讲解、讨论交流、案例分析与讨论、专题研究性学习4类表现形式进行讲解，其他表现方式不再做详细介绍。

（1）视频讲解。将教师的讲授过程录制成视频，通常以三分屏课件的形式呈现，让学员通过在线观看、点播等方式进行学习。基于网络的视频讲解，必备的要素有以下几点：①主题：确定视频讲解的主题；②内容：根据目标确定讲解内容；通常按章节顺序进行组织；③评价：针对视频讲解的内容提供相应练习与测试。

（2）讨论交流。针对某个主题，分小组或全班学员进行异步或同步的讨论交流。基于网络的讨论交流，必备的要素有以下几点：①主题：确定讨论交流的主题；②相关材料：为讨论的主题提供相关的阅读材料；③讨论：针对主题，进行异步或同步交流；④结论：教师点评，或者各小组进行总结，并将总结提交网上共享。

（3）案例分析与讨论。把实际工作生活中出现的一些典型问题作为教与学案例，学员通过对案例的研究分析和相互讨论，培养对问题的分析能力和解决能力。基于网络的案例分析，必备的要素有以下几点：①介绍：包括学习目标、学习建议；②案例呈现：呈现相关主题的案例；③问题：要从哪几个问题角度对案例进行分析；④讨论：在讨论区对问题进行异步或同步交流；⑤案例分析报告：对这个学习活动的评价，并提交网上共享。

（4）专题研究性学习。专题研究性学习，也可以称为基于任务的学习，必备的要素有以下几点：①介绍：包括学习目标、学习建议；②任务描述：对问题解决的活动进行描述；③讨论：就相关问题进行讨论交流；或者对问题解决过程中所遇到的问题进行交流，同时教师给予答疑指导；④作品或报告：对于问题解决的学习活动提交相应的作业，作为评价的一个部分，并网上共享。

2. 网络课程制作脚本的编写

其主要是按照学习活动设计结果，将学习内容的组织和呈现方式详细描述出来，作为网络课程制作的直接依据。单元活动设计脚本是对网络课程单元活动构思的设计，但它仅是一种概要设计，还不能作为网络课程制作的直接依据。编写制作脚本是编写学习活动设计脚本的后续工作。网络课程制作脚本的内容包括课程页面整体布局脚本、课程页面制作脚本、素材制作脚本等。

1）课程页面整体布局脚本

网络课程的页面是学员进入网站的第一印象，良好的页面是激发学员学习兴趣的重要因素之一。因此，页面设计应清楚合理，符合学员的认知习惯以及年龄特征。页面设计第一要素是风格一致,为了保持网络课程风格一致,在对单个页面进行设计之前,需要对网络课程的布局和内容风格进行统一规划,形成课程页面整体布局模板。课程页面整体布局模板中主要包含页面布局的示意图、色系风格、字体风格、导航信息、备注等信息。

2)课程页面制作脚本

在课程页面整体布局模板的基础上,可以为网络课程中的每个页面设计制作脚本。课程页面制作脚本包含页面中所有媒体素材的布局、内容及呈现特征的设计、页面中链接地址和可能出现的交互行为的设计。

课程页面制作脚本中主要包含页面示意图或内容描述,以及参考的模板、页面的标题、位置、显示方式包含的媒体类型、链接地址、交互行为(用户执行某种操作后页面信息的变化)等信息的说明。

3)素材制作脚本

网络课程中的素材类型包括文本、图形图像、音频、视频、动画等,各种类型的素材所具有的属性不一样,其对应的制作脚本也不相同。文本通常可以在页面设计脚本中进行描述,因此素材制作脚本主要针对图形图像、音频、视频、动画等素材类型来编写。素材制作脚本通常由教学设计人员编写,由媒体制作人员使用。素材制作脚本的目的主要是便于教学设计人员与媒体制作人员从设计到开发过程中的沟通和过程归档,在网络课程实际开发过程中可以根据需要和开发情况灵活选取。

(三)制作阶段

制作阶段主要依据设计阶段形成的制作脚本,完成网络课程的制作。其主要内容包括网络课程整体框架的开发、网络课程素材的制作、网络课程测试题的设计和网络课程的制作合成。

1. 网络课程整体框架的开发

其主要目的在于提供一个整体框架以集成网络课程中的多个页面和多种素材,以保证网络课程的风格一致,提高网络课程开发效率。网络课程整体框架的开发主要参考设计阶段完成的页面整体布局模板。在规划网络课程整体框架开发的同时还要考虑网络课程相关标准的选择问题。

本部分将主要介绍网络课程整体框架技术路线的选择、框架模板的设计和相关标准的选择。

1)网络课程整体框架技术路线的选择

网络课程是一种结构化、多页面的学习资源。网络课程中集成了文本图片、音频、视频、动画等多种素材和多个页面。开发网络课程需要根据前面设计阶段完成页面整体布局模板,使用一种整体框架技术集成这些素材和页面,从而形成一门完整的网络课程。目前能提供这种框架集成的技术主要有 HTML 和 Flash。

开发者可以根据课程内容的特点和布局的特点、开发队伍的技术条件等因素选择合适的整体框架技术路线。同时要注意到这两种技术路线能互相结合,比如 HTML 网页中可以很方便地嵌入 Flash 动画,Flash 课件中也可以链接或嵌入 HTML 网页。

2)网络课程框架模板的开发和相关标准的选择

在开发网络课程的过程中,应尽量保证网络课程能在不同的网络教学平台(学习管理系统）上运行，使网络课程能适应多种运行环境，同时应尽量让学习单元和相关素材能在以后开发的课程中或其他网络开发的课程中重复使用，以提高网络课程开发的整体效率和效益。为实现以上目标，在开发网络课程时应该考虑采用相关标准，使网络课程的学习单元和相关素材以标准格式进行聚合。

2. 网络课程素材的制作

网络课程包含文本、图形图像、音频、视频、动画等多种素材，该部分将介绍各种素材的采集、编辑方法及相应的工具。

1）网络课程素材资源的采集

采集途径主要包括从互联网下载、对非数字资源进行扫描或录制等数字化工作、对其他数字资源进行转换、手动开发和购买商品化的素材库等。素材的采集通常是根据课程设计的整体需要而进行。

2）网络课程素材资源的编辑

其是指根据网络课程脚本设计中对素材资源的要求，对已采集的素材资源进行加工、修改，或者是重新制作。

3）网络课程素材资源的格式转换

网络课程主要通过互联网发布，并不是所有格式的媒体素材都适合在网络上发布。此外，不同类型的浏览器（如 IE 的 64 位版本目前尚不支持 Flash 文件的显示与播放）或阅读设备（如手机等便携式终端多数不能支持视频的在线播放）所能支持的媒体素材格式也各不相同。将各种类型的素材转换成适合互联网发布的媒体格式也是一项重要的工作。需要考虑格式转换的常用媒体素材主要有图形图像、音频、视频等。

3. 网络课程测试题的设计

网络课程中的在线测试可以帮助学员及时了解自己的学习状态。网络课程不仅要为学员提供必要的学习资源，通常还需要为学员提供多种学习评价和支持工具。其中，在线自测是一种重要的形成性评价工具，可以帮助学员及时了解自己的学习情况。

网络课程的支持工具包括讨论区、课程答疑、书签、记事本、在线作业等，通常由运行网络课程的系统提供。

4. 网络课程的制作合成

在此阶段，需要在网络课程整体框架的基础上，按照网络课程页面整体布局模板和页面制作脚本等，将准备好的素材和测试题合成完整的网络课程。如果网络课程中需要使用教学管理系统提供的工具，那么网络课程制作合成阶段还需要完成系统相关工具的链接和嵌入。如果是标准化课程的开发，网络课程合成阶段还包括标准化的打包工作。如果网络课程中需要链接或嵌入系统提供的模块，在网络课程制作合成阶段也需要完成这些整合工作。

四、网络课程的管理

网络课程素材经一系列开发制作步骤，已形成完整的课程体系，为进一步发挥网络课程效果，服务学员开展学习，还需要对网络课程进行管理。其主要包括网络课程整体管理、课程发布审核管理、教学辅助资源管理、课程评价管理、课程更新和下线管理 5 项管理内容。

（一）网络课程整体管理

1. 建设课程体系

根据党和国家方针政策、应急管理部门规章，开展课程体系的建设、完善和调整，对课程体系的实施进行指导、监督和检查。

2. 课程建设

应围绕课程体系，遵循整体规划、分类开发的原则，由网络培训平台按照规划、开发、制作、审核、注册、发布、更新和评选的管理流程，采取自主开发、组织征集、合作开发、委托开发、市场购买等多种方式进行。

3. 课程注册

采用统一注册管理机制，负责课程信息库的建设和维护。通过注册管理系统维护相关的课程资源信息（图7-6）。

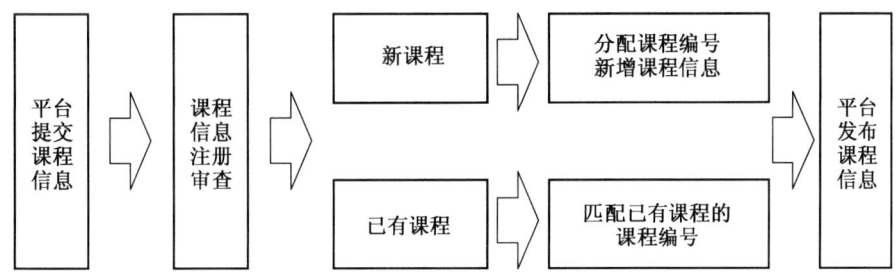

图7-6 课程信息注册管理流程图

通过向课程信息注册系统提交课程信息，经注册系统审查后，对于新的课程，注册系统增加课程信息为其分配课程编号，供网络培训平台使用。

4. 课程质量

课程内容审查应从政治合格、教学规范、内容合理、技术规范等角度开展。审查通过后，方可发布上线。定期检查已发布课程的政治严肃性和科学严谨性，对不符要求的课程应及时下线。

5. 课程时效性

课程应结合国家新形势新任务需求，定期发布或及时更新为最新课程，以确保网络培训的时效性。

6. 课程学时界定

结合国内相关标准及实际应用经验，课程学时依据课程时长来界定。课程时长超过30分钟的为1学时，30分钟及以下的为0.5学时。微课程为0.5学时。

（二）课程发布审核管理

课程发布审核包括课程内容审核及课程质量检查，课程发布审核通过后，课程方可正式发布。

1. 课程内容审核

1）审核步骤

其主要分自审、初审、复审、终审四步。终审通过的课程，方可上传网络培训平台。

2）审核原则

自审由课程开发团队对课程的各方面进行全面自查。初审人员建议具有行业从业经验，能够对课程内容的逻辑性、条理性、知识性以及文字规范和政治导向等进行全面审查。复审人员建议具有多年行业从业经验，重点对课程内容的政治性、思想性、专业性、格调等进行审查。终审人员建议具有丰富行业从业经验，对每门课程的部分内容进行抽查，侧重在政治导向方面。

3）审核结果

审核应形成具有明确的审核意见的审核结果文件。

2. 课程质量检查

课程上传至网络培训平台后，由质检人员主要从学员的角度，全面查看整个课程的播放是否顺畅，各种标识是否正确无误，随堂测试题是否恰当准确等。

（三）**教学辅助资源管理**

教学辅助资源包括法律法规、学术论文、论著、权威时政、新闻和专家言论等与相关行业教育培训相关的数字资源。围绕教育培训目标，与教学辅助资源的提供单位开展合作，向学员提供便捷的访问方式，供学员参考使用。同时，定期检查教学辅助资源，确保其内容有效、安全、权威，符合国家法律法规和有关文件的要求。

（四）**课程评价管理**

课程评价管理应遵循科学性和可操作性原则，从课程内容、课程设计、课程平台和在线支持服务四个维度设置评价指标，每个维度下有若干评价指标。

课程评价时可根据评价目的和可获得的数据来选择这些指标形成评价方案。可采用人工评价和数据支持的自动评价相结合的方法。

1. 课程内容评价管理

课程内容应符合课程目标的要求，政治导向鲜明、科学严谨，课程结构的组织和编排合理，并具有开放性和可拓展性。课程内容宜采用人工评价（表7-1）。

表7-1 课程内容评价指标

编号	中文名称	定义	说明	备注
1	课程说明	说明整个课程的目标、课程所属领域范围或分类、所针对的学员群体、典型学习时间以及有关的学习建议等	提供课程目标说明，课程说明文字应反映整个培训计划（或课程体系）对该课程的基本要求；课程目标应适合学员的发展水平和特点，深度、难度适当	判断课程的目标是否符合学员的发展水平及特点主要考虑：学员的认知特点和个性特点；学员的知识背景；学员的需求；职业背景等
2	内容目标一致性	课程内容与课程的学习目标相一致	涵盖课程的各项学习目标；深度与课程的学习目标相适应；重点突出，主次详略得当	

表 7-1（续）

编号	中文名称	定义	说明	备注
3	政治导向鲜明性	课程内容政治导向鲜明，符合党中央精神、国家政策、法律法规。此项指标由生产经营单位网络培训组织和管理等相关机构在课程发布前审查、课程运营过程中监管，不用于其他评价方式		
4	科学性	课程内容科学严谨，且能够适当反映该领域的最新进展	没有思想性、学术性、表述性错误；资料来源可靠；能适当反映该领域的最新进展	内容不严谨、不可靠可以表现为：概念、原理等的解释不准确，有科学性错误；重要观点的介绍存在偏见，或者断章取义；对来自他人的观点或成果没有注明作者及出处；表述混乱不清，或存在较多的语法错误、文字错误等
5	内容分块	按主题将内容逐级划分为合适的学习单元或模块，每个页面主题明确，每个段落意思集中	分块逻辑合理；分块大小适当；页面主题集中，长度适宜；段落意思集中，不将多层意思堆积在一个长段落中	

2. 课程设计评价管理

课程的教学设计良好，教学功能完整，在学习目标、内容交互性等方面均设计合理。课程设计宜采用人工评价（表 7-2）。

表 7-2 课程设计评价指标

编号	中文名称	定义	说明	备注
1	学习目标	学习单元应有明确具体的学习目标	各学习单元有学习目标说明；对学习目标的描述准确、具体	"学习单元"指课程中包括完整学习过程的模块、篇章等，不包括辅助性成分，如前言、术语表、附录等
2	内容交互性	提供适度有效的交互机会	包含适度的交互活动机会；交互活动能促使学员对学习内容的投入和思考	交互方式包括但不限于：经常提问，促使学员深入加工学到的信息；及时、具体、有启发意义的反馈；模拟、交互性实验或教育游戏等活动；笔记工具；时常要求学员进行反馈

3. 课程平台评价管理

课程运行所需的系统平台应提供课程学习的功能,包括但不限于观看视频、在线答题、在线讨论、资源下载和测验。

可用性指界面,易于使用和操作,具有满足学习要求的功能,这部分评价也可用于富媒体课程(文字、图片、视频、音频混排的表现形式的课程)评价。可用性评价宜采用人工评价(表7-3)。

表7-3 课程平台可用性评价指标

编号	中文名称	定义	说明	备注
1	界面	平台界面风格、布局		
2	易识别性	文字、图形等对象的大小合适,颜色对比适当	文字、图形等均大小合适;颜色对比适当	
3	导航与定向	学员不需要特殊帮助就可轻松地操作导航路径,自如地访问课程的各个模块,并能确认自己当前的位置	导航系统直观明确,简便易用;可以方便地访问课程的各模块;有明确的定位标记,标明学员在整个课程中的位置	导航装置包括但不限于课程地图、导航框架、内容框架;应尽可能提供一种以上的导航方式,以便于转换视角;无论当前在什么位置,学员都应可以很方便地回到刚才访问的位置,回到课程首页或者退出课程

4. 在线支持服务评价管理

在线支持服务是为学员学习课程提供必需的服务,包括课程学习行为分析、学习结果分析、操作帮助等,这个维度的评价宜采用数据支持的评价(表7-4)。

表7-4 在线支持服务评价指标

编号	中文名称	定义	说明	备注
1	学习行为分析	分析在线学习课程所产生的学员行为数据,以利于对课程资源的利用、和学员学习情况等的认识	视频行为(缓冲、播放、拖拉进度、暂停);答题行为(保存答案、提交答案、检查答案);讨论区行为(新建讨论、回复讨论、点赞);选课、退课行为;浏览页面	
2	学习结果分析	对学员参与的各单元和整门课程的测验结果进行记录与分析	记录各单元的测验结果与分析;记录整门课程的测验结果与分析	
3	操作帮助	针对课程的操作使用方法提供明确完整的指导说明	针对课程的操作使用方法提供帮助说明;帮助说明应该明确、完整、有效	针对较复杂的功能可以提供专门的交互性培训程序

5. 评价方法

课程评价方法是根据特定的评价目的，从多个维度，对课程进行评价的具体方法（表7-5）。

表7-5 课程评价方法主要维度及其分项

评价维度	评价指标
课程内容	课程内容应符合课程目标的要求，政治导向鲜明、科学严谨，课程结构的组织和编排合理，并具有开放性和可拓展性
课程设计	课程的教学设计良好，教学功能完整，在学习目标、学习过程与策略以及学习测评等方面均设计合理
课程平台	课程运行所需的系统平台应提供课程学习的功能，包括但不限于观看视频、在线答题、在线讨论、资源下载和测验
在线支持服务	在线支持服务是为学员学习课程提供必需的服务，包括课程学习行为分析、课程学习过程记录、课程学习结果分析、服务的响应时间和操作帮助

（五）课程更新和下线管理

1. 课程更新管理

安全与应急网络培训课程应及时更新、确保课程内容准确。课程开发团队及网络培训平台均应建立课程更新机制，确保课程更新满足以下要求：

（1）网络课程内容设计的法律法规、行业管理规定、技术标准和规范性文件等发布后，相关的课程内容推荐至少在3个月内进行更新、完善。

（2）网络培训平台管理人员可综合学员对课程内容、课程设计的相关意见，以不长于6个月为一个周期进行反馈，由网络培训平台质检人员与课程开发团队共同确定课程更新需求。

2. 课程下线管理

（1）网络课程内容应符合相关法律法规、行业管理规定、技术标准和规范性文件。网络培训平台质检人员可定期从政治合格、教学规范、内容合理、技术规范等角度对课程内容进行审查，如审查未通过，则该课程可立即下线处理。

（2）对于下线处理的课程，网络培训平台质检人员应形成课程下线说明书，记录下线处理依据并告知课程开发团队。

第四节 安全与应急网络培训实例

2020年4月16日，在逢应急管理部挂牌2周年之际，全国应急管理干部大培训2020年第一期网上专题培训班在应急管理干部网络学院开班（图7-7），各级应急管理部门干部约10万人参加培训，标志着全国应急管理干部大培训正式启动。

安全与应急培训概论

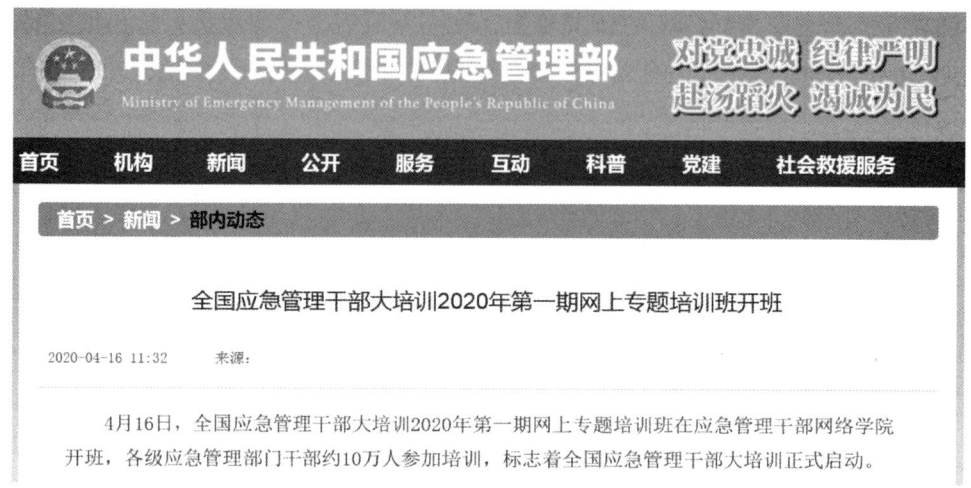

图7-7　全国应急管理干部大培训2020年第一期网上专题培训班开班公告图

一、安全与应急网络培训项目设计

（一）培训需求的确定

1. 确定培训对象

此次培训面向应急管理系统干部职工。

2. 培训需求分析

按照中央有关干部教育培训的重要部署，为进一步提高应急管理系统干部能力素质，着力解决干部专业能力不足问题，全面提高应急管理干部政治理论素质和专业精神、专业素养、专业能力，为推进我国应急管理体系和能力现代化提供有力保证。

3. 确定培训目标

通过全国应急管理干部大培训，用习近平新时代中国特色社会主义思想武装头脑、统一思想、指导工作，确保全国应急管理干部进一步增强"四个意识"，坚定"四个自信"，做到"两个维护"，全面提高政治理论素质和专业精神、专业素养、专业能力，有效履行防范化解重大安全风险、及时应对处置各类灾害事故的重要职责，担负起保护人民群众生命财产安全和维护社会稳定的重要使命，为推进我国应急管理体系和能力现代化提供有力保证。

（二）培训方式的选择

基于网络培训的特殊性，通过培训需求分析，培训以基础知识普及和法律法规宣贯为主，选择"线上培训+测试考核"的方式。

（三）实施方案的策划

其主要包括培训大纲梳理、培训内容策划、培训平台选择、培训课程开发与选用、培训过程管理设定、培训测试设计与管理6个方面。

1. **培训大纲梳理**

为深入贯彻落实党的十九大和十九届二中、三中、四中全会精神,认真学习贯彻习近平总书记关于应急管理工作重要指示精神,特别是在主持中共中央政治局第十九次集体学习时的重要讲话精神,按照理论教育、党性教育、专业化能力培训三个方面梳理逻辑,合理搭配学时。培训整体大纲设计包括"深入学习贯彻习近平新时代中国特色社会主义思想和党的十九届四中全会精神""深入学习贯彻习近平总书记关于应急管理重要论述""危险化学品安全""党史和新中国史""自然灾害防治""应急处置与救援""安全生产执法和工贸安全""应急管理综合实务""非煤矿山安全"9个专题。

2. **培训内容策划**

坚持贴近实战、围绕实战、服务实战,按照逐年递进、逐年提升的思路设置。培训内容力争灵活多样,同时,考虑到培训平台的选择以及培训课程的开发等情况,经过前后综合考虑,每个专题进一步细化,共策划30余个模块,100余门课程,整体逻辑清晰、层次结构分明、内容科学合理。

3. **培训平台选择**

其主要包括培训平台的建设和培训平台类型的选择两方面。本次全国应急管理干部大培训基于SaaS平台,依托应急管理干部网络学院进行(图7-8)。

图7-8 应急管理干部网络学院首页图

平台支持电脑端、移动端。电脑端满足学员学习需长时间观看的培训课程;移动端支持学员的碎片化课程学习。移动端包括App端和微信端。

4. **培训课程开发与选用**

应遵循做好课程体系规划,符合培训对象、培训内容和培训平台的特点,选用合适课程类型等基本原则。

5. **培训过程管理设定**

采用以技术管理为主,人为管理和技术管理相结合的方式。技术管理手段主要采用验证码识别、防拖动设计、页面管控及监控、答题监控等。在现代科技的基础上,实现了标准统一、过程规范的监管记录,同时,建立部机关和所属事业单位、省、市、县四级共4527名的网络培训管理员队伍,做好学员信息维护、学习过程答疑解惑、督学提醒等服务工作,发挥人为管理作用,确保了网上专题班的顺利举办。

6. 培训测试设计与管理

为确保能够实现培训目标，开展有效的检验，针对每个专题建立试题库，基本涵盖每门课程的知识点，供学员在日常学习和重点复习时检测、巩固、提高。

（四）培训总结

利用培训平台的数据看板功能实现数据的可视化、清晰化，共开展5次培训总结报告编写，回顾总体情况，梳理主要做法和特点，及时查找存在的问题，提出下一步工作措施和建议，为培训的有序有效有力开展提供了支撑。

二、安全与应急网络培训课程管理

（一）规划阶段

其主要是为整个开发过程提供宏观方向。开发以团队方式开展，结合安全与应急网络培训实践性要求、案例式教学等行业特点，分为5个重要环节：团队组建、沟通机制、成本预算、进度规划和课程规划。

1. 团队组建

全国应急管理干部大培训工作在应急管理部党委统一领导下开展。应急管理部成立大培训工作专班，由政治部副主任牵头，相关单位负责同志参加，主要做好大培训综合、统筹、指导、组织实施等工作。在应急管理部培训中心设立应急管理干部大培训工作办公室，应急管理干部网络培训工作主要由应急管理部培训中心负责组织实施、督导督学、日常管理等工作。

2. 沟通机制

其主要通过文档、视频的支持，采取会议、电话和远程视频会议的方式进行沟通。

3. 成本预算

其主要由项目负责人完成，成本主要涉及以下几方面：

1）人力成本

讲课、教学设计、内容开发、文本材料写作、多媒体设计和产品化、录音与摄像、内容整合与测试后修改、培训费用等的人工成本及课程开发设备费用。

2）课程产品化成本

文本材料印刷包装费用、光盘材料费用等。

3）课程修改费用

对课程材料做修改、重新开发的费用。

4. 进度规划

为实施和完成网络课程开发任务提供依据。结合网络课程的特点、要求、资金、设备等，在征求团队各个成员的意见后，逐期开展网络课程开发规划进度安排（图7-9）。

5. 课程规划

在整个开发项目中起着主导作用，它为后续的设计阶段提供依据。其主要从"课程要点"和"课程总体设计"2个基本要素出发对课程进行详细规划。其中，课程要点要包括学习目标、知识点、重难点、学习方式、考核方式5项内容。课程总体设计基本涵盖课程定位、内容简述、课程总体目标、课程总学时、单元活动等内容（表7-6）。

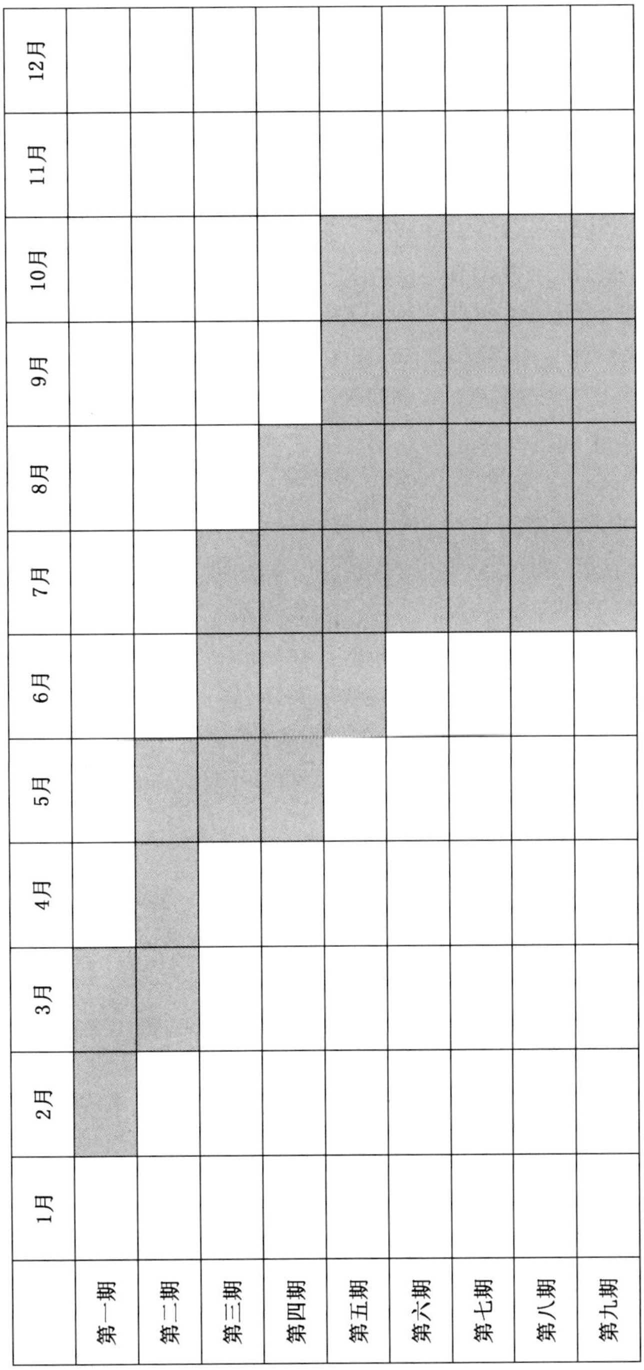

	1月	2月	3月	4月	5月	6月	7月	8月	9月	10月	11月	12月
第一期		■	■									
第二期			■	■								
第三期				■	■							
第四期					■	■						
第五期						■	■					
第六期							■	■				
第七期								■	■			
第八期									■	■		
第九期										■		

图 7-9 课程开发规划示意图

表7-6 课程总体设计样表

序号	课程内容	主讲人介绍	学时	活动安排
1				
2				
⋮	⋮	⋮	⋮	⋮

(二) 设计阶段

其主要基于课程要点和课程总体设计成果，对课程进行详细设计，为制作阶段提供依据。本阶段主要工作为网络课程单元活动设计和网络课程制作脚本的编写。

(1) 网络课程单元活动设计主要为视频讲解、规范流程、涵盖学习任务、学习步骤、评价方式等活动内容。学习任务设置包括学时、门数、测试成绩等量化指标。学习步骤包括完成课程视频、通过一课一练测试、提交课程评分3项内容。评价方式为定性与定量相结合，提供立场观点是否正确、内容是否丰富全面、教学是否切实有效、课程是否生动形象、是否注重问题导向5个评价维度。

(2) 网络课程制作脚本的编写是按照学习活动设计结果，将学习内容的组织和呈现方式详细描述出来，作为网络课程制作的直接依据。网络课程制作脚本的内容主要包括课程页面整体布局脚本、课程页面制作脚本、素材制作脚本等。

网络课程的页面是学员进入网站的第一印象，良好的页面是激发学员学习兴趣的重要因素之一。因此，页面设计应清楚合理，符合学员的认知习惯以及年龄特征。页面设计第一要素是风格一致，为了保持网络课程风格一致，在对单个页面进行设计之前，需要对网络课程的布局和内容风格进行统一规划，形成课程页面整体布局模板（图7-10）。

图7-10 课程页面整体布局

在课程页面整体布局模板的基础上，可以为网络课程中的每个页面设计制作脚本。课程页面制作脚本包含页面中所有媒体素材的布局、内容及呈现特征的设计、页面中链接地址和可能出现的交互行为的设计（图7-11）。

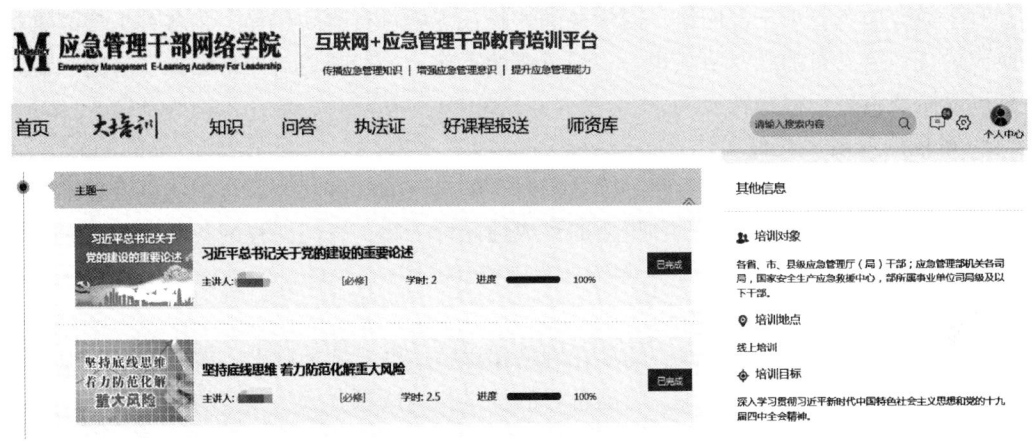

图7-11 课程页面制作

网络课程中的素材类型包括文本、图形图像、音频、视频、动画等，各种类型的素材所具有的属性不一样，其对应的制作脚本也不相同。全国应急管理干部大培训网络课程的素材类型要求视频格式为MP4，文本格式为TXT，图形格式为JPG，课件格式为PPT或PDF。

（三）制作阶段

制作阶段主要依据设计阶段形成的制作脚本，完成网络课程的制作。其主要内容包括网络课程整体框架的开发、网络课程素材的制作、网络课程测试题的设计和网络课程的制作合成。

1. 网络课程整体框架的开发

网络课程整体框架的开发主要参考设计阶段完成的页面整体布局模板。在规划网络课程整体框架开发的同时还要考虑网络课程相关标准的选择问题。首先，选择网络课程整体框架技术路线，网络课程是一种结构化、多页面的学习资源。网络课程中集成了文本图片、音频、视频、动画等多种素材和多个页面。框架集成的技术主要采用HTML网页。其次，选择网络课程框架模板的开发和相关标准，为保证网络课程能在不同的网络教学平台上运行，使网络课程能适应多种运行环境，同时应尽量让学习单元和相关素材能在以后开发的课程中或其他网络开发的课程中重复使用，以提高网络课程开发的整体效率和效益。全国应急管理干部大培训网络课程开发时参考《干部网络培训课程信息模型》（GB/T 38857—2020）等系列标准。

2. 网络课程素材的制作

网络课程中包含文本、图形图像、音频、视频、动画等多种素材。其中，网络课程素材资源的采集主要通过视频录制、手动开发等方式获得。

网络课程素材资源的编辑是根据网络课程脚本设计中对素材资源的要求，对已采集的素材资源进行加工、修改，或者是重新制作。

网络课程主要通过网络培训平台发布，并不是所有格式的媒体素材都适合在网络上发布，对不适合应急管理干部网络学院播放的素材还需要进行格式转换。将各种类型的素材转换成适合平台发布的媒体格式也是一项重要的工作，一般需要对图形图像、音频、视频等常用媒体素材进行格式转换。

3. 网络课程测试题的设计

网络课程中的在线测试可以帮助学员及时了解自己的学习状态。全国应急管理干部大培训网络课程将在线自测作为一种重要的形成性评价工具，每门课程配备至少 5 道随堂测试题。

4. 网络课程的制作合成

在网络课程的制作合成阶段，需要在网络课程整体框架的基础上，按照网络课程页面整体布局模板和页面制作脚本等，将准备好的素材和测试题合成为完整的网络课程。

第八章　安全与应急考试管理

考试作为一种严格的知识水平鉴定方法，可以检验考生的学习能力和掌握消化程度。安全与应急类考试作为安全生产、防灾减灾救灾和应急救援等应急管理工作的一项重要基础工作，对提升从业人员安全素质、应急能力和操作水平，防范各类风险和减少伤亡事故至关重要。本章主要从安全与应急考试的类型特点、安全生产知识考试、特种作业实操考试以及信息化建设等方面，介绍考试工作现状及发展趋势。

第一节　安全与应急考试的种类和管理

一、安全与应急考试的类型及特点

依据《安全生产法》《矿山安全法》《安全生产许可证条例》等相关法律、法规及有关规定，按照从业对象可将安全与应急类考试划分为四类。第一类为高危行业企业"三项岗位"人员安全生产考试；第二类为安全生产执法、煤矿安全监察执法资格考试；第三类为注册安全工程师职业资格考试、注册消防工程师资格考试；第四类为消防员、森林消防员、应急救援员等消防和应急救援人员执业资格考试。

安全与应急考试主要有以下3个特点：

（1）标准参照性。安全与应急考试是按照国家规定的标准，通过政府授权的考核机构，对考生专业知识和技能水平进行客观公正、科学规范地评价与认证，对合格者授予相应资格证或考核合格证，是一种标准参照性考试。每个人的成绩与所选定的标准做比较，达到标准即为合格，与考生总人数无关，有别于高考、公务员录用等选拔性考试。

（2）行业准入性。安全与应急考试所认定或评价的一般是责任较大，社会通用性较强，关系公共利益，政府依法对其实行准入控制的专业或操作项目。相关法律法规规定，未经专门的培训考核合格取得相应资格不得上岗作业，或依法对其安全生产知识和管理能力考核合格，并承担相应法律责任，具有强制性和法律约束性。

（3）实操实务性。安全与应急考试方式普遍分为理论知识考试和技能考核两种方式。理论知识考试以笔试、机考为主，注重对从业人员从事本职业应掌握的基本知识和履职能力的考核。技能考试以现场操作、模拟操作为主，注重对从业人员从事本职业应具备的操作技能和动手能力、实战能力的考核。

二、安全与应急考试的重要作用

安全与应急考试制度的建立和存在具有深厚的历史底蕴、文化基础和制度基础，是安全与应急培训事业发展的必然要求，在安全与应急培训事业发展中发挥着至关重要的作用。

（1）"指挥棒"作用。考试内容是安全培训工作的"指挥棒"。施教单位课程设计、从业人员学习重点多围绕考试内容。因此，考试内容直接影响着培训内容、培训教材、师资选聘以及机构、实训基础设施建设等。

（2）"重要关口"作用。严格的考试是确保培训质量的最后一道关口，考试结果是检验企业安全培训主体责任、政府安全培训监管责任、施教机构培训质量保障责任是否落实到位的重要标尺，是检查培训针对性、有效性的重要手段。没有严格的考试工作作为保障，培训到位就是一句空话。

（3）"杠杆撬动"作用。随着考试体系建设的不断深化，考试对培训的"杠杆撬动"作用逐渐显现，直接推动了考试机构、知识考点及实操考点等组织机构，监考人员、实操考评人员、信息系统技术人员等考务队伍，高危行业"三项岗位"人员考试题库，相关的考试管理制度、标准、规范以及信息化体系的全方位建设。同时，间接地推动了培训大纲、培训教材、培训基地、师资队伍建设，以及对应的实操实训基地、教学、教材、实训师资建设以及培训的信息化、数字化、智能化发展。

三、安全生产考试现状

构建安全生产考试体系是安全生产领域改革发展的一项重要工作，也是发展的必然趋势。2014年，国家安全生产监督管理总局贯彻国务院安委会《关于进一步加强安全培训工作的决定》要求，提出构建安全生产考试体系，利用3年时间推动安全生产考试机构、考务队伍、考试题库、考务制度、信息管理和政策执行"六个到位"，在全国实现教考分离、考试标准统一、考试题库统一、资格证书统一、认证使用统一。

截至2019年底，全国已建成省级考试机构32个，建成市（地）级考试机构379个（含省直管县），建成安全生产知识考点1854家，建成特种作业实操考试点1328家，建成国家题库80个，考务队伍规模达到1.8万人。2019年全面实行计算机化考试后，全国组织安全生产考试达到600万人次。

四、考试机构和考试点的工作职责

按照《安全生产资格考试与证书管理暂行办法》规定，应急管理部考试机构承担全国安全生产资格考试管理工作；省级考试机构承担本行政区域内的安全生产考试管理工作；市（地）级考试机构设置及职责，由省级考核发证部门根据实际工作需要确定。考试机构应当按照高效便民原则，合理设置考试点。考试机构不得从事与所承担考试任务有关的培训活动。对考试机构及考试点工作职责的明确，并强调教考分离，是对安全培训工作责任的进一步明晰，能够推动安全培训责任的自觉落实。

（一）国家级考试机构职责

（1）制定全国安全生产考试相关工作制度。

（2）承担考核标准的研究、起草以及国家级题库的开发、管理与维护工作。

（3）承担国家安全生产考试网络平台建设和信息管理工作。

（4）指导监督省级考试机构工作。

(5) 承担由应急管理部和国家矿山安全监察局负责考核的有关人员安全生产考试工作。

(二) 省级考试机构职责

(1) 制定本地区安全生产考试相关工作制度。
(2) 承担省级题库的开发、管理与维护工作。
(3) 承担本地区安全生产考试网络平台建设和信息管理工作。
(4) 指导监督考试点工作。
(5) 承担省级考核发证部门负责考核的有关人员安全生产考试工作。

(三) 考试点职责

(1) 承担安全生产考试具体组织实施工作。
(2) 负责计算机网络、考试设施与器材的建设、维护工作。
(3) 承担考试机构安排的其他有关工作。

五、考务管理

(一) 考务人员工作职责

其包含主考岗位职责等6类工作职责,确定了各个考试机构中不同岗位的工作职责,有效防止岗位职责重叠,规范人员行为,提高工作效率和质量,同时也为考核工作提供依据。目前,各地建立的考务人员岗位工作职责主要包括以下几个方面:主考岗位职责、监考员岗位职责、实操考评员岗位职责、系统管理员岗位职责、视频巡考员岗位职责、档案管理员岗位职责。

(二) 考试工作管理制度

制度是考试工作有效运行的重要保证,是考试工作规范管理的重要抓手。近年来,各级应急管理部门持续推进考试管理制度建设完善工作,已建成涉及理论考试、知识考试、实操考试各个环节的20多项管理制度,其主要包括:《安全生产知识考试考场设置规定》《安全生产知识考试考场规则》《安全生产实操考试考场设置规定》《安全生产实操考试考场规则》《安全生产考试考务人员职业道德及行为规范》《安全生产考试考生违纪行为处理办法》《安全生产考试考务人员违纪行为处理办法》《安全生产考试主考工作制度》《安全生产考试监考员工作制度》《安全生产考试实操考评员工作制度》《安全生产考试系统管理员工作制度》《安全生产考试督导工作制度》《安全生产考试题库管理工作制度》《安全生产考试视频巡考工作制度》《安全生产考试档案管理工作制度》《安全生产考试实操设备管理工作制度》《安全生产考试保密工作制度》《安全生产考试统计工作制度》《安全生产考试安全保卫工作制度》《安全生产考试回避制度》等。

(三) 考务管理工作流程

其主要包括安全生产考试机构考务管理工作流程、安全生产考试点考务管理工作流程等7大工作流程,实现了考务工作的标准化管理,确保考试的顺利实施。具体包括:安全生产考试机构考务管理工作流程、安全生产考试点考务管理工作流程、主考考务管理工作流程、监考员考务管理工作流程、实操考评员考务管理工作流程、安全生产知识考试流程、安全生产实操考试流程。

(四) 考试实施程序

（1）生产经营单位主要负责人、安全生产管理人员安全生产知识和管理能力考试，特种作业人员安全生产知识考试和安全生产执法人员执法资格考试的实施程序，具体包括：①考试机构依照相关规定制定考试计划，并于考试5个工作日前将考试计划派发到考试点；②负责考试报名工作的机构，根据考试计划组织考试报名，对申请参加考试人员（称考生）进行报考资格审查，并编排考场，发放准考证；③考试点应当提前对考场设备设施进行检查，确保设备设施完好；④考试试卷应当从考试题库中随机生成；采用纸质试卷考试的，应当制定严格的保密制度，采取切实的保密措施，确保考试公平公正；⑤考生凭准考证和有效身份证件，在规定的考试时间内，到指定考试点参加考试；⑥考试机构安排监考人员执行监考任务；监考人员对考生进行身份核对后，按照考试时间安排，宣布开始考试；⑦考试结束，监考人员填写考场记录并签名，连同考试成绩一起封入档案袋，交考试机构存档；采用纸质试卷考试的，监考人员将考试试卷密封后，交考试机构组织阅卷。

（2）特种作业人员实际操作考试的实施程序，具体包括：①考试机构通知考试点根据考生类别准备相应的考试场所、设备、工具和辅材；②考试机构选派相应的监考人员和考评人员；③考生凭准考证和有效身份证件，在规定的考试时间内，到指定考试点参加考试；④考试试题应从考试题库中随机抽取选定；⑤监考人员对考生进行身份核对后，按照考试时间安排，宣布开始考试；⑥考评人员现场评判考生的考试成绩；⑦考试结束后，考评人员将考试成绩登入考试成绩表，经监考人员核对后，连同考场记录一起封入档案袋，交考试机构存档。

六、其他安全生产和应急救援类考试

(一) 注册安全工程师职业资格考试

注册安全工程师，是指通过职业资格考试取得中华人民共和国注册安全工程师职业资格证书（简称注册安全工程师职业资格证书），经注册后从事安全生产管理、安全工程技术工作或提供安全生产专业服务的专业技术人员。注册安全工程师级别设置为高级、中级、初级。

1. 工作职责

应急管理部或其授权的机构负责拟定注册安全工程师职业资格考试科目；组织编制中级注册安全工程师职业资格考试公共科目和专业科目（建筑施工安全、道路运输安全类别专业科目除外）的考试大纲，组织相应科目命审题工作；会同国务院有关行业主管部门或其授权的机构编制初级注册安全工程师职业资格考试大纲。

住房和城乡建设部、交通运输部或其授权的机构分别负责组织拟定建筑施工安全、道路运输安全类别中级注册安全工程师职业资格考试专业科目的考试大纲，并组织相应科目命审题工作。

人力资源社会保障部负责审定考试科目、考试大纲，负责中级注册安全工程师职业资格考试的考务工作，会同应急管理部确定中级注册安全工程师职业资格考试合格标准。

各省、自治区、直辖市的应急管理、人力资源社会保障部门，会同有关行业主管部

门，按照全国统一的考试大纲和相关规定组织实施初级注册安全工程师职业资格考试，确定考试合格标准。

人力资源社会保障部委托人力资源社会保障部人事考试中心承担中级注册安全工程师职业资格考试的具体考务工作。应急管理部委托中国安全生产科学研究院承担中级注册安全工程师职业资格考试公共科目和专业科目（建筑施工安全、道路运输安全类别专业科目除外）考试大纲的编制和命审题组织工作，会同国务院有关行业主管部门或其授权的机构编制初级注册安全工程师职业资格考试大纲。

2. 考试科目

中级注册安全工程师资格考试设 4 个科目：《安全生产法律法规》《安全生产管理》《安全生产技术基础》《安全生产专业实务》［煤矿安全、金属非金属矿山安全、化工安全、金属冶炼安全、建筑施工安全、道路运输安全和其他安全（不包括消防安全），考生在报名时可根据实际工作需要选择其一］。

初级注册安全工程师资格考试设 2 个科目：《安全生产法律法规》《安全生产实务》。

3. 证书管理

中级注册安全工程师职业资格考试合格者，由各省、自治区、直辖市的人力资源社会保障部门颁发注册安全工程师职业资格证书（中级）。该证书由人力资源社会保障部统一印制，应急管理部、人力资源社会保障部共同用印，在全国范围有效。

初级注册安全工程师职业资格考试合格者，由各省、自治区、直辖市的人力资源社会保障部门颁发注册安全工程师职业资格证书（初级）。该证书由各省、自治区、直辖市的应急管理、人力资源社会保障部门共同用印，原则上在所在行政区域内有效。各地可根据实际情况制定跨区域认可办法。

《注册安全工程师分类管理办法》第七条规定："高级注册安全工程师采取考试与评审相结合的评价方式，具体办法另行规定。"

（二）注册消防工程师资格考试

注册消防工程师，是指取得相应级别注册消防工程师资格证书并依法注册后，从事消防设施维护保养检测、消防安全评估和消防安全管理等工作的专业技术人员。注册消防工程师分为一级注册消防工程师和二级注册消防工程师。

1. 工作职责

应急管理部负责拟定一级和二级注册消防工程师资格考试科目、考试大纲，组织一级注册消防工程师资格考试的命题工作，研究建立并管理考试试题库，提出一级注册消防工程师资格考试合格标准建议。

人力资源社会保障部组织专家审定一级和二级注册消防工程师资格考试科目、考试大纲和一级注册消防工程师资格考试试题，会同应急管理部确定一级注册消防工程师资格考试合格标准，并对考试工作进行指导、监督和检查。

省、自治区、直辖市的人力资源社会保障行政主管部门会同应急管理部门，按照全国统一的考试大纲和相关规定组织实施二级注册消防工程师资格考试，并研究确定本地区二级注册消防工程师资格考试的合格标准。

人力资源社会保障部、应急管理部共同委托人力资源社会保障部人事考试中心承担一级注册消防工程师资格考试的具体考务工作。各省、自治区、直辖市的人力资源社会保障行政主管部门和应急管理部门共同负责本地区的考试工作，具体职责分工由各地协商确定。

各省、自治区、直辖市的人力资源社会保障行政主管部门和应急管理部门按照有关要求组织实施二级注册消防工程师资格考试。

2. 考试科目

一级注册消防工程师资格考试设3个科目：《消防安全技术实务》《消防安全技术综合能力》《消防安全案例分析》。

二级注册消防工程师资格考试设2个科目：《消防安全技术综合能力》《消防安全案例分析》。

3. 证书管理

一级注册消防工程师资格考试合格，由人力资源社会保障部、应急管理部委托省、自治区、直辖市的人力资源社会保障行政主管部门，颁发人力资源社会保障部统一印制，人力资源社会保障部、应急管理部共同用印的《中华人民共和国一级注册消防工程师资格证书》。该证书在全国范围有效。

二级注册消防工程师资格考试合格，由省、自治区、直辖市的人力资源社会保障行政主管部门颁发，省级人力资源社会保障行政主管部门和应急管理部门共同用印的《中华人民共和国二级注册消防工程师资格证书》。该证书在所在行政区域内有效。

（三）消防和应急救援人员职业资格考试

消防和应急救援人员（消防员、森林消防员、应急救援员）属于国家职业资格目录中的技能人员职业资格，按照国家制定的职业技能标准，实行职业资格证书制度。该职业分为五级/初级工、四级/中级工、三级/高级工、二级/技师、一级/高级技师五个等级。

1. 工作职责

消防员、森林消防员、应急救援员职业资格属于行业特有职业（工种），按照行业特有职业（工种）技能鉴定管理考试分别由消防行业技能鉴定机构（消防行业职业技能鉴定指导中心）、林业行业技能鉴定机构（国家林业局职业技能鉴定指导中心）、紧急救援行业技能鉴定机构（紧急救援职业技能鉴定中心）组织实施，由以上鉴定机构对劳动者进行考核鉴定，对合格者授予相应的国家职业资格证书。

2020年7月10日，人力资源和社会保障部发布公告，为贯彻落实2019年12月30日国务院会议精神，拟分批将水平评价类技能人员职业资格退出目录，其中拟将消防员、应急救援员、森林消防员依照法定程序调整为准入类职业资格。

2. 考试内容

职业技能鉴定主要内容包括职业知识、操作技能和职业道德三个方面，依据国家职业技能标准、职业技能鉴定规范来确定。

鉴定分为理论知识考试、技能考核以及综合评审。理论知识考试以笔试、机考等方式为主，主要考核从业人员从事本职业应掌握的基本要求和相关知识要求；技能考核主要采用现场操作、模拟操作等方式进行，主要考核从业人员从事本职业应具备的技能水平；综合评审主要针对技师和高级技师，通常采取审阅申报材料、答辩等方式进行全面评议和审查。

第二节　安全生产知识考试

一、标准参照性安全生产知识考试

（一）安全生产知识考试的参照标准

标准参照性考试（CRT，Criterion-Referenced Test）是考试类型之一，是以某种既定的标准为参照系进行解释的考试。这种考试是将每个人的成绩与所选定的标准做比较，达到标准即为合格，与考生总人数无关，诸如驾驶执照考试、计算机等级水平考试等。安全生产知识考试属于典型的标准参考性考试范畴，其主要实现方式就是按照事先确定的考试标准和考核知识点，建立基于测量学原理的标准化考试题库，采用计算机技术作为实现途径，对从业人员的安全生产知识和管理能力进行测量的过程，从而能够客观反映出被测量对象是否具备与所从事岗位相适应的必备的安全生产与应急管理基础知识、基本素质和处理安全管理事务的能力。其基础是基于安全生产和应急管理领域建立的安全生产培训持证上岗制度和教考分离制度，根本目的是通过强制性安全培训和专门考核确保广大从业人员必须具备应有的安全知识和技能，进而保障从业人员的生命和财产安全，体现了生命至上、安全第一的思想。

（二）安全生产知识考试的主要问题

安全生产知识考试具有标准参考性、行业准入性、实操实务性等特点，目前在企业"三项岗位"人员考试中得到了广泛应用和实践，取得了显著成效。但具体实践过程中还应当注意以下影响因素：一是企业安全培训主体责任尚未完全落实到位，需要进一步健全"双随机、一公开"监管体系，采取更加得力有效的监管手段，推动构建培训考试质量评估体系、信用监管体系建设，弥补企业安全培训考试监管短板。二是安全培训市场调节机制尚未完全奏效，随着培训的多元化发展，一方面在线学习、网络培训等发展迅速，另一方面企业为了解决工学矛盾，更青睐于采取网络培训，学员也愿意用网络学习刷学时，网络培训学时认定机制有待健全，有的企业存在不按大纲规定内容和学时开展培训，培训质量得不到保障，甚至出现培训"空心化"。三是随着考试管理体系建设不断深化，考试制度、组织机构、工作机制不断健全，安全生产知识考试更加规范，考试通过的难度不断加大，很多培训机构为了追求考试过关率，出现教师不按大纲授课，学员忙于背题现象，出现了考试"应试化"。这些因素都会直接或间接的影响安全培训的质量效果，也偏离了安全与应急培训的初衷。因此，在实际工作中应当正确处理好"培"与"考"的关系，不断完善培训、考试、监管各环节管理制度和工作机制，防止企业安全培训考试"空心化"和"应试化"。

二、安全生产知识考试题库管理

（一）安全生产知识考试题库种类

《安全生产资格考试与证书管理暂行办法》明确规定，安全生产资格考试与证书管理工作，坚持"教考分离、统一标准、统一题库、统一证书、分级负责"原则。2014年之前,"三项岗位"人员安全生产知识考试国家统一题库尚未全部建立,各地区命题标准不一、难易程度不同、水平参差不齐、证件互不承认问题突出。为了从根本上解决各地区命题标准不一等突出问题,建立科学严谨、务实管用、数量充足、使用规范、更新及时的全国统一考试题库在当时已迫在眉睫。因此,2014年,国家安全生产监督管理总局集中建成了煤矿、金属非金属矿山、危险化学品、烟花爆竹等高危行业企业主要负责人、安全生产管理人员和特种作业人员安全生产考试国家题库,后续增加了安全生产监管人员、煤矿安全监察人员以及金属冶炼、海上石油天然气开采、陆上石油天然气开采等企业主要负责人、安全生产管理人员安全生产知识考试题库,并每年对题库及时进行维护修订。

(二) 考试题库知识构架

《安全生产资格考试与证书管理暂行办法》规定,按照"统一题库"原则,建立全国安全生产资格考试题库,设立国家级题库和省级题库。根据安全生产资格考试人员类别,分类建设考试题库,考试题库的编写主要以各类人员《安全生产培训大纲和考核标准》为依据,紧扣培训大纲规定的培训内容和考核标准规定的考试知识点。

生产经营单位主要负责人考试题库和安全生产管理人员考试题库主要以法律法规、管理、技术方面的基础知识和安全管理能力试题为主,安全生产执法人员考试题库注重法律法规、应急管理和安全生产执法实务及能力知识点考核,特种作业人员更注重安全技能操作方面知识点考核。

(三) 安全生产知识考试题库命题规则

1. 命题依据

题库命题严格依据相关法律法规、各类人员安全生产培训大纲、考核标准和技术规范性文件编制试题。省级题库作为国家统一题库的配套题库,应当结合本地区安全生产地方性法规和安全生产特点进行命题,以复审题库为主,尽量避免与国家统一题库重复。

2. 命题原则

命题应当遵循"依据可靠、题干准确、答案唯一、内容精炼"的原则,确保试题质量和科学性,确保试题与时俱进,符合新法规、新政策的要求。

3. 题型设置

生产经营单位主要负责人、安全生产管理人员安全生产知识和管理能力考试,特种作业人员安全生产知识考试和安全生产执法人员执法资格考试均应当设置判断题、单选题和多选题等题型。特种作业人员实际操作考试应设置工作任务题、作业环节题。

4. 试题属性

编写的试题应当具有以下基本属性(表8-1)。

表8-1 试题基本属性

试题属性	说明
考试对象	安全监管人员,煤矿安全监察人员,生产经营单位主要负责人,安全生产管理人员,特种作业人员
知识点	按照国家统一的考核标准确定,考核要点分布要符合考核标准的要求
难易程度	分为容易、中等、较难三种难度水平

表8-1（续）

试题属性	说　　明
题型	依据上述"第3条题型设置"设定
题干	试题的题目内容
答案选项	试题的备选答案
标准答案	审定后的试题正确答案
分值	每道试题的考评分数

第三节　特种作业实际操作考试

一、实际操作考试标准编制的原则

近年来，由于特种作业人员安全知识和操作技能不足而引发的生产安全事故时有发生，对其本人及企业的生命和财产安全造成严重损伤，事故极为惨痛，教训极其深刻。因此，加强特种作业人员安全技术培训考核，尤其是强化特种作业实际操作考试，对防范和减少伤亡事故至关重要。

为规范特种作业实际操作考试工作，提高特种作业人员安全素质，原国家安全生产监督管理总局相继出台了特种作业安全技术实际操作考试标准。目前，现行的特种作业安全技术实际操作考试标准共计10个类别54个操作项目，对规范和强化特种作业实际操作考试发挥了重要作用，尤其是对于解决特种作业实际操作"考什么、怎么考、考试点怎么建"等重点问题，发挥了重要作用。

特种作业人员实际操作考试主要目的是提高特种作业人员安全防护意识，提高其故障处理和应急处置的能力，在考查考生熟练操作基础上，重点考查考生的安全意识、风险识别能力和对各操作步骤安全风险点的掌握情况。因此，实际操作考试标准编制坚持了"实用、管用、够用"的原则。"实用"是指应当考虑客观现实条件，确保实际操作标准可供考试点使用，具有较强的可操作性。"管用"是指实际操作标准能够达到提高个人安全意识和水平的目的。"够用"是指主要涵盖操作项目中最危险的关键点，从而遏制由于操作不当或处置不当所导致的重大生产安全事故。

二、实际操作考试科目的设置

《特种作业安全技术实际操作考试标准》在考试要求中对特种作业人员的实际操作科目及内容进行了规定，总体上设置了4个考试科目，每个科目原则上设置不超过5道考试题目。具体考试科目设置如下：科目1为安全用具使用（代号K1），包括仪器仪表、个人防护用品、安全标识等内容；科目2为安全操作技术（代号K2），包括设备安全操作、工艺安全作业等内容；科目3为现场隐患排除（代号K3），包括作业现场风险辨识、职业危害辨识等内容；科目4为现场应急处置（代号K4），包括事故现场应急处置作业、触电急救、消防器材使用等内容。

煤矿特种作业的实际操作考试科目设置略有不同,《煤矿特种作业安全技术实际操作考试标准》规定的 10 个煤矿特种作业操作项目,在科目设置时根据每个操作项目的不同各有区别。如煤矿井下电气作业实际操作考试标准共包含 6 个科目,其中:K1 井下低压电气设备停、送电安全操作作为必考科目,在此基础上,从 K2～K6 中随机抽取一个科目与 K1 组成试卷。再比如煤矿瓦斯检查作业共包含 K1 便携式光学甲烷检测仪安全操作和 K2 甲烷、二氧化碳、一氧化碳浓度检测安全操作 2 个操作项目;煤矿瓦斯抽采作业共包含了瓦斯抽采泵安全操作等 3 个操作项目,从其中随机抽取 2 个科目组成试卷。

三、实际操作考试的方式

(一) 实际操作考试采用的主要方式

《特种作业安全技术实际操作考试标准》专门对特种作业实际操作考试的方式进行了规定,主要包括实际操作、仿真模拟操作、手指口述 3 种方式,每道考题可结合题目特点、设施设备、操作环境安全因素等,从上述 3 种方式中选取 1 种或多种方式进行实际操作考试。原则上,能够实际操作的考试题目必须选择实际操作,对一些危险性高、实际操作设备投资大的考试题目可以采用仿真模拟操作,仿真模拟操作包括实物仿真和虚拟仿真,对既无法实际操作又暂时没有仿真模拟操作系统的考试题目,可采用手指口述方式考试。

但是,通过近几年各地实际操作考试点建设及实际操作考试实践情况来看,手指口述以及虚拟仿真的考试方式具有一定局限性,实际操作体验度不够,考核的针对性和实效性不足,难以保证考试公平公正。因此,手指口述以及虚拟仿真只是作为一种实际操作考试的过渡方式。目前从国家层面的政策导向以及行业发展趋势来看,使用真实设备或至少采用实物仿真设备进行特种作业实操考试是大势所趋,纯粹的手指口述和纯粹的虚拟仿真考试方式将被逐步淘汰甚至取消。2019 年 10 月 28 日,应急管理部、人力资源和社会保障部、教育部、财政部、国家煤矿安全监察局五个部门联合印发的《关于高危行业领域安全技能提升行动计划的实施意见》,其中,对强化特种作业人员安全技能培训考试提出"应急管理部门、煤矿安全培训主管部门要组织实施特种作业实操考点创优提升计划,取消以问答代替实际操作的培训和考试方式"要求。

(二) 实际操作考试组卷

每个科目原则上不超过 5 道考试题目。在实际考试时,从上述 4 个科目中各抽取一道实际操作试题组成试卷,即一套实际操作考试试卷共含 4 道实操试题。上述 4 个科目中,对于从业人员在以后的实际工作中,因为操作错误可能对人员、设备造成重大危害甚至引发生产安全事故的操作可以设置否决项。

(三) 实际操作考试成绩

实际操作考试成绩总分值为 100 分,由 4 个科目按照分值权重组成,一般来讲,科目一、科目二、科目三、科目四的分值权重分别占总分值的比例为 20%、40%、20%、20%。但是,部分诸如金属非金属矿山安全作业、危险化学品安全作业的实操考试,根据行业特点在科目设置及权重分配方面有所调整,具体可查看《特种作业安全技术实际操作考试标准》，考生达到 80 分（含）以上为考试合格。若考题中设置有否决项，否决项未通过，则本次实操考试不合格。

（四）实际操作考试点设备配备标准

实际操作考试点建设是考试体系建设的重要组成部分，涉及制度建设、队伍建设、文化建设和考试场地及考位设置等内容。由于各地经济发展状况、考试需求、考生人数等情况都不一致，因此，现行的《实际操作考试标准和考试点设备配备标准》只提出了满足实际操作考试应当具备的基本要求，即对应每一项考试科目提出考试点应该配备哪些设备，而对考场面积和考位数量没有做具体的要求。各省级考核发证机关可以根据辖区实际情况制定更加详细的实际操作考试点建设标准。

从目前各地已经建成的实操考点运行情况来看，实操考核设备设施与实际操作考试需求和标准要求相比，仍存在一定差距和不足。一是考核设备展示性强、考试功能弱，设备的真实性、可操作性和考核功能亟待加强和完善。二是虚拟仿真设备体验度、真实度差，实操环境、操作感受、考核功能不能满足实际需要和标准要求，更多趋于形式化，效果大打折扣。

上述情况应当引起各级主管部门和考试机构的重视，加大实操考点布局的统筹规划和技术指导，引导特种作业实操考点建设注重设备的真实性、可操作性和功能的完善性，避免大面积使用虚拟仿真设备。

四、特种作业实际操作考评手册

《特种作业人员安全技术实际操作考试标准（试行）》颁布实施以来，对强化和规范特种作业实际操作考试，提高特种作业人员安全操作技能发挥了积极作用。但是，实际考试过程中很多地区仍存在重理论轻实操、重形式轻内容等现象，实际操作考试组织管理不够规范，考试过程中对安全风险点等核心内容把握不够准确。因此，为进一步细化现行特种作业人员安全技术实际操作考试标准，2019 年 8 月，应急管理部安全生产基础司会同应急管理部培训中心在深入调研基础上，提出编写全国统一的特种作业实际操作考评手册，以便各地用于更好地指导工作实践，并以高压电工作业、钻井司钻作业为范本组织编写了《特种作业实际操作考评手册》。

手册编写始终坚持以人民为中心的发展思想，牢固树立安全发展理念，弘扬生命至上、安全第一的思想，注重特种作业实操考试从关注考核结果向关注操作过程安全转变，以工作任务为主线，安全要点为核心，对《标准》四个考试科目进一步细化，实现考核题目任务化、考核条件场景化、考核要素标准化和安全风险点贯穿全过程。在考查考生熟练操作基础上，重点考查考生的安全意识、风险识别能力和对各操作步骤安全风险点的掌握情况。手册可作为实际操作考评人员的考评工具，也可作为特种作业人员的辅助学习资料。

五、考评员队伍建设

实操考评人员是特种作业实际操作考试的主导因素，其考评行为直接决定着特种作业实际操作考试的质量。《安全生产资格考试与证书管理暂行办法》对监考人员和考评人员的职责及要求进行了明确规定。

（一）考评员的工作职责

1. 考评人员的工作职责及要求

（1）负责特种作业人员实际操作考试评分工作，由考试机构选派；考评时，佩戴统一制发的工作证件。

（2）具有专科以上文化程度、中级以上专业技术职务或者技师以上资格，实际从事相应专业和岗位5年以上，熟悉相应的专业知识和操作技能。

（3）严格执行考试有关规定，对考试场地、设备、工具和辅材等进行核查和检验。

（4）严格按照有关规定进行评分，填写考评记录，具有独立的考核评分权力。

（5）严格遵守考试有关纪律和规定。

2. 考评人员的法律责任

考评人员有下列情形之一的，停止其参与考试工作，并视情节轻重给予或者建议其所在单位给予相应的处分，直至开除或者解聘；构成犯罪的，依法追究其刑事责任：

（1）擅自改变考试开始时间或者结束时间的。

（2）提示考生答卷，指使或者纵容他人作弊，参与考场内外串通作弊，截留、窃取、遗失考试试卷，泄露考题、答案及其他考务工作秘密的。

（3）未认真履行职责，所负责考场秩序混乱或者出现较大范围作弊的。

（4）利用考试工作之便索贿、受贿或者谋取其他不正当利益的。

（5）其他的违纪行为。

3. 考评人员工作守则

（1）忠于职守，秉公执考，作风严谨。

（2）科学规范，严肃考纪，保证质量。

（3）认真总结，接受监督，积极建议。

从事特种作业实际操作考评工作的考评人员，应当恪尽职守，严格遵守相关规定，在实际考评工作中遵循以下注意事项：

（1）熟悉应急管理、安全生产相关法律、法规和政策，研究特种作业实际操作考试相关的安全技术和操作技能，不断提高业务水平。

（2）认真履行考评职责，严格执行鉴定规程和考场规则。

（3）在执行特种作业实际操作考评任务时应佩戴工作证件。

（4）在评定成绩时应严格按照实操评分标准客观公正评分。

（5）保持高度的职业道德水平素养，忠于职守，公道正派，清正廉洁，坚决抵制来自任何方面的影响或改变正常考评结果的要求，自觉遵守对其亲属、朋友、师徒的回避制度。

（6）严格遵守特种作业考试工作规定的各项保密制度。

（7）自觉接受应急管理部门、考试机构的技术指导和监督。

（二）考评员队伍建设的现状及重要性

截至2019年底，全国监考人员、考评人员、系统管理员等"三支队伍"规模总数约1.8万人，其中监考人员0.6万人、考评员0.9万人、系统管理员0.2万人。考评员队伍已成为考试体系建设的重点和难点。各地普遍建立了考评人员管理制度，明确其资格条件、遴选办法、工作职责、继续教育以及造册建档、日常监管等制度。同时，考评人员的政治素养、业务素质、专业能力培养也逐渐受到各级主管部门和考试机构的重视，近4年来，各地共组织考评人员专题培训超过270期次，培训人员超过1.1万人次，对于提升考务队伍素质和业务能力发挥了很好的促进作用。虽然队伍建设取得了积极成效，考评人员整体素质得到提升，但从实践层面来看，依然存在考评员"从考技术向考安全转变"的认识不到位，对实操考试标准的理解存在差异性，考核方案制作及考试组织实施方面存在差异，考评员专业不对口、管理制度不健全等问题，有必要从国家层面出台考评人员管理办法，明确岗位职责、认定条件，建立凡进必考、持证上岗制度和定期教育训练制度，建立考评人员国家信息库等，加强日常监督管理。

因此，考务队伍的专业化、职业化建设已成为当前一项重要而紧迫的任务，尤其是打造一支忠诚干净担当的高素质专业化特种作业实操考评员队伍，对于强加和规范特种作业实操考试尤为重要，是全面深化安全培训考试改革发展的重要组成部分和人才保障。

（三）考评员师资培养实践

2015年开始，国家加大对特种作业实际操作考试点建设及实操考试规范化力度，制定出台了《特种作业安全技术实际操作考试标准（试行）》，各地加快推进特种作业实操考试点建设。与此同时，特种作业实操考点到底怎么建、建成什么样、建成后怎么考等问题成为当时所面临的主要问题。为此，应急管理部培训中心联合燕山石化教育培训中心共同开展特种作业实操考评员培训课题研究，以电工作业和仪表作业为示范，进行了3年的成功实践，为各地培养专业化实操考评员师资队伍，对指导实操考点建设和实操考试工作规范化发挥了示范作用。

1. 考评员师资培训目标

（1）讲解实操考核设备设计思想和技术原理，树立正确的考核设备建设理念，掌握考核技术方法，为各地考点建设和考试实施培养人才。

（2）解读特种作业安全技术实际操作考试标准，使考评员准确理解考试标准要求和安全考核要点，强化标准执行的准确性。

（3）强化"从考技术向考安全转变"思想认识，使考评员掌握实现这种转变的思路和办法，并能够在实际考试实施过程中得以运用。

（4）指导考评员根据考试题目制定实操考核方案，掌握考核方案制作方法，熟悉考核组织实施流程。

2. 考评员教学设计特点

根据实操考评员群体特点和教学内容、目标，研修班采用了"学、做、演"的一体化教学法，以学员为主体，注重学员学习的自主性，包括选题、研讨、方案设计、推演、完善、实施和成果展示等环节，已成功运用于实践教学中。

（1）"学、做、演"一体化教学方式。

学：通过"标准"的解读、设备操作演示、方案制定方法讲解等，使实操考评员了解实操考评工作的思路和方法。

做：通过小组研讨方式完成实操考评方案制定，包括实操考核设备搭建、考核现场环境设置、考核安全要点设置、考核过程控制等内容。使考评员对实操考评工作有一个全方面和全过程的研讨、纠错、统一认识，从而达到提升能力的目的。

演：技能操作人员进行一项操作，通常有一个规律，即①知道≠会做≠能做对；②听一遍不如做一遍，做一遍不如讲一遍。

这一规律同样适合于实操考评员培训，因此通过"演"的环节，让考评员在真实考试环境和条件下，对自己制定的考核方案进行演练，形成"演练→纠错→完善→再演练"的多循环模式。

（2）教学设计特点：

拓展式训练——通过拓展训练培养学员团队协作精神，提升学习兴趣，加深相互沟通，为后续完成学习任务，实现教学目标打基础。

任务式教学——通过实操考试题目分解，将考题转化为学习任务，实现学习与实践的有效结合。

情景式教学——通过实操考试场景进行情景式教学，使得学员更加直观的感受和理解所学知识点。

渗透式教学——将安全操作"一票否决"渗透于具体操作任务，加深学员对安全考核要点的准确把握和深刻理解。

推演式教学——通过桌面推演、质询、论证，激发学员主观能动性，激励、引导、启发学员熟练掌握考核方案编制思想和方法。

实践性教学——通过角色互换、实操考试，以考生身份验证考核方案设计的合理性、科学性和可操作性。

实践证明，上述模式符合考评员培训教学规律，教师的全过程专业引导，考评员学、思、用结合，参训人员普遍反映良好，取得了很好的效果。

第四节　考试信息化建设及发展趋势

一、安全生产考试信息化发展历程

2011年11月，为加强煤矿特种作业人员培训考核管理工作，提高煤矿特种作业人员安全培训考试信息化水平，原国家煤矿安全监察局办公室印发《国家煤矿安全监察局办公室关于建设全国煤矿特种作业人员网络考试平台的通知》，决定建设全国煤矿特种作业人员网络考试平台（简称"煤矿考试平台"），公布《煤矿考试平台硬件及网络配置标准》，并委托原国家安全生产监督管理总局培训中心承担煤矿考试平台建设具体组织实施工作。

2012年2月，原国家安全生产监督管理总局培训中心印发《全国煤矿特种作业网络考试平台建设实施方案》，按照"统一领导、分步实施"原则，逐步在全国范围内建设煤矿考试平台，实现了煤矿特种作业人员考试计划申报、计划审批、在线考试、信息查询、统计分析等全国联网。

2013年2月，在总结先进地区经验基础上，原国家安全生产监督管理总局启动安全培训信息化建设项目，统筹推进全国培训考试信息化建设，编制《安全培训信息化建设总体方案》，组织研发全国安全培训信息管理平台；颁布出台《国家安全监管总局关于印发安全生产资格考试与证书管理暂行办法的通知》，同步推进全国安全生产考试体系建设。

2014年1月，原国家安全生产监督管理总局办公厅印发《国家安全监管总局办公厅关于印发全国安全培训信息管理平台总体实施方案的通知》，按照"统筹规划、分步实施、统一指导、分级负责"原则，全面部署和实施全国安全培训信息管理平台。

2015年7月，"特种作业操作证及安全生产知识和管理能力考核合格信息查询"系统上线运行，实现"三项岗位"人员证书信息共享、全国联网查询。

2017年12月，全国安全培训信息管理平台覆盖至市级，全国基本实现教考分离、考试标准统一、资格证书统一、认证使用统一。

2019年8月，应急管理部印发《应急管理部办公厅关于更新安全生产知识和管理能力考核合格证、特种作业操作证式样的通知》，全面推行新版证书和电子证书，极大方便了企业和从业人员。2021年，应急管理部采取一系列措施实现特种作业操作证"跨省通办"，并依托微信公众号（国家安全生产考试）实现电子证书随时随地免费领取，培训考试机构一站式查询。

二、安全生产考试信息化建设概要

（一）考试信息化建设目的

为了充分利用现代信息技术，发挥信息化手段对规范安全培训考试管理、提高工作质量和效率、整合全国证书数据资源的重要作用，建设全国安全培训考试信息管理平台，实现安全培训考试信息化基础设施基本完善、应用体系广泛使用、数据信息互联互通，信息资源充分共享，进一步提高安全培训考试工作科学化、规范化水平，促进全国安全生产形势持续稳定好转。

（二）考试信息化建设原则

1. 统筹规划，分级负责

从全局出发，统筹规划，研究全国安全培训考试信息化建设总体框架，避免出现自成体系、重复建设和低水平应用等问题，为资源整合和协同作业打下基础。按照分级负责原则，组织好各地安全培训考试信息化建设工作。

2. 顶层设计，分步实施

整合各方资源，凝聚各方智慧，加强安全培训考试信息化建设顶层设计，面向全国构建政府、企业和机构"三位一体"的安全培训考试信息化建设体系。做好系统功能整体设计，找准重点和突破口，先易后难，预留好系统功能接口，分阶段推进各项工作落实。

3. 标准先行，制度为本

高度重视信息化的标准规范建设，做到统一标准，统一规范，统一接口，做好系统互联、数据共享交换的技术保障。完善和优化安全培训考试工作的各项管理制度和规章，为安全培训考试信息化建设打下良好的基础。

4. 需求主导，以用促建

紧密结合实际，以安全培训考试业务需求为主导，实现现代信息技术与安全培训考试业务工作的有机融合，避免为信息化而信息化、把信息化与业务工作相割裂，更要避免建而不用、闲置浪费。

5. 适度超前，安全可靠

充分考虑当前应用与长远发展需要，在信息技术选择和系统功能、设备设施建设方面适度超前，为今后工作拓展留有空间。注重建立健全信息安全机制，加密处理传输数据，定期备份数据，完善系统防攻击能力，确保系统安全、可靠、高效运行。

（三）系统业务流程及功能简介

1. 安全培训、考核发证业务流程

1）培训业务流程

考核发证机关承担培训机构开通审核、培训计划备案管理工作；培训机构承担培训计划制定、报送备案，培训组织实施等工作。培训计划备案按照"谁审核发证，报谁备案"原则，上报相应考核发证机关备案，考核发证机关按照业务管辖范围内培训计划备案情况，做好考核发证工作。

2）考核发证业务流程

考核发证机关承担考试机构开通审核、审核发证工作；考试机构承担考试点开通审核、考试计划派发、考试成绩审核等工作；考试点承担考试组织实施工作（图8-1）。

2. 系统功能简介

全国安全培训考试信息管理平台主要包括培训系统、考试系统、资格证书及证书查询等4个子系统。培训系统使用对象为培训机构，主要包括教师管理、课程字典、培训计划管理、培训班管理、学员报名管理、学时管理、学员档案管理、统计分析等功能模块。考试系统使用对象为考试机构和考试点，主要包括考试计划管理、考生管理、考试安排、考试控制台、成绩管理、综合查询、统计分析等功能模块。资格证书使用对象为考核发证机关，主要包括培训考试计划备案、审核发证、学员档案查询、综合查询、证书查询、统计分析等功能模块。证书查询系统面向社会公众提供特种作业操作证及安全生产知识和管理能力考核合格信息查询服务，面向持证人员提供新版证书下载服务。

三、安全与应急考试信息化发展趋势

（一）安全与应急考试信息化技术应用

现阶段，安全与应急考试信息化是综合利用现代信息技术，建立在计算机信息处理技术、网络和多媒体技术等现代信息技术手段之上的无纸化考试模式。它融合了先进的硬件技术和软件技术，集成了计算机、网络与通信、大型关系数据库管理、客户机/服务器程序设计、视频监控、数码硬盘存储、图像压缩与远程传输等多项技术。主要采用的技术方法包括计算机化考试标准体系、考试开启密码控制技术、试题存储加密和还原技术、试题随机抽取技术、身份验证和随机排位技术、考试时间自动监控技术、考试断点续考技术、考试成绩即时显示技术等。

（二）安全与应急考试信息化发展趋势

提高国家应急管理水平，提升防灾减灾救灾能力，是实现"两个一百年"奋斗目标、

第八章 安全与应急考试管理

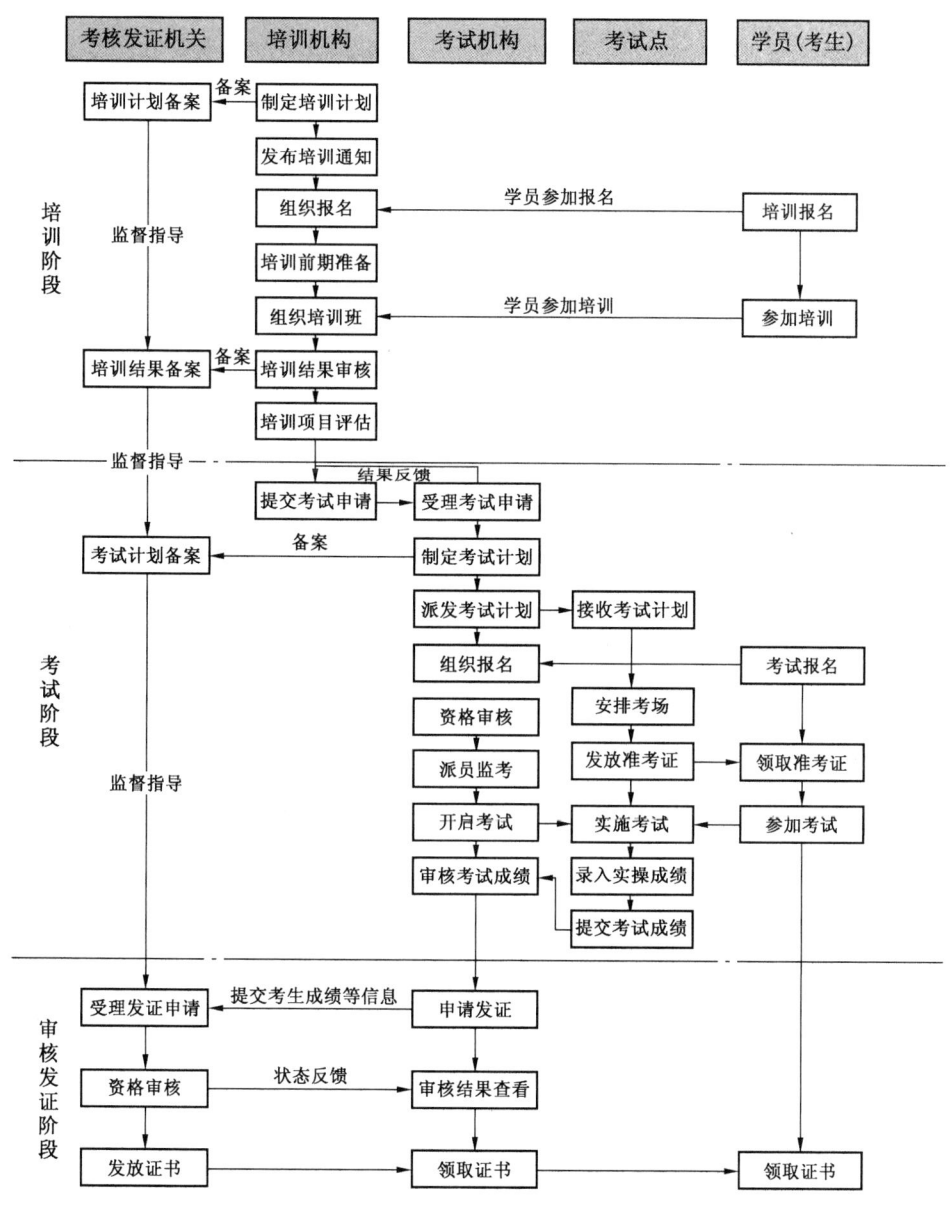

图 8-1 安全培训、考核发证业务流程图

实现中华民族伟大复兴中国梦的必然要求,是关系人民群众生命财产安全和国家安全的大事,是我们党治国理政的一项重大任务。我国生产安全事故总量偏大,面对严峻复杂的生产安全形势,国家应急管理能力相对落后,应急管理信息化水平不高,迫切需要运用云计算、大数据、物联网、人工智能等新一代信息技术,建设与大国应急管理能力相适应的中国现代应急管理体系。

安全与应急考试信息化要以需求为依据,以问题为导向,紧密围绕应急管理、防灾减灾和安全生产工作需要，准确把握现代信息技术在安全与应急考试管理要求和业务流程的关键作用，以数据为关键要素，以应用为核心，促进信息技术同安全与应急考试业务深度融合，最大限度发挥信息化效能。

1. 应急管理云在安全与应急考试信息化中的应用

安全生产考试信息化建设初期，受云计算产品类别、技术成熟度等因素制约，全国安全培训考试信息管理平台通过租用公有云平台部署，实现了培训、考试、证书等业务数据集中存储以及培训、考试业务分级管理。但是，考试点端采取了分布式部署，考试实施过程数据仍然存储在考试点本地服务器。目前，应急管理部正在建设应急管理云，建成后可形成性能强大、弹性扩展、先进开放、逻辑一体的云计算平台，实现资源统一调度和整合管理，包括基础设施即服务（IaaS）、平台即服务（PaaS）、云安全以及云管理。目前全国安全培训考试信息管理平台正在探索实施系统迁移应急管理云相关工作，按照应急管理云有关要求，逐步升级改造业务系统。未来安全与应急考试信息化将依托应急管理云实施，构建统一管理、统一运维的安全与应急考试云数据中心。

2. 大数据技术在安全与应急考试信息化中的应用

充分运用大数据技术和手段对高危行业主要负责人、安全生产管理人员、特种作业人员等从业人员的基本情况、考试数据、证书信息、人员能力模型等进行统计分析与数据展示。全方位、多层次的展示高危行业从业人员与全国应急管理、安全生产的规律性和关联性特征，及时发现高危行业从业人员安全技能"短板"，利用现有资源对从业人员短板进行针对性专题教育培训。加强从业人员考核，不断提升安全生产人员安全技能，降低生产经营单位安全生产风险，为应急管理部在安全生产人才队伍建设、素质能力提升、政策和规范标准制定等方面提供支撑保障，为全国省市县应急管理部门在安全与应急考试体系建设方面提供服务。

3. 物联网、人工智能技术在安全与应急考试信息化中的应用

目前，物联网技术已在考场视频监控领域发挥了极大的作用，未来物联网和人工智能技术的结合，将对改变安全与应急考试实施形式，推动安全与应急考试现代化发展具有重要的作用。利用物理网和人工智能技术建设智慧考场，通过图像识别、传感器和传感节点、网络和通信、行为分析、语音分析、人脸识别、系统控制等技术，对考场的动态视频数据进行跟踪，从近、中、远三个角度，对考生进行"多对一"的监控，在海量的视频监控图像中实时侦测并智能识别，对考生各种作弊行为进行智能分析，自动发现考场异常行为，实现智能监考、无人监考，不断提升作弊的识别和防范能力，遏制考试违规行为，确保考试安全、公平公正。

第九章　安全与应急培训教师的素质能力培养

安全与应急培训教师的专业素质与能力，是在一般职业素养基础上凝聚、升华或重新生成的有关教育培训特质的品格，这种品格和"安全与应急"的专业结合，形成了一种特有的、稳固的素质与能力，是能够将安全与应急培训教师同其他职业区别开来的核心特质。

一般来说，职业素质构成包括职业理想、知识结构、能力结构和专业情意等四个方面。虽然不同职业所表现出的专业属性不同，不同领域的教师所面对的教学对象也完全不同，但无论教育工作还是培训工作，作为教师的基本素养有许多共同的要求。教师教育思想系统中的教学理念、教师知识结构系统中的学科专业知识、教师能力结构系统中的教学监控能力、教师专业情意系统中的专业精神和自我专业发展意识，以及集各种要素之大成的教育智慧等品质具有教师专业特质的规定性，可以为安全与应急培训教师队伍建设提供借鉴与参考。

培训教师指在培训领域具备一定专业知识与技能特长的教师，是教师职业里一支专门的队伍，并越来越趋向成为一个独立的职业。安全与应急培训教师的社会功能、专业理论、专业技能、专业发展制度、专业自主权和专业组织等，具有更强的专业特质。

一般来说，专业特质越强，对从业者的要求便越高。对专业化的强调，是安全与应急培训教师职业的未来发展趋势。

第一节　安全与应急培训教师的师德修养

教师作为一种职业，在人类历史上已经存在数千年。"师者，人之模范也""学高为师，身正为范""师者，所以传道、授业、解惑也""经师易得，人师难求""园丁""蜡烛""人类灵魂的工程师"等，一系列教师职责、角色的定位，无不体现着人们对教师这个职业的认知与期望。

"师有百行，以德为首"。师德是教师队伍建设中常谈常新的话题，也是整个社会教育和时代发展的永恒课题。"百年大计，教育为本；教育大计，教师为本；教师大计，师德为本。"师德作为教师的职业道德，既有普遍性，又有特殊性。

一、师德的概念与内涵

师德是教师进行教育教学工作时，处理各种关系应遵循的道德准则和行为规范。其主要包括教师的道德品质、思想信念、对事业的态度和情感，以及有关的行为习惯等。由于教师职业在社会的特殊地位和教育对社会发展的重要性,其内涵已远远超出了教师职业本身和一般的道德范围。在普遍性的职业道德之外,目前社会中只有两个行业对从业者德行有特殊的要求,一个是医德,一个是师德。

师德的概念既包含作为任何一个社会成员都应该具备的道德要求,如爱国、敬业、诚信、友善等,又包涵教师职业所应特有的崇高世界观、人生观与价值观。而在应急管理工作中,培训教师的师德还应根据安全与应急培训工作的特性,具备特殊的政治立场和态度、法纪观念和行为、安全价值与理念等。

师德的内涵并非固定不变,师德既有历史传承性也有鲜明的时代特征,其发展过程始终与社会发展同步。现代社会既要求对传统师德有所继承,又要求结合时代特征做进一步的创新与发展。

(一) 师德建设是新时代的新要求

党的十八大以来,习近平总书记强调指出,"教师是人类灵魂的工程师,是人类文明的传承者,承载着传播知识、传播思想、传播真理、塑造灵魂、塑造生命、塑造新人的时代重任""评价教师队伍素质的第一标准应该是师德师风,必须突出全员全方位、全过程师德养成""要加强师德师风建设,引导广大教师以德立身、以德立学、以德施教",要求教师争做"有理想信念、有道德情操、有扎实学识、有仁爱之心"的好教师。

习近平总书记关于新时代教师队伍师德师风建设的重要论述,深刻揭示了教师发展的内在规律,赋予了师德师风新的时代内涵,为加强新时代教师队伍建设,打造中华民族"梦之队"的筑梦人提供了根本遵循。

(二) 师德建设是发展教育培训事业的基础

评价教师队伍素质的第一标准是师德师风。师德师风建设是每一所学校、每一所培训机构都要常抓不懈的工作。目前,绝大多数培训教师能够敬重学问、恪守职责、严于律己、为人师表,但也有极少数教师认为培训工作只在于技能提升,是一个短期行为,对教师职业道德的要求认识不深刻、不正确,从而在培训工作中存在认识偏差。安全与应急培训教师所拥有的理想信念,更多地体现在自身所从事的职业中,高尚的师德会促使教师怀着对事业的热爱,将自身在安全与应急领域所拥有的知识更好地传递给学员,同时传递给学员有关安全与应急的人文精神与人性关怀。随着应急管理改革的深入,对教育培训这项基础性工作提出了比以往任何时期都高的要求,安全与应急培训教师急需要提高自身道德修养、提升自身业务水平。提升整个教师队伍的社会形象,是安全与应急培训教师谋求内在发展的必由之路。

(三) 师德建设是教师队伍建设的关键

目前全国共有1600多万教师躬耕于各类大中专院校、中小学、幼儿园、培训机构等,支撑起了世界上最庞大最复杂的教育培训体系,为中国社会培养着各种各样的人才。无论哪一个行业、哪一个层级的教师,师德师风都是评价队伍素质的第一标准,扎实推进师德师风建设是新时代对教师队伍建设提出的客观要求。一支稳定的、高素质的培训教师队伍,首先就需要教师具有良好职业道德和社会责任感,具有高尚的师德和对学员高度负责的精神,只有一个爱岗敬业的教师群体,才能组成一支积极向上、充满人文思想和先进理念的教师队伍。

(四) 师德建设是安全与应急培训的职业担当

当前，教育培训工作在应急管理工作中的基础地位已经得到全社会认同。而随着对培训质量的重视、培训水平的提升，安全与应急培训的课程目标、课程内容、教学方式、教学评价和管理体系等都发生着一系列的变革，教师的教育理念和教学行为发生着根本性的改变，培训教师面临着巨大挑战。没有对事业的满腔热忱与执着追求，没有高尚的师德作支撑，在改革与发展的关键时期就可能掉队。尤其是安全生产培训方面，以往的宝贵经验使这一切已经得到了印证。确保安全的关键，就是强化职工相关的教育培训。这是保证安全生产、做好安全工作的基础。如何做好这些工作，安全与应急培训教师肩负的责任十分重大。

(五) 师德建设是一项系统性工程

师德建设仅仅靠教师本人的自律是远远不够的。在新时代师德建设过程中，既要注重传统的教师个人自律，又要加强社会他律。相关管理部门应积极传达社会各界对教师专业能力与素质的期望，强化对安全与应急培训改革与发展的最新诠释，要求教师通过积极的自我更新、不断提升专业素质。社会是个体的集合，整体的教师专业素质形成与发展，受教师个体素质发展水平的制约，而教师个人专业素养又映射着社会总体教师队伍发展水平，培训教师个体的自我努力能够促进其社会品位的提升，而一定的社会文化氛围，也对个人的思想与行为起到塑造的作用。在培训教师的个人职业生涯中，专业素质的形成与发展往往是渐进累积式发展与跨越突变式发展统一，是理论与实践相互循环、层次不断深化的过程，教师本人需要不断开发利用内、外部资源和条件，进行优势整合。

二、传统文化中的师者之风

中国教育是一条绵延不绝的河流，既是中华文化的承载者，更是传统师德的承载者。不同时期，因社会的变迁、思想的变化，主流学说与教育风尚都可能随之而动，但师德作为教育之灵魂，始终遵循着稳固的核心原则。传统文化所倡导的为师之道，最主要的就是从道德方面进行的要求与引导。

在我国教育史上，孔子为万世师表，确立了中国传统师德的典范。孔子提倡"有教无类"，使教育局面有了质的发展。儒家思想关于师德的系列主张，奠定了我国传统师德观的基础，并被后世不断发展、不断丰富完善。尽管不同历史时期对师德的具体要求不尽相同，但主导思想和基本精神却是一致的、连贯的。

对传统师德，可以从师爱、师品、师能三方面进行解读。

(一) 师爱：爱生爱教

首先，表现为对教育培训事业的热爱和对受训者的强烈责任意识。孔子曰："学而不厌，诲人不倦。""教不倦，仁也。"孟子认为："得天下英才而教育之，三乐也。"王夫之强调："讲习君子，必恒其教事。"这些观点都表达了对教育事业的忠贞不渝和持之以恒。对学生，孔子提出："爱之，能勿劳乎？"即爱自己的学生，就要严格要求学生不放纵、不迁就，充分体现了对学生强烈的责任意识。

其次，无隐无私。孔子曾坦诚地对自己的学生说："二三子以我为隐乎？吾无隐尔乎。吾无行而不与二三子者，是丘也。"意思是作为老师，自己在学生面前是没有任何保留的。墨子明确提出反对"隐匿良道，而不相教诲"，提倡"有道者劝以教人""有道肆相教诲"，就是说即使不被请教也要主动去教，应该"为力""强为"。而且，教师不仅对学生无私传授，还殷切希望弟子超越自己。孔子提出"后生可畏，焉知来者之不如今"。荀子进一步提出"青出于蓝而胜于蓝"。韩愈则说，"弟子不必不如师，师不必贤于弟子"，强调教师应成为学生的伯乐，要发掘学生的内在潜能。

同时，尊重学生，尊重知识。孔子广收门徒而不问出身贵贱和家境贫富，他提出"自行束脩以上，吾未尝无诲焉"。孔子还提出"学无常师""三人行，必有我师焉""敏而好学，不耻下问"，鼓励学生"当仁，不让于师"，要求唯真理是从。孟子则提出"往者不追，来者不拒，苟以是心至，斯受之而已矣"，意思是虽讲求师道尊严，但是对学生、对知识的尊重极其突出。王阳明则提出"凡攻我之失者，皆我师也"。在等级森严、极其重视师道尊严的古代社会，这些思想言论对当今时代仍具启发意义。先哲对教师品质的种种阐释，从不同方面体现了教师应有的博大胸怀和崇高人格。

（二）师品：人师示范

教师不仅是知识的传授者和创造者，还是道德的示范者。正是因为高尚的师品，才能为人师表。孔子曰："其身正，不令而行，其身不正，虽令不从。"孟子在此基础上进一步提出要"以其昭昭，使人昭昭""教者必以正"。墨子的"以身戴行"，也强调了为人师者以身作则的重要性。荀子进一步提出，教师要"正仪"、要"善先""以身为正仪而贵自安者也""以善先人者谓之教"，强调教师要成为学生效法的表率。韩愈也阐述了"以一身立教，而为师于百千万年间，其身亡而其教存"的道理，认为师德长存于天地之间，虽世事变迁，但教育之魂永恒。王廷相从反面强调教师以身作则的重要性："古人有身教焉，今人惟恃言语而已矣。学者安望其有得？"

荀子认为"师术有四"："尊严而惮，可以为师；耆艾而信，可以为师；诵说而不陵不犯，可以为师；知微而论，可以为师。"即教师一要有尊严威信，二要有丰富的阅历和崇高的信仰，三要在讲授时有条理、遵循内在逻辑，四要善于阐发微言大义。汉代哲学家扬雄说："师者，人之模范也。"这是对为人师表的最简洁明了的注解。

（三）师能：治学育人

师能是指教师从事教育教学工作的能力和水平。教学是一门科学，也是一门艺术。"师能"是一名教师的基本功，没有高超的教育教学技能，教师便如同一只没有点燃的蜡烛，师德的光芒无法发散出来。教师以身作则、率先垂范的重要前提，就是教师自身的知识积淀。"古今不知，称师如何""道之未闻，业之未精，有惑而不能解，则非师矣"。孔子提倡"博学而笃志，切问而近思，仁在其中矣"，即教师广博地学习而且持之以恒切问近思，才能做一位仁爱之师。

"乐教善教，讲究教法"，是我国传统师道的宝贵精神财富，教师不但要乐教，还要善教。传统文化中的为师之道，在治学育人方法上，有很多可以借鉴的优良之处。首先是因材施教。朱熹认为"夫子教人，各因其才。"孔子在教学实践中对学生"听其言而观其行"，并在此基础上注意发挥学生们的特长，因材施教、各尽其才。孟子对这种方法有很好的继承和发挥，他说："君子之所以教者五：有如时雨化之者；有成德者；有达材者；有答问者；有私淑艾者。此五者，君子之所以教也。"其次是循序渐进。孟子说："先济乎近，然后形乎远。"孔子教育学生提倡"循循然善诱人，博我以文，约我以礼，欲罢不能。"第三是启发诱导。孔子教育学生"不愤不启，不悱不发，举一隅不以三隅反，则不复也"。

三、继承与发展传统师德

从古至今，教师都被誉为太阳底下最光辉的职业。教师的职业属性虽然决定了这份工作的崇高性，但教师毕竟是有血有肉的人，教师这个职业不能脱离一份职业的共同特点。师德首先要符合最起码的职业道德，同时，尽管教师群体中的少数个体会有瑕疵，但教师的一言一行，仍然应该尽可能符合人们心中的理想形象。

中华优秀传统文化积淀了中华民族数千年劳动创造的丰厚智慧，蕴藏着解决当代人类面临难题的重要启迪，是我们最基本、最深沉、最持久的力量之源。新时代切实增强理论自信、道路自信、制度自信、文化自信，要求我们努力从优秀传统文化中汲取营养智慧并创造性转化，创新性发展。在培养高尚师德的过程中，汲取传统师德文化精髓，结合时代要求进一步继承发展，是当代师德建设的一个重要的选择路径。

（一）他律基础上实现自律

习近平总书记多次强调："评价教师队伍素质的第一标准应该是师德师风，必须突出全员全方位全过程师德养成。"2018年1月，国家出台了《关于全面深化新时代教师队伍建设改革的意见》提出，建立教师个人信用记录，完善诚信承诺和失信惩戒机制，着力解决师德失范、学术不端等问题。

近几年，一些高校率先行动起来。2018年4月，中国人民大学出台了《师德建设长效机制实施办法》《教师职业道德规范》《教职工纪律处分暂行规定》等系列文件，被称作"史上最严师德规范文件"。2018年11月，教育部正式印发实施《新时代高校教师职业行为十项准则》《关于高校教师师德失范行为处理的指导意见》等，各省高校也纷纷出台相应制度和规范。这些院校的行动，对于职业培训工作同样是一个很好的借鉴，有利于在全社会对职业培训教师队伍进行规范管理的呼声中，形成培训教师师德建设的强大制约机制。

传统师德所强调的教师自律，强调的是教师内在修养和道德自觉，多从教师自身出发，突出教师本人的自我要求，不仅在品行方面强调"言传身教""为人师表"的价值追求，在能力素养方面，同样突出了教师对自我的严格要求，要求教师要学识渊博、品行端方，强调教师要针对不同的学生、不同的情景、不同的学习状态，因材施教、循循善诱。近些年对传统师德的不断倡导，对当代师德建设产生了积极的内在动力。

（二）注重人文精神培育

传统师德坚持德教为先，尤其注重教师人文精神的引领，强调教师的家国情怀、士大夫精神。既有宏阔的气魄关注国家大事，又有丰富的阅历能付诸实践，从而将国事、家事融为一体，影响学生、感化学生、教育学生。

荀子说："礼者，所以正身也；师者，所以正礼也。"这一观点强调了教师在引导人的行为举止、塑造人的道德品质方面的重要作用。《礼记·文王世子》也指出："师也者，教之以事而喻诸德者也。"可见教师不仅传授知识技能，还要培养学生优良道德品质，甚至可以说对学生传授知识的根本目的，仍然是为了培养学生良好的道德品质。

由于种种原因，目前社会上存在一些培训乱象，对培训机构及其教师的拷问和要求，上升到前所未有的程度，培训教师的职业形象在一定程度上受到了挑战。与此同时，个别部门和一些学校、机构对老师也出现了某种过激管理的现象，个别老师处于种种压力当中，难以自尊、自信地进行理想的教学工作。在这种情况下，更要加强教师自身的道德修养，注重人文精神的培育，通过各方努力，实现习近平总书记所强调的"让广大教师在岗位上有幸福感、事业上有成就感、社会上有荣誉感，让教师成为让人羡慕的职业"。

（三）人文精神与科学精神统一

时代发展日新月异，科技革命是我国社会现代化过程的先导，具备科学家精神、热爱科学研究已成为师德理念的一个极重要的方面。这就要求教师不仅具有深厚的人文情怀、完善的人格、丰富的知识和阅历，还要具有开阔的学术视野，有善于创新并大胆实践的意识。

2016年12月，在全国高校思想政治工作会议上，习近平总书记强调"要加强师德师风建设，坚持教书和育人相统一，坚持言传和身教相统一，坚持潜心问道和关注社会相统一，坚持学术自由和学术规范相统一，引导广大教师以德立身、以德立学、以德施教。"这对新时代教师明确提出了学术要求，在强调人文精神的同时，强调了科学精神、研究精神。

当然，在强调传统文化对师德教育的可取之处时，也不能忽视其自身的某些不足，以及对传统文化的理解和挖掘上的不足。如在鼓励学子创造性品格养成方面的内容是否偏少？这与实现中华民族的伟大复兴，进入创新型国家行列的历史任务不相符合。再比如，重视立德立身立业，但相对而言，对自然科学包括技术方面的传统文化却挖掘得很不够，作用的发挥也不够，这直接和间接影响到了师德、师品的完整性。

在教师队伍建设的过程中，应注重人文精神与科学精神的统一，及时地弥补某些不足，使传统文化与时俱进。

四、安全与应急培训中的师德呈现

安全与应急培训工作的特点，使得本领域的教师在具备一般教师应有的高尚品德之外，还应具备结合自身专业特点的职业道德，即安全与应急培训教师师德。

安全与应急培训教师师德，是安全与应急培训教师结合自身岗位的职业特点而呈现的符合岗位定位的道德准则、道德情操与道德品质，是安全与应急培训教师对社会所承担的道德责任与义务，是优秀教师师德在安全与应急培训领域的具体体现。一般应有如下特别呈现：

（1）以人为本的人文情怀。安全与应急培训工作事关人的生命与健康，作为理念与文化传播者的教师，应该具有超越个体、超越种族的胸怀，从人类整体的视野来观察和思考周边世界，从自然科学和社会科学的边界处构建有关"生命高于一切"的价值观。

（2）开拓创新的奋进精神。目前正处于应急管理改革与发展的关键时期，培训教师应与时俱进，对新时代的培训工作形势有清醒的认识，对培训方向与培训重点有清晰的把握，力争在全面把握培训需求的基础上进一步拓展培训范围，使应急管理新理念深入人心。

（3）"知行合一"的实践思想。安全生产与应急管理是实践性很强的学科，需要在实践中总结经验才能不断向前发展，需要培训教师具备丰富的培训实践与教育教学经验。无论是培训项目管理、培训方案设计还是培训课程实施，都应与生产实际紧密结合，并依据成人学习和教育教学的特点来有效进行，构建"知行合一"的培训模式。这就需要培训教师从道德意识的层面进行升华，更深切地把握培训的自觉性和实践性原则。

以上仅为举例阐述，在安全与应急培训实践中，优秀师德的呈现随着事业的拓展有着广阔的空间，培训教师职业也将焕发更大的活力。当然，优秀的师德属于自律范围，可通过公约、守则或行业规范等，对安全与应急培训教师职业生涯中的一些相关方面加以规范。

第二节　安全与应急培训教师素质能力体系

当前社会对教师进行的理论研究越来越专业化，也越来越多。教师从过去作为教育过程和活动的一个要素，发展成为一个专门的研究对象，成为多学科共同关注的焦点。

经过近些年的发展，随着安全与应急培训得到全社会越来越高的重视，从业教师也得到了人们更多的关注与尊重，他们不但具有安全与应急方面的专业知识，更有保护从业者安全与健康的崇高理念，各培训机构或专业院校需要依靠这一支优秀的教师队伍才能健康生存与发展。从不同角度揭示安全与应急教师专业结构，明确该职业的专业素质与能力内涵，才能寻找到安全与应急培训教师素质能力提升的优良路径。

一、培训教师的专业特性

目前许多对教师方面的研究，都包括了专业知识和专业服务精神两个方面，但仅有专业知识、专业能力和专业服务态度，仍不足以体现安全与应急培训教师作为专业人员的特征，具备这些方面的教师仍可能是一个专业级的"教书匠"。要想使安全与应急培训教师素质得到进一步提升，需要从培训教师作为一名专业人员的角度，对教师的内在专业结构进行深入分析研究。

（一）专业与专业特性

专业（Profession）一词从拉丁语演化而来，原意是公开地表达自己的观点或信仰。本文所指的"专业"，更贴近于指"一群人所从事的需要专门技术的职业"。这种职业需要特定的培养来完成，使从业者通过专业化训练掌握为社会提供专门性服务的本领。由此，具有专业特质的从业者所从事的专业，必须具备以下条件：一套完整而有系统的知识，数位公众认可的知识权威，业内的某种制裁或奖励机制，严格而有特色的职业伦理规范，较为正式的专业组织等。

从一名新教师成长为一名专家型教师是一个长期的过程，不仅需要在专家的指导和帮助下提高自身的专业技能，还需要掌握专门的知识，具有高尚的专业精神和一定的自我专业发展意识。除了要知道"教什么""怎么教"，教师还应懂得"为什么这样教""什么时候这样教而不是那样教"。教师专业素质的形成和发展必须有明确的目标，且目标的制定须在教师自身的需求与外部要求（专业发展标准、学校或机构发展目标等）之间保持一种平衡，并最终指向学员的学习。也就是说，培训教师应将自己的个人发展目标与受训者培训的实际需求紧密结合起来。

培训工作的独立性、自主性和专业性，使培训教师职业特点中包含着浓厚的专业色彩，是普通教育工作者或其他领域人员所不可替代的。安全与应急培训教师应既具备成人学习、教师专业发展、教育教学等相关理论，也具备丰富的专业培训实践与专业教育教学经验。

（二）培训教师的专业角色

一些学者认为，一个完整的培训流程的实施者，应包括培训管理者、培训设计者、培训实施者、培训教学者四种角色。这四种角色既有区别，又有联系。

培训管理者通常负责顶层设计，主要从战略高度对培训进行全方位的策划与把控，制定培训规划与政策制度，组织安排培训人、财、物等资源，监督评估培训质量，提供全面支持与保障。

培训设计者主要负责培训方案的具体设计，从学员需求到选择培训主题、定位培训目标、设置培训课程、组建师资团队等各个环节进行整体把握。

培训实施者主要负责培训方案的具体落实和培训班级活动的组织与管理。

培训教学者主要负责开发和实施培训专题，按照培训对象的学习需求，设计培训内容、选择培训方式、整合培训资源。

在培训实践中，培训师既可以是某一种角色，也可以是多种角色集于一身。无论是一种还是几种角色，都需要不断增强专业理念、专业知识、专业技能，以不断提升培训的质量和效果。

根据对培训教师四种角色的定位，在组建师资团队时，应综合选聘培训经验丰富的管理者、设计者、实施者、教学者，使其按一定比例组成综合团队。如培训团队中应既有擅长培训和学习理论研究的专家学者，也有擅长培训方案设计、培训活动组织的资深培训教师，还有深谙教育教学研究的教研员和一线教师，以及跨行业的企业培训教师等。为了更好地发挥每个专家的特长与优势，以合力完成一次培训，在各方面授课教师备课时，应使每位教师明确了解本门课程的定位、其在课程体系中的地位以及前后课程之间的相关性、逻辑性、互补性等。

二、培训教师素质与能力结构框架

较高的个人素质与较强的培训业务能力，是成为一名优秀培训教师的基础。实践证明，优秀教师的成长是有周期和规律的，自 20 世纪初开始，各学科对于教师专业素质展开了大量的研究，虽然不同学科的侧重点不同，但往往会从以下 5 个方面入手。

（一）教师的人格特征

教师人格是教师因其特殊的社会角色而具有的人格，教师人格与教师职业、教师的社会地位、教师所处的社会环境密切相关。教师人格本身是一种教育要素，优秀教师人格特性是任何教科书、任何道德箴言、任何惩罚和奖励制度都不能代替的一种教育力量。

人们很容易感受到优秀教师所普遍具有的一系列特征，如热爱学生、关心学生，真诚

坦率，胸怀宽广，作风民主，客观公正，自信自强，耐心自制，坚韧果断，热爱教育事业等。教师的人格特征会影响到教师的自我认知水平、教师对教育学与心理学知识的运用与把握，从而对教师的教学能力产生显著的影响。

（二）教师应具备的知识

教师所具备的相关知识对教师的教学过程至关重要，同时对教师教育和教师专业发展也有重要的理论和实践意义。教师的教学有赖于丰富合理的知识储备，同时教师必须知道如何把他所知道的内容，转换为学生所能够理解的表现形式，只有这样，教学才会取得成功。

国外一些学者认为，教师应当掌握的知识包括7类：

学科知识——教师授课的学科专业所需要的知识。

一般教育学知识——各学科都用得上的课堂教学管理和组织的一般原则和策略。

课程知识——对课程、教材概念的演变、发展及应用的通盘了解。

学科教育学知识——不同学科所需要的专门教学方法和策略。

学生认知——对学生及其学习特点的了解。

教育情境知识——学生的家庭、学校以及社会等环境对教学影响的相关知识。

教育目的与价值知识——对自己所教授课程意义的综合理解与认知。

近年来，随着对知识性质、类型、功能研究的深入，以及教师专业化研究的兴起，人们越来越强调教师应当在掌握正式的书本知识和理论知识的同时，通过教学实践和行动研究，获得大量的实践性知识。这一点正变得越来越重要。

国内对于教师知识的研究，从功能出发分为4个方面：本体性知识、文化知识、条件性知识、实践性知识。

1. 本体性知识

本体性知识指教师所具有的特定的学科知识，包括本学科广泛而准确的基础知识和相关的技能技巧，该学科发展的历史和趋势等。教师应拥有把学科知识变成自己的学科造诣并能清楚地表达出来的有关能力。

研究与实践表明，教师的学科知识水平与其教学效果之间并非是线性相关。学科性知识超出了一定水平之后，它与学生成绩之间将不再呈现统计上的相关性。这表明，具有丰富的学科知识仅仅是成为一个好教师的必要条件，丰富的学科知识必须在其他条件的配合下，才能更好地转化并取得实效。一般来说，教师的学科性知识应包括4个方面：

1）最基本的知识和技能

教师应对学科的基础知识有广泛而准确的理解，熟练掌握本学科的基本概念，以及与之相关的技能、技巧。

2）与其他学科相关的知识点与联系

教师要了解与所教授的学科相关的基本知识点及逻辑关系，这将有利于学生知识的融会贯通，并与其他学科的教师之间在教学上相互沟通、协作，有能力组织学生开展综合性活动。

3）本学科的发展历史与趋势

教师需要了解本学科的发展历史和趋势，了解推动其发展的动因，如本学科对社会、人类发展的价值，以及在社会生活实践中的多种表现形态。

4）本学科的基本思想方法与思维方式

教师需要掌握每一门学科所提供的独特的认识世界的视角、领域及思维的工具与方法，熟悉学科内有关专家的科学发现与成功原因，能够向学员阐述本学科的科学精神和人格力量所在，这对于增强学生的精神力量和创造意识具有重要的影响，远远超出本学科知识自身价值。

2. 文化知识

在某种程度上，除本体性知识以外的广博的文化知识，对于教师取得最佳的教学效果有着与前者同等重要的意义。

学员的全面发展，很大程度上取决于教师是否具有广泛而深刻的文化背景。如基本的哲学理论知识，包括辩证唯物主义和历史唯物主义知识；现代科学和技术的一般常识，包括现代科学的一般原理和现代技术的本质内涵；社会科学的理论与观点，包括法律的知识、民主的思想、经济学的观点和社会学的方法等。

3. 条件性知识

指教师所具有的教育学、心理学知识，教师的课堂情境知识和教学实践经验等。

条件性知识使教师明白如何才能更好地运用原有知识与经验而开展教学活动，并为此尽可能地创造有利条件。条件性知识是广大教师顺利进行教学的重要保障。在安全与应急培训领域，目前这种知识往往是广大一线培训教师所缺乏的，也正是当前应急管理部师资培训的重点内容。

4. 实践性知识

实践性知识是教师教学经验的积累，是指教师在实现教学目的的行为中所具有的课堂情景知识以及与之相关的知识。

这四个方面共同构成教师的知识结构，四个方面紧密联系。教师的本体性知识是其知识结构中的核心。本体性知识和文化知识是教学活动的实体部分。教师的条件性知识对本体性知识的传授提供支撑，是进行知识传授的必要条件。教师的实践性知识对本体性知识的传递进行实践指导，也是进行知识传授的必要条件。

（三）教师的教育观念和行为

在我国，对教师教育观念的研究是自20世纪80年代开始的，并将更新教育观念、促进教师思想观念的转变作为教育改革的先导。教育观念是教师知识的一种特殊形式，是教师对于促进教学对象学习与发展的看法或观点的总和。

教师的教育观念是特定教师个体（"我"）所独有的观念，反映着教师本人对教育问题的价值取向和价值选择。它受时空的限制而表现出一定的历史性和文化性，可以是有组织、系统化和理论化的，也可以是零散、无序甚至相互矛盾的集合。教育观念有些是经过严密思维加工的理论认识，有的则是从日常生活中习得的感性认识。因而，教育观念具有个体性、情感性、情境性、开放性、非一致性、相对稳定性和外在表现的复杂性。

教师的教育观念与其教育行为有一致性和差异性的两面，应当重视促进教师教育观念和教育行为的切实转变。尤其在专业培训中，教师对学员行为的知觉，与自身观念会产生相互作用。如有学者曾结合我国基础教育课程改革的推进，对"新课程中教师行为的变化"进行了研究,强调"新课程中,教师将焕发出新的生命,新课程将改变教师的教学生活,教师将与新课程同行,将与学生共同成长。"目前,应急管理事业的改革与发展,对培训教师也会产生类似的深刻影响。

(四) 教师自我能力提升

这是自20世纪60年代开始形成的一个研究领域,与国际上盛极一时的"能力本位师范教育"有关。这方面的研究一般存在两种途径,一条途径是通过教育评价的开展,研究和区分好教师与一般教师在能力上的差别及其具体维度;另一条途径是把教师的课堂教学能力作为影响学生学习成绩的一个因素,从而筛选出与学生成绩高度相关的能力因子。

我国从20世纪80年代开始对教师能力进行了系统研究,但对教师能力研究取得较高学术价值和应用价值的,是在心理学领域。心理学视野中的教师能力研究,突破了对教师能力的一般性分解和描述,从认知心理学"内隐理论"和"思维结构"等出发,提出了教学监控能力是教师能力的核心成分。

教学监控能力是指教师为了保证教学的成功和达到预期的教学目标,而在教学的全过程中将自己的教学活动本身作为意识的对象,不断地进行积极主动的计划、检查、反思、反馈和控制调节的一种能力。这种能力是多种能力的组合和集中表现。

教师的自我监控过程可以分为三个有机的组成部分:自我检查、自我矫正、自我强化。其中,自我检查是教师对自己教学教育活动进行有意识的自觉检查、审视、反思和评价,这是教师对自己的教学教育活动进行有意识监控和矫正的开始。心理学的研究还开发出一整套培养教师教学监控能力的内容、阶段、方法。

(五) 优秀教师与新教师对比

优秀教师(或称专家型教师)与新教师的比较研究,开始于象棋领域中专家与新手的对比研究,后广泛运用到物理、化学、医学、文学、体育、计算机和音乐等领域的研究。教育心理学运用这一方法研究教师的特征和成长规律,是从20世纪80年代开始的。

研究发现,专家型教师所具有的教学常规和教学策略等知识是可以教给新手的,但无论如何,受训的新手教师在教学能力上与专家型教师往往都有一定的距离。为此,研究者们进行了深入的观察与总结发现,专家型教师与新手教师的不同,主要在于知识、效率和洞察力方面。专家型教师与新手教师在课前、课中和课后运用知识能力、解决问题的效率和洞察能力等方面有明显差异,新手教师形成教学专长进而成长为专家型教师的关键,是要发挥教师本人的主体作用,尤其是对促进教学的反思性实践。

三、国内外教师素质与能力研究趋势

纵观国内外关于教师专业素质的研究,可以发现,人们对教师专业素质构成的研究视角始终在不断拓展,呈现出以下研究趋势及特点:

(一) 教师专业知识研究重心转移

几乎所有涉及教师专业特质的相关研究,无一例外地涵盖了专业知识的要求。但是,从什么维度去构建教师的专业知识?教师的专业知识究竟包括哪些?目前可常见到的教师专业知识的研究,正从关注"理论性"知识向关注"实践性"知识转变。

所谓理论性知识就是已经被人们结构化、程序化、可编码、可传承的知识,也就是传

统意义上的教师知识。其一般分为普通文化知识、专业学科知识、一般教学法知识和学科教学法知识。而实践性知识是指教师在教育教学实践中实际使用或表现出来的知识,包括显性的和隐性的知识,如情境知识、案例知识、策略知识、自我知识等。

实践性知识可以细化为教育信念、自我知识、人际知识、情境知识、策略性知识、批判反思知识等,这些是有代表性的教师知识结构分类。

教师的实践知识一般表现为一种个人知识,是指教师个人在具体的教育教学实践情境中通过自己的体验、沉思、感悟和领会总结出来的有别于理论知识的那些实效性知识。与能够被清晰和系统地表述出来的各种文本性知识不同,实践性知识的边界及对知识本身的描述是很难完整而清晰的,但却又是能被明确地体会到的。

教师的实践知识对教学活动具有重要的价值,反映了教师知识的复杂性,影响着教师培训活动的理念与策略。因此,对实践性知识的关注,已经成为教师专业特质研究的焦点。

(二)教师专业能力研究不断深化

教师的专业能力是教师专业发展的又一重要特质。

在西方研究的学术范畴中,对教师能力的研究已经从对教师个体的心理特征的关注,转而研究特定的教师行为对于学生特定的认知行为与情感行为的影响。因此,西方学者更加关注教师课堂中师生互动的行为,通过对教师有效课堂教学行为的考察来描述教师应具备的专业能力。如美国的加里·鲍里奇等人提出了清晰授课、多样化教学、任务导向、与学生共同投入学习过程和确保学生成功率等5种关键的有效教学行为,以及利用学生的思想和力量、组织、提问、探询和教师情感等5种辅助的有效教学行为,认为这些教学行为都是教师教学能力构成的重要部分,并认为教师的这些能力都是在具体的教学环境中通过和学生互动生成的。

1998年,美国教育多元化与卓越化研究中心积极倡导以下5条"有效教学标准":

标准1——学习共同体。教师和学生共同参与创造性活动。

标准2——语言发展。通过课程发展学生语言,提高学生的文化素养。

标准3——情境性学习。教学联系学生的真正生活,促进创造性学习。

标准4——挑战性教学。教学应具有挑战性,发展学生的认知思维。

标准5——教育性对话。教师通过对话与理解进行教学,促进学生思维能力的形成及表达和交流能力的提高。

与西方学者的研究传统不同,我国学者更强调对教师专业能力的严密逻辑结构划分,旨在构建起教师能力的完整结构。然而,随着研究的进展,人们更加关注体现教师专业特性的特殊能力。因此,对教师能力结构的研究正从全面研究转向核心研究。

通过总结多位研究者的研究成果,国内学者一般所关注的教师的能力结构,主要有以下几点:对教学相关要素的调节、控制和改造能力,包括对教学对象的调节、控制和改造的能力,对教学影响的调节、控制和改造的能力,教师的自我调节、控制能力;理解他人和与他人交往的能力,这将影响到组织管理能力和教育研究能力,是教师能力的基本组成部分;创新性思维能力,包括教学全过程的创新能力、运用现代教学技术的能力和良好的实践能力;教师的批判性反思与持续学习能力等。

对于培训教师来说,教学监控能力非常重要。这种能力主要分为3个方面:一是教师对自己教学活动的事先计划和安排。二是对自己实际教学活动进行有意识的监察、评价和反馈。三是对自己的教学活动进行调节、校正和有意识的自我控制。对教学监控能力这一核心要素的表述，是建立在教学监控能力与学员成绩的相关研究的基础上的，它使教师能力的研究进一步拓展和深化，是"反思型教师"能力的重要标志。

（三）更加关注教师专业发展意识

教师的专业发展意识，特指其专业自我的意象，就是对教师专业自我观察后产生的自我满足感、自我信赖感与自我价值感，也被称为教师的个人教学效能感，即教师通过对自身教学效果的认识、评价，进而产生的自我价值感。作为培训教师来说，是培训教师在面对培训工作、面对学员时所产生的自信，是培训教师对自身职业生涯和工作境况未来发展的期望。

从时间维度看，教师的专业发展意识至少包括三方面：对自己过去专业发展过程的意识，对自己现在专业发展状态、水平所处阶段的意识，以及对自己未来专业发展的规划意识。

把教师的专业发展意识作为教师特质的构成要素凸显出来，对教师的专业成长是非常重要的。就一般人的发展而言，自我意识起着重要作用。教师的专业发展意识意味着教师自觉地关注自身的发展，能动地构建自己的内部世界。任何人，只有在自我意识方面达到了一定水平，才能在完全意义上成为自己发展的主体。

教学是一项极其复杂的工作，要成为一名真正的教学专业人员，需要经过长期的专业学习过程，所以教师自身的专业发展意识在成长过程中显得十分重要。只有具备自我发展意识的教师，才会产生内在的专业发展动力，进而真正在专业方面有所发展。目前高速发展的社会变革已成为常态，能否自觉地、有意识地随时抓住发展机遇，已成为现代专业教师的一个基本要求。

上述国内外有关教师专业素质的研究，可以看出各种研究所使用的概念、采用的方法、关注的焦点都不尽相同。有的把教师专业素质称为专业素养，或教师品质，或教师特性等；有的则采用实证的手段调查分析优秀教师的素质；有的通过经验总结的形式或采用历史学的方法对教师的素质进行归纳；也有的从教师承担的任务或扮演的角色出发对教师的素质进行演绎。有的研究把焦点聚焦在教师的性格特征上，有的研究把着眼点放在教师的认知类型上，也有的研究侧重于诸如教师的仪表仪态、价值取向等方面，也有的研究是综合性地提出教师应具备的素质。

教师的较高的个人素质，是其成为骨干教师、优秀教师的基础，通过对教师的内在专业结构进行分析，有利于按照教师专业发展的规律，在教师成长过程的不同阶段进行有重点的培养与引导。

第三节 安全与应急培训教师素质能力提升

一、培训教师素质与能力发展规律

（一）培训教师的不同表现

填鸭式教师：只能是授人以鱼，效果比较有限。

教练：相信学员有自我成长能力，从行动上达到身教的效果。

优秀教师：从教师的职责出发，从各方面为学生的学习提供学习与帮助，努力授人以渔。

导师：兼具优秀教练与优秀教师的双重效果。通过思想上的帮助与行动上的指导，激发学员挑战自我、超越自我，引导学员认识并解决存在的问题，通过独立思考找到答案。导师在授人以鱼的同时授人以渔。

（二）培训教师的风格形成

一个人的特定风格，是通过长期的历练形成的。培训风格的形成是培训教师成熟的标志，其外在表现往往是教师在培训中的课堂表达与沟通。表面上看，是语言组织、技巧、方法或逻辑的呈现，内在却是一个人思维、自信以及各方面底蕴的驱动下所呈现的综合表现。只有拥有了开放思维下的自信感，课堂呈现才能事半功倍。

其实风格不用刻意追求，普通教师形成个人本色的风格，才真正属于自己。当然，在个人风格形成之前，可以先模仿一种典型的风格，然后融会贯通，内化为自己的风格。风格多种多样，培训风格有时被分为教士风格、学院风格、教练风格和演艺风格四种。

1. 思想性为主的教士风格

教士风格在20世纪80年代期间居多，那个时期挖掘出一些成功学的大师，如卡耐基等，他们本身就是成功人士，通过当众演讲或"现身说法"，使听众接受自己的某种理念，他们的演讲内容往往呈现出思想性的特点。

2. 理论性为主的学院风格

学院风格就是学者风格，它的特点在于理论性强，理论框架非常好，能发人深省。比如在某一个特定的专业，培训教师往往是先讲行业发展历史，然后介绍专业拓展和内涵，最后讲实践中的运用。

3. 实践性为主的教练风格

教练法是20世纪90年代开始兴起的，此风格是通过不断演练，提升学员接受并掌握的程度。演练时特别注重对于每个人行为的具体点评，如果你忽视了一个学员，他的进步就会打折扣，这和一般形式上的教育有很大的不同。

4. 表演性为主的演艺风格

演艺风格，类似演员演出的一种风格。如果说教练风格在于它的实践性，那么演艺风格则在于它的表演性和娱乐性。现在许多知名的演讲培训教师就是这样一种风格，他们会用演艺圈里惯常用的方法来做培训。

风格的形成犹如酿酒，经久乃成。培训教师只有形成自己独特的风格，才能使学员百听不厌，成为真正有造诣的培训教师。就目前培训行业来说，任何课程都面临一个实际落地应用的问题，需要真正能够解决问题的培训，因此，在这四种风格中，演艺风格有渐被淘汰趋势，而教练风格则在近几年兴起。

（三）影响培训效果的若干原因

从培训教师的角度来说，培训效果不好往往是下列原因之一或几种原因的组合，原因组合数量越多，培训效果越不好。

1. 培训教师本身水平不高

这是最简单不过的原因。培训教师不是能言善道就行,没有实际管理经验或不具备技术专长的人,是没有资格担任培训教师的。这个问题的出现,往往是培训管理者选择了不胜任的培训教师。

2. 课程统一标准,忽视学生能力差异

培训教师未真正了解培训需求,缺乏事前的沟通与过程中的监控。这需要培训教师与受训单位充分沟通,二者相向而行。

3. 过于依赖培训教师的课堂发挥

培训的学习者一般都是成人,作为一个培训教师,必须懂得成人学习的原理,善于将生硬的知识转化成引人入胜的学习历程,这背后牵涉到的是培训设计,不是仅仅呈现在课堂把握技巧上。解决方法主要是从设计源头进行审查,严格审查的流程、审查的标准、审查的责任人等。

4. 培训形式过于单一化

培训的形式在近十年发生了很多变化,包含课堂培训、野外拓展、沙盘模拟、线上学习、导师及教练制度、行动学习、读书会、跨界学习、企业参访等。集中课堂培训虽然是一种高效率的学习手段,但越是集体层面需要解决的问题,越是需要混合式的学习。

5. 培训手段被过度滥用

有时,培训管理者期待培训达到太多效果,以至于培训这个手段就被过度滥用,仿佛灵丹妙药。还是应该清醒认识到,培训一般是持续学习过程中的一个环节而已,培训课堂的贡献是基础,在整个学习历程中占一定的比例。若想要得到整体的绩效提升,还需要多方面的努力来改变个人的态度与价值观。

(四) 渐进积累式发展与跨越突变式发展的过程

教师的成长往往要经历渐进积累式的成长与跨越突变式的成长两种方式。积累是为突变打基础,而突变是在积累的基础上进行,二者的进程往往交替出现。培训教师的发展,有其特定的阶段性,这些阶段覆盖培训教师入职初始直至退休。如在工作中缺乏培训经验的新教师学习与发展的需求,显然与刚入职的新教师或有一定历练的骨干教师有所不同,更不同于那些富有经验的专家级教师。这个过程,一般会经历以下4个阶段:

第一阶段,学习并掌握系统的知识与技能。

经过基础的专业训练,拥有基础性的专业知识和技能,这是所有教师都应该经历的一个过程。目前还没有在安全与应急培训方面有一个明确而具体的培训教师知识体系标准,也就是一个完整的"应知应会"内容标准,这与安全与应急工作涉及领域极为广泛、各专业技术要求不同、培训对象的知识背景极为复杂等客观因素有关。正因如此,安全与应急培训教师这个职业需要一个相对较长时间的学习或历练,需要拥有比较系统、成熟的专业理论知识和专业技能。同时,还应掌握作为培训教师需要掌握的一般教育专业能力,包括口语表达、课堂组织、学生观察、心理辅导、活动组织、出测验题、教育科研等。"教学有法,而无定法",是说教学工作并没有严格的规则。甚至一些人认为,教学是一种艺术,需要的不完全是理论,更重要的是经验。

第二阶段,在实践中自我反省提升。

作为教师的自我反省,强调教师作为一个"人"的独特性。对知识的拥有并不仅仅是机械地学习与接受，同时还应通过思考与反省，在内化的同时，更多地自我理解、自我实践，从关注"什么样的知识对于教学是必要的"，到探究"自己能够把哪些知识传递给学员"，并对自身进行更好的专业发展设想，从而提升专业自觉，增进对培训事业的理解。

第三阶段，合理行使专业范围内的自主权。

教师在专业范围内，是拥有较大的自主权的，因为教师有权处理自己专业范围内的事务和活动，但如何熟练地运用这些专业权力，如对教材的处理、对教育方法的选择、对学生的观察了解、对教育结果的反馈等，则需要教师在自主处理这些事项时，遵循专业规范的要求，符合教育科学的规律。

第四阶段，从文化的宏阔视角追求全面发展。

培训教师的专业发展，只有在更为宏阔的文化视角下才能真正得以实现。一些群体性的、联结性的因素，如团队、合作、背景等词语，会成为专业发展中更多被考量的内容。培训教师的自我发展过程中，个人因素固然十分重要，但真正实现跨越突变式发展，则必须借助更为宏大的平台。教师发展其专业知识与能力并不全靠自己，而应该同时向他人（如同事）学习。教师也并非孤立地形成和改进教学策略与风格，同时还会在某种程度上依赖于培训文化或教师文化，这种文化氛围是由周边的因素集合而成的。

二、全方位优势整合：培训教师培训

对培训教师的培训非常重要，相关培训能促使培训教师更加深刻地理解自身的职责与使命，同时掌握更多的专业知识与授课技巧。社会上各类培训教师培训很多，其中一些有着先进的方法与理念。安全与应急培训教师培训应遵循以下关键原则：

（1）教师的专业发展应是长期的、终身的，它起始于职前教育，终止于教师退休。

（2）对教师的专业发展进行系统的计划和研究，提供必要的资助和支持，以确保其有效性。

（3）在时间和资金上支持教师，鼓励他们积极接受教师培训，参加各种教育研讨会和教学实习活动。

（4）教师的专业发展应与他们日常的教学工作紧密结合起来，为教师提供专业发展课程和活动，满足教师的职业需要、个人兴趣等，帮助其更好地达到教师专业水平要求。

（5）教师的职前培养和在职培训应协调进行，以避免重复，提高效率和质量。其中，职前教育应面向教学实践，保证教师在不同教学环境、面对不同教育对象时，都能胜任教学工作。

（6）在教师专业发展培训项目的计划和实施过程中，要考虑到教师的心理发展阶段，帮助不同发展阶段的教师认识教学工作的意义，不断学习新的教学方法。

（7）除了培训教学技能和学科知识以外，还应注意培养教师其他的多方面技能，如与学员沟通的技能、应对学员现场提出问题的技能、把握课堂气氛的技能等。

（8）教师专业发展培训项目的教学内容应与教学形式相统一，改变传统的教学模式，改变受训教师培训时被动听讲、记笔记、缺乏参与机会的局面。教师培训课程更要坚持以学员为中心，有利于受训学员在课堂上通过讨论而相互学习。

必须清醒地认识到，教师专业发展中，培训并不是万能的。选择和吸引高素质的人才进入教师队伍十分重要，而学校或培训机构具备基本教学条件也是必不可少的，同时还要考虑文化氛围等环境因素，否则，培训资源便可能被浪费。

三、提升培训教师核心品质与能力

不同的教学对象对培训教师的能力要求是不尽相同的。美国学者曾总结出"对我最有帮助的教师所具备的12条特质"，这"12条特质"也被中国学者用于对中国学生心目中的理想教师的调查问卷中。中美学生的不同，使得调查结果大相径庭。

美国学生对"12条特质"的排列顺序：①合作与民主的态度；②仁慈、体谅；③有忍耐心；④兴趣广泛；⑤和蔼可亲；⑥公正无私；⑦有幽默感；⑧言行稳定一致；⑨有兴趣研究学生问题；⑩处事有伸缩性；⑪了解学生，给予鼓励；⑫精通教学技术。

中国学生对"12条特质"的排列顺序：①精通教学技术；②公正无私；③了解学生，给予鼓励；④合作与民主的态度；⑤言行稳定一致；⑥仁慈、体谅；⑦和蔼可亲；⑧有忍耐心；⑨有兴趣研究学生问题；⑩处事有伸缩性；⑪有幽默感；⑫兴趣广泛。

中美两国学生因有着不同的文化、不同的生活环境，从而对心目中理想教师的特质排序很不相同。最为明显的就是美国学生把"精通教学技术"排在了最后一位，而中国学生则排在了第一位。

由此可见，不同的教学对象对教师的要求是不同的，有时差异还很大。安全与应急培训工作同样有类似表现，如对政府部门公务人员的培训与对企业人员的培训，对企业管理者的培训与对一线员工的培训，对培训教师的培训与对其他从业者的培训等都会对培训教师的知识结构、专业特性、授课风格、理论水平与实践能力提出不同的要求。不同的培训对象虽然对培训教师的要求呈现不同的个性，但安全与应急培训教师的一些核心品质与能力，是每一名从事该职业的教师都应该具备的。

（一）强烈的生命意识

安全与应急工作的特殊性，使其始终与维护人的生命安全与健康紧密相连。作为培训教师，在传授相关知识与技能的同时，更重要的是帮助每个受训者树立正确的理念，有意识地塑造安全与应急工作所要求的强烈的生命意识。这既是对安全与应急培训工作特点的适应，也是培训教师崇高的职责和历史使命，并与大多数教师发自内心的愿望相吻合。

一般来说，无论教师教授何种课程，从中国社会传统对教师职业的固有期待来看，教师都应该凭着自己的职业良心，尽可能地对学生进行思想品德和文化知识的教育与熏陶。在安全与应急工作中，强烈的生命意识有着鲜明的职业特征，教师作为学生最直接的榜样，肩负着潜移默化影响学员观念的重任。

（二）广博的各类知识

教师的学科知识与教学知识非常重要。学科知识是培训教师的必要条件，但不是充分条件。就是说，丰富的学科性知识并不是成为培训教师的唯一要求，教师同时还应具备教育学、心理学等其他方面的知识，包括一些动态性的知识。同时，专门针对成人学员的教学知识与技巧也非常重要，因为受训学员往往呈现成人学习的显著特点，必须有针对性地实施教学方案，并将其作为保障教师成功的前提条件。

教师对各类知识的学习与掌握，一方面同本专业或学科知识一样，可以通过系统或专门的学习获得；另一方面需要在具体的教学过程中逐渐了解和习得，从而逐渐积累丰富的教学经验，并动态地把握和领会。

由于应急管理工作需要有效地应对各种风险，预防和减少自然灾害、事故灾难、公共卫生和社会安全事件造成的损失。尤其是突发公共事件，往往发生突然、起因复杂、蔓延迅速、难以把握、危害严重，影响广泛且非常复杂。与之相对应地，人们对于安全与应急工作的要求越来越高，对相关培训教师的要求也越来越高，因此，拥有广博的各类知识是成为一名优秀的安全与应急培训教师的基本特征。

（三）创造性思维能力

安全与应急培训教师应该更多地具备创造性思维，勤于思考，在创新中产生自己独立的思想见识。改革中的应急管理工作正处于不断变化之中，这使得相应的培训环境也处于不断的变化之中。过去原有的理论和知识只具有相对的概括性和普遍性，培训教师必须面对充满不确定性的教育环境，在实践中不断进行研究，包括对各种教学方法的研究，并创造性地运用于教育实践中，才能真正提高培训质量，进一步优化教学实践，使教师的专业能力得到良好发挥。

培训教师的专业发展既是工具性和技术性相结合的活动，又是在实践中不断进行思考的过程。在思考中创新，要求培训教师拥有终身学习的意识与能力。尤其是随着应急管理工作进一步发展，应急管理相关知识更新周期将日益缩短。面对教育和专业知识的加速老化，教师必须具有终身学习的意识与能力，才能不断更新思想观念，掌握新的信息和教育技术，优化知识、能力与素质结构，适应不断变化的社会和时代。

（四）教学监控能力

教学监控能力是指教师为了保证教学的成功，达到预期的教学目标，在教学的全过程中将教学活动本身作为意识的对象，不断地对其进行积极主动的计划、检查、评价、反馈、控制和调节的能力。它是教师的反省思维在教育教学活动中的具体体现。根据其在教学过程中不同阶段的表现形式的不同，教师教学监控能力可以包括以下方面：计划与准备、课堂的组织与管理、教材的呈现、言语和非言语的沟通、评估学生的进步、反省与评价等。

成人教育的教学活动往往更为复杂，教师的教学监控能力显得尤为重要，它需要教师做到4个方面：一是对教学活动进行事先计划和安排；二是对自己的实际教学活动进行有意识的监察、评价和反馈；三是对自己的教学活动进行调节、校正和有意识的自我控制；四是根据教学对象的不同，对培训计划及时进行调整。

（五）建设民主平等的师生关系

在教育培训工作中，"教学相长"本身就是一条教学原则，深刻揭示了"教"与"学"之间的辩证关系：教师与学员之间相互依存、相互促进，"学"因"教"而日进，"教"因"学"而益深，也就是说，教师的"教"与学生的"学"可以相互促进，师生之间可以共同成长。

民主、平等的师生关系，在安全与应急培训中显得尤为重要。受训学员往往是业内相关人员，其知识与技能很可能也是某一方面的专家，甚至可能高于培训教师。这就要求教师不能懈怠、不能放松，争取使自己努力跑在学员前方、有能力引导学员，这是教师应有的责任与努力。师道之可敬，恰在于要一面教、一面学。

除以上核心品质与能力外，其他一些方面也非常重要，诸如获取信息的能力、沟通能力、表达能力、主动性、自信心、灵活性、幽默感等，都是受训学员所非常欢迎的。

第四节　安全与应急培训教师队伍管理

一、培训教师队伍构成

随着社会对人才需求的发展，国内的培训市场近年来持续走强。培训教师职业越来越受青睐，一些人将之称为"亮丽的金领"职业。在安全与应急培训领域，情况同样如此，培训教师队伍整体素质不断上升。但整个行业的过快发展，也使得鱼龙混杂、良莠不齐现象出现。目前安全与应急培训教师队伍主要由4类人员构成：

一是以安全与应急培训为职业的专门培训机构的培训教师，他们具备一定的专业知识，同时经过专门的师资培训，具有较为丰富的实践经验，是安全与应急培训的主力军。

二是在企业担任高级管理或技术职务的人员，或企业专门培养的内训师，他们一般属于在实战中磨炼出来的经验型培训教师，他们所教授的课程内容往往非常实用，如能在理论水平和培训技巧上进行专门训练，将对受训人员的提升起到极大的推动作用，并有利于其所在企业的发展。

三是部分高等院校及科研机构的教师，总体来说属于功底丰厚的理论派培训教师。由于我国高校教师与社会管理或企业管理实践一向存在脱节问题，大部分高校教师甚至根本没有从事过安全生产或应急管理实际工作，对基层情况不够了解，可能表现出课堂教授与实际工作需求脱节的现象，同时其所使用的培训方式往往也比较单一。

四是其他社会知名人士，包括专家、学者及部分领导，他们一般熟知国家安全生产与应急管理政策以及发展趋势，能够从宏观上把握大局，并从理念上对受训者进行提升。但由于大多是宣传式的讲解国家政策等方面的内容，因此与专业培训的要求差距较远。

以上为主要的四类培训教师，共同承载着国内安全与应急这个巨大的培训市场。政策的鼓励与市场化的引导，正催生越来越多的培训教师。近年来安全与应急培训范围不断扩大、覆盖人群不断增多，也进一步促进了培训教师队伍不断壮大。

二、培训教师素质现状

并不是每个人都能成为优秀的培训教师。如果培训教师队伍专业素质参差不齐，将会影响培训效能的总体水平。虽然培训教师的培训专业、培训方法、培训风格有所不同，但是作为优秀培训教师，有一些人们公认的理想标准。在现实工作中，大概有以下方面的呈现：

（一）恪守职业道德

从培训教师总体队伍来看，许多人都把安全生产工作看作是一项"积德行善"的事业，培训教师在引导人们遵从安全生产规律、传播安全文化方面，秉持着生命至上、安全第一的理念,自觉地"为人师表",加强自身职业道德修养,并能够将自身所具备的安全与应急的基本心理意识、行为原则和行为规范积极地向受训者传播。

但在培训市场中,职业道德是一种内在的、非强制性的约束机制,不免个别培训教师包装自己的背景和经验,甚至几乎从来没有企业的从业实践,也包装出很多优秀的工作经历,仅仅为了吸收生源。这对于保证培训质量、保证考试成绩真实有效,起到的是一种反向的作用。

(二) 良好的从业心态

安全与应急工作的目标是为了保护人的生命安全与健康,是顺应时代潮流、构建和谐社会、创造幸福生活的重要方面。所以,培训教师的从业心态应该是要发自内心地"热爱"培训事业,而不仅仅是将其作为一个谋生的手段。安全与应急培训教师需要体现出一种职业忠诚,在发自内心地热爱安全生产与应急管理工作的同时,专注于培训事业。

问卷调查与统计数据表明,目前业内大多培训教师从事安全与应急培训工作,都是出于自身的主动选择。尤其是数量庞大的企业内训师,在企业兼职或专职开展培训活动,不仅意味着自身发展空间的提升,还意味着对新员工的热忱帮助与对企业的自觉奉献,这是一种荣誉。所以,他们做企业内训师的积极性很高,无论专职还是兼职,都很接"地气"并受学员欢迎。

而作为"主力军"的以安全与应急培训为职业的专门培训机构的培训教师们,很多并不是从校门直接跨入,而是从各个行业"转行"进来的。作为一种主动的选择,他们也能够把培训工作当作自己的事业,与培训教师应有的从业心态成功吻合。

(三) 广博的知识底蕴

优秀培训教师应该拥有合理的知识结构以及渊博的相关专业知识。从培训教师队伍的人员构成来看,专门的培训机构的培训教师、企业培养的内训师、部分高等院校及科研机构的教师、其他社会知名人士等四类人员,在个人知识与培训技巧方面各有所长。四类人员应该取长补短、加强学习,才能在培训教师岗位上真正做到厚积薄发、深入浅出。

(四) 丰富的实践经验

安全与应急培训同实际工作结合非常紧密,涉及许多专业的安全技能提升与应急相关知识,所以培训教师的实践经验显得尤为宝贵。缺乏亲身感受和自身领悟的培训,就可能流于形式,使受训者感到收益不大。

培训工作教授的往往是别人怎么"做",这就要求自己首先要知道该怎么做并能真正做好,令受训者信服并真正学到有用的知识。之前分析的四类不同的培训教师,因其从业角度与来源不同,实践中的"修炼"程度也大不相同,对培训教师个人来说,要努力争取工作经验的不断积累与自身的提高,使培训讲授更贴近实务,这样学员才会心悦诚服。

对于来自企业一线的培训教师,则应强调培训不能是简单地照搬实际情况,还应注意对知识、技巧、经验等的综合归纳与灵活应用,授课时争取能旁征博引、充分阐释,对学员的疑问凭丰富的经验与知识给予准确的解答,这样才能在培训中游刃有余。

(五) 高效的学习能力

高效的学习能力是培训教师所必须具备的核心能力。接受过专门培训的培训教师,在学习方面会被提出一定的要求,并通过培训加强对持续学习与知识更新的重视,认识到终身学习是现代生活的必然要求。作为从事知识传播与创新工作的安全与应急培训教师，更是应该如此。

当然，也有一些培训教师仗着自己资格老、业内声望高而不思进取，凭老本儿吃饭，没有认识到在互联网飞速发展的今天，知识与经验都有了很强的时限性与局限性，必须不断地予以更新和补充，否则将迟早被市场淘汰、被学员淘汰。

（六）提升教研功底

在企业愈来愈重视培训的今天，优秀的培训教师必须要能够进行深入的教学研究，为企业提供有针对性的培训方案，帮助企业切实解决实际问题，真正达成组织的战略目标。

现在培训市场已经越来越成熟，在参训单位逐步走向理性的今天，高水平的培训机构针对企业提出的问题，应能够设计出有针对性的培训方案。这就对培训教师的要求日益提高，培训教师需要从幕后走向前台，使培训的脚步紧紧追随市场和客户的要求。从这一点上来看，现有培训教师队伍还需要进行进一步的锻炼与提升。

同时，培训教师的培训技能训练也是永无止境的。诸如教学设计要新颖，课堂讲授要精彩，案例要结合实际，点评要到位，多种培训方式应相互结合，沟通思维要敏捷，同时应具备充满激情和感染力的授课技巧，熟练运用现代教学设备等。这些都应该是培训教师进一步延伸的本领，也是职业培训教师区别于兼职培训教师，优秀培训教师区别于普通培训教师的重要环节。

（七）成为企业顾问

能够成为企业的咨询顾问，无疑是对培训教师的更高要求。培训教师和咨询顾问本质上都是为企业服务，致力于解决企业的实际问题，所要求的知识理论和实践经验比较相似。优秀的培训教师成为企业的咨询顾问，可以解决企业操作层面的许多具体问题，并提出翔实的问题解决方案，从而更好地进行培训课程设计。

目前业内一些培训教师既有自己擅长的领域，又有丰富的实践经验与自身的独特所长，能够对企业的具体难题提供操作性思路或者解决方案，并能够在企业实际问题的诊断中体现出为"师"者的高水平。一些管理顾问公司，常常一方面做咨询、一方面做培训。而一些培训教师在讲课过程中，会自然而然地引发很多咨询项目，很受企业的欢迎，从而成为企业真正的良师益友。

（八）敢于开拓创新

创新能力是培训教师是否"优秀"的重要考量标准之一，因为培训教师是先进知识理念的传播者，应该更注重创新。然而，目前有些培训教师，自恃资历深厚、经验丰富，很少更新培训教材，甚至有个别教师几年前讲课的内容与几年后讲课的内容相差不大。事实上，无论是理论知识还是实际操作，优秀的培训课程都不可能一成不变，因为时代在变、社会在变、市场在变、学员在变，尤其是当前安全与应急管理改革整体格局都发生了巨大的变化。

实际上，目前业内优秀培训教师很多，但因缺乏安全与培训教师考评国家标准，使得一些培训机构良莠混杂、培训教师队伍参差不齐。期待在不久的将来，这种现象能够得到解决。

三、优秀培训教师培养

优秀培训教师并不仅仅将培训作为一种职业，满足于精于此道并以此谋生，而是更会将安全与应急培训作为自己所热爱的一项事业，在乐于奉献的同时，追求与培训对象或组织的共同成长。这种成长需要全身心的投入，这往往正是专职培训教师与兼职培训教师之间的区别。

（一）优秀培训教师需要专业培养

针对一些社会现状，当前应消除教师观念、职前培养和职后培训以及环境中存在的诸多误区，使培训教师更新观念、明确自身的专业地位、走自主发展之路。这需要形成科学的培训教师人才培养模式，优化外部保障，创设良好的组织、制度和精神环境。

成为优秀培训教师是需要一种职业精神的，需要对培训工作不断进行深入研究，其包括对培训市场和客户的深入研究，对培训课程内容和形式的深入研究，对学员的深入研究，对培训技巧等方面的深入研究……这些都需要花费很多时间和精力。一般来说，职业培训教师往往能更好地、专注地研究培训课程和培训技巧，更容易成为优秀培训教师。

目前国内针对职业培训教师的培训往往会用到以下概念：

PTT（Professional Trainer Training）——职业培训教师培训。PTT旨在为专/兼职培训教师、人力资源管理者、培训管理者、演讲型领导者等提供具有先进理念的培训技能与技巧的提升训练。

TTT（Training The Trainer）——培训者培训。它主要针对已经从事培训工作的人群，课程经过翻译引入中国，按照国际职业标准教程对经理人、培训者进行全面、系统、专业训练，帮助培训教师更专业，帮助培训管理者提升领导力和影响力。

ETT（Enterprise Trainer Training）——企业培训教师培训。有些地区对企业培训教师进行了分级管理，但尚未开展全国统一鉴定。

目前，安全与应急培训教师在业界已经成为独立的专职或兼职职业，但其在教育界尚属比较新鲜的职业。对安全与应急培训教师进行广泛培训，有利于全行业师资水平的迅速提升。这种情况下，对教师进行培训的培训教师作用非常重要。

培训教师是指在教师教育机构中接受过长期专业教育和专门训练，掌握系统教育科学知识和培训专业技能，能够运用现代教育培训理念和手段，开发、管理教师培训项目，制订、实施教师培训方案，监测与评估教师培训质量，从事教师培训需求分析、课程设计、教学组织、管理服务、领导咨询活动的专业人员。教师培训往往是在教师教育与人力资源开发两个交叉领域开展的工作，跨度与难度都比较大，应该由业内一些具有引领作用、驱动作用的权威性培训机构进行，这项工作是普通的培训机构或社会其他领域的专业机构不可单独替代的。

（二）优秀培训教师是社会的迫切需求

随着培训工作的进一步规范，各学校与培训机构的分布与发展在全国形成新的格局，全国安全与应急培训市场经历了更为科学的系统演变，各类专业知识不断丰富，同时，培训工作对从业教师提出了比以往任何时期都高的要求。

人们越来越清醒地认识到，教师是教育诸多要素中最为能动的要素。教师对学生的实际影响力要比人们以往理解地更广泛、更长远,要促进学生的发展,因此必须追求教师的发展。尤其是一些生产经营单位,对职工教育培训的期望值越来越高,这些期望直接或间接地会转至培训教师身上,人们期待"好教学""好教师"的内涵更广、标准更高,教师必须不断地调整自己的专业活动方式,以适应新形势的需要。

应急管理培训工作的发展,使得对从业人员(培训教师)的要求越来越高,这是当今培训教师有必要谋求自身专业发展的最为根本的原因。社会各界对培训教师专业素质的期望、培训工作的变革与创新、对培训效果有更为严格的评判标准,都需要培训教师通过积极的自我更新、不断提升专业素质来进行回应。对培训教师这个"人的要素"的推崇与对培训教师职业价值的再认识,为当今培训教师的专业发展提供了一个更宏远的视野、更深刻的理由和更广阔的空间。

当一些培训机构在激烈的市场竞争中,将压力转移给教师,使教师面临着越来越大的竞争压力,与此同时,教师自身也应该做出调整,将这种压力作为一股客观存在的推动力量,不断谋求职业发展。

应急管理部培训中心在培训实践中,积极引导、组织各培训机构及相关院校开展培训活动,在定期开展安全与应急培训教师培训的同时,对全国安全与应急教师培训工作进行指导。未来,应急管理部培训中心将在安全与应急培训工作中进一步引领改革与创新潮流,使相关培训与考试工作进一步规范化,为应急管理事业做出更大贡献。

(三)优秀培训教师培养需要制度构建

培训教师专业素质的形成和发展必须是持续的、持久的,这种发展是一个永无止境的过程。培训教师需要持续的成长,也需要持续的支持,这种强有力的支持不仅仅来源于外部环境的保障,自身坚定的专业发展意识也十分关键。

我国的教师教育正处于改革和发展的关键时期,无论是制度的重建还是培养模式的重构都急需理论的指导。随着课程目标、课程结构、课程内容、教学方式、课程评价和课程管理的变革,教师的教育观念和教学行为,包括教师角色都要发生根本性的改变。其中,培训教师更是面临着巨大的挑战。如何应对这样的挑战,根本策略之一就是促进教师的专业发展,也就是既要养成培训教师的职业素养,更要提升其专业素质。在这样的大背景下,认识教师自己,厘清教师专业素质的实然和应然状况,探讨教师专业素质的构成,在此基础上揭示教师专业素质形成与发展的规律,其意义不言自明。

作为承担示范与引领责任的应急管理培训机构,应急管理部培训中心通过参与政策及相关标准的制定,在上级指导下,逐步实现了培训工作各方面的健康发展。近年来,在全国范围内培养并锻炼了广大安全与应急培训教师的专业素质与能力,加强了师资队伍建设,使安全与应急培训工作在推动全国安全生产形势不断好转的过程中发挥了关键作用。

(四)尊重教师专业特质进行培养

教师专业特质的某些方面形成的过程是不同的,有些特质通过理论教学、自己看书学习就能形成,而有些特质必须在实践过程中才能形成。最有效的职前教育是在教育教学过程中向学员提供有指导的实践教学。这种实践应以特定的理论模式和反思型思想为基础。

高素质专业化教师队伍建设呼唤着教师培训工作的专业化,由此要求教师培训者逐渐实现向培训教师的角色转换,即从兼职到专职、从专门到专业、从任务单一型教师到任务多重型培训教师的转换。

在尊重教师专业特质方面，美国、英国等国家的培训教师职业等级划分具有一定的启示。

美国劳工部在其汇编的《职业能力分类辞典》中根据岗位分类的策略，把培训教师职业分为了3个子类：培训讲师、培训课程设计者、培训管理者。3个子类人员的相关职业等级根据每一类从业人员主要职责的不同而不同。美国培训、绩效、讲授标准国际委员会分别从从业基础素质、分析与规划、教学方法与策略、设计与发展、评估、管理等六个方面对培训讲师、培训课程设计者和培训管理者提出了不同的职业能力要求，其中，培训讲师也有实施者、管理者和协调者之分。

英国对培训教师划分了初级、中级、高级三个等级。初级为培训课程直接提供者，需要具有确认学习者个人学习的需求、设计培训与开发计划、准备培训材料、创造良好的学习氛围及促进个体的学习等能力。中级为培训课程与培训服务的提供者、咨询者、组织人力资源开发的顾问，需要具有确定不同个体的学习目标、学习需求以及学习风格、设计学习计划、创造良好的学习环境、与学习者协调学习计划、评价和改善培训与发展计划、为实现这些需求制定计划等能力。高级为培训与人力资源开发的战略家（领导或顾问），需要具有明确组织人力资源需求、制定人力资源政策与计划、实施人力资源开发计划、评价人力资源开发的有效性等能力，并能够提出改进的建议。

四、企业"内训师"制度运用

与庞大的需求量相比，专业的培训教师往往难以满足广大企业日益增长的培训需求，尤其是一段时期以来，严峻的安全生产形势与企业自身健康发展之间的矛盾，需要企业开启更多的人才工程建设通道。

根据有关法律法规的规定与要求，企业是从业人员安全培训的责任主体，安全培训工作应被纳入企业整体发展规划之中，有关部门应支持大中型企业及其他有条件的企业建立自身的相关培训机构或企业大学。因此，企业内训师的培养与发展，受到了许多企业的重视，并已经积累了宝贵的经验，成为飘扬在企业人才高地上的一面旗帜。对企业职工来说，优秀的人才不一定能成为内训师，但内训师肯定是相对优秀的人才，因为能够担当企业内训师工作的，首先是有着丰富的管理经验或专业技能的人员。种种氛围的影响，使得各类企业内训工作如火如荼地开展，其中，企业"三师"制度应运而生。

（一）企业"三师"制度简介

"三师"制度，即企业师徒带教制度、兼职培训教师制度与项目（或专业）导师制度。在许多企业兴起的"三师"制度，在员工的职业发展生涯中能够进行有机衔接，是在薪酬之外提升员工的工作成就感、个人成长感和在企业获得感的一个维度。

根据一些管理规范的大中型企业经验，构建覆盖员工职业生涯的"三师"制度在员工入职之初，便可以进入准备阶段。企业新员工在入职培训、集训期及后续的轮岗、定岗培训期内，都可以参加由专、兼职培训教师联合参与的培训活动，以获得较为系统并与企业生产现状较为关联的知识、技能。当新入职员工通过入职、轮岗定岗培训后的转正考试，成为正式作业人员后，便由一线班组为其提供师徒结对及带教活动，在明确的师徒带教期内完成特定的培训目标，使员工在生产技能和岗位能力上获得成长。

师徒带教期内，学徒员工依据自身需要或根据人力资源部门要求，参加由专、兼职培训教师提供的业务或通识培训。随着工作年限的增加，学徒员工的生产技能日益娴熟，正式的师徒带教关系终结。此时，一线熟练员工可以按需或依据企业要求参加后续各类业务或通识培训；对于部分业务技能熟练的一线班组员工，在相关评估合格的前提下，也能纳入班组带教的"师傅库"名单中，为转正后的次新员工提供带教服务。

一线岗位生产技能熟练员工随着业绩的增长，潜力、表现的不同，职业发展也会呈现出不同的发展速度与发展路径。一般在企业业务范围和规模较为稳定的前提下，人员编制都是定员定编的，核心流程管理岗数量是固定且有限的，因此企业需要在员工职业生涯发展上设置多种路径。

就职业发展路径而言，企业可以根据各方面评估结果为一线生产岗位熟练员工设立不同的职业发展路径，如一线生产业务基础管理人员、一线生产业务技术骨干、支撑业务处理人员、支撑业务基础管理人员，不同发展路径各有侧重且应在待遇上基于绩效给予平衡。对于处于这一职业生涯阶段的员工，其工作责任与工作领域发生了改变，在某些方面必然需要更高层管理人员、技术专家、特定领域领军人才的专业指导，并依据自身需要和企业要求参加各类由专、兼职培训教师提供的业务或通识培训。

部分具备创新意识、钻研意志、扎实知识技能功底和发展潜力的一线员工、骨干与基层管理人员，还能根据企业发展现状，结合本专业生产情况，组成技术创新、技术攻关项目小组，在直线制组织架构外搭建项目制的工作创新平台，获得展现自我、参与创新的舞台。

当一线生产业务基础管理人员、一线生产业务技术骨干、支撑业务处理人员及支撑业务基础管理人员在职业生涯持续发展过程中，成长为中高层各级管理人员、生产业务技术专才专家及支撑业务专才专家后，其认知企业内外环境视角的高度与视野的宽度及在其擅长领域的知识技能深度都将有所提升，经有效机制的评估，能成为兼职培训教师及专业项目指导导师。在他们输出知识、技能的同时，也能依据自身需要继续参加各类培训项目而提升自我。

"三师"制动态地覆盖了员工的职业生涯，形成了知识、技能的良性循环，同时为企业内部安全与应急培训体系的建立提供了可靠的保障。其作为知识、技能的传承载体，与员工职业生涯相契合，为本企业内知识、技能的生成及传承发展建立了良性循环机制。

(二)"三师"制的作用与实施要点

1. 师徒带教活动实施要点

针对新员工及次新员工的师徒带教，对学徒而言不仅起到了学习岗位工作技能的作用，也帮助其更快融入班组环境与适应组织氛围的榜样、咨询和心理支持，以胜任岗位工作。对从事带教的师傅而言，在获得一定的额外报酬外，更能够在组织内拓展人际关系，既提升自身的沟通表达和知识总结能力，又提升其在组织内的地位、声望和工作满意度。

在配对带教师徒时，要充分考虑师徒间直属关系以及职级距离。在具备条件的组织中，除了要评估带教师傅的带教能力、意愿以及学徒自身素质，还应评估师徒在性格、价值取向、处事习惯等方面的相似相异性，以提升师徒带教活动中社会心理层面的支撑作用,保证取得良好的师徒带教效果。

师徒带教活动是组织内传承、共享、转移诸如个体领域经验、具体情境处置手段等隐性知识的重要途径。在带教活动进行过程中,企业应最大程度将师徒带教过程中传递的知识技能的内容固化,形成结构化材料,便于组织内知识系统的构建和素材积累,也能克服带教活动在内容上的随意性。同时,应鼓励学徒与师傅之间的互动,并培养新员工的创新意识。

师徒带教结对到期后的考评中,在传统的诸如基于反应、学习、行为、结果的评估内容上,除了对师徒带教合同中订立的目标进行考核,还应量化分析师傅专长与学徒提升技能、知识之间的相关性,以此确定带教活动对学徒技能提升的贡献。

2. 专、兼职培训活动实施要点

相对于组织外部培训教师而言,自身专、兼职培训教师更能针对企业日常实际业务的关键点,更好地发挥内部人才在组织人力资源开发中的作用,成为企业内知识、技能传承的有效手段,使参培员工能够通过培训获得解决工作中所遇难题的直接而有效的技能知识。

对专、兼职培训教师而言,需要在丰富的专业技能知识的基础上,接受一定的实施培训、进行教案设计及从事教学活动等方面的专业训练,以更好地凝练、梳理、传承自身技术知识与实践经验,提升沟通和教学能力。

鉴于基层单位生产骨干及管理人员较难脱岗或"人去岗不留"等问题,企业应在组织制度层面妥善解决好专、兼职培训活动中的"工培"矛盾,尤其是兼职培训教师在岗位、薪酬方面的后顾之忧,使"三师"制度在员工职业发展中构成知识、技能的良性循环。

3. 企业内部培训实施要点

企业内部培训水平的提升,绝非人力资源部一部门之责,需要各专业职能部门的参与、配合,并为其提供便利条件和保障。对专、兼职培训教师工作情况的考核,往往需要纳入其所在部门与基层单位的年终考核,以确保各职能部门提供有效支持。尤其在兼职培训教师选拔认证中,要充分考察人员意愿与教学潜力,选拔流程应增设试授课环节,保证选用的兼职培训教师在年龄、专业覆盖、培训任务上分布均衡、合理。

在提升企业内训师水平方面,无论是专职还是兼职教师,定期派遣其参加专门的培训教师培训非常必要,需要对其进行较为专业的沟通表达能力、项目或课程开发能力、培训课堂掌控能力等进行训练。

在企业内训师培训活动考评中,对专、兼职培训教师的工作进行量化并细化评估很重要。尤其是对兼职培训教师,可以将评估结果纳入其所在单位的岗位晋升、职称评定、专家资格评定中,周期性淘汰培训工作量不足、培训工作质量不佳的培训教师,保证企业内部师资人员的质量。

随着应急管理事业的改革与发展,目前安全与应急培训教师所处的是一个开放的、多元的教师队伍体系。其中,企业内训师是这支教师队伍中一个重要的组成部分,同时也是优秀专业培训教师的储备力量。

第五节 安全与应急培训文化引领

安全与应急培训文化是文化现象中的一种，与文化被视为人类社会特有的现象同理，安全与应急培训文化是人们在安全与应急培训工作中所呈现的精神活动及其活动产品。

"文化"的定义本身是一个非常广泛和具有人文意味的概念。一百多年来，不同学界的学者都试图对"文化"的内涵进行阐释并定义，至今仍难有一个统一的、权威的解答，只是在各种争论中，"文化"的本质特征变得越来越明晰。

虽然文化对人的影响是一个较为缓慢的、长期的过程，但一旦内化为态度和信念，就会形成惯性和定式，指导人们的行为，并逐渐形成相对稳定的心理。所以，优秀的文化能够促进人的全面发展，反之则会滋生不良的社会风气和人们的不良行为习惯。

安全与应急培训文化同样如此，以文化的意味渗透在人们的培训习惯中，并体现在与培训相关的法律法规、政策与规章制度中，同时植根于人们的道德理念，以"隐形"的方式对培训相关各方产生着深远的影响。

就安全生产与应急管理工作来说，人们在其中所持有的价值观，既是各方面文化因素交互作用的产物，又是人们安全与应急文化素养的核心和标志，对人们在安全与应急工作中的实践和认识活动具有根本性的影响。

一、安全与应急培训文化概念

随着社会经济的发展，尤其是各种事故灾难发生后，人们的思维越来越多地回归传统，从本源出发思考我们面对的世界。这其实是一种对理性的回归，与全社会传统文化意识的再次觉醒一样，是社会发展潮流在安全生产与应急管理领域的体现。在此有必要先厘清以下几个概念：

（一）文化

文化的定义很多，不同的学者从不同的角度出发，都有非常精辟的阐释。从东西方辞书或百科全书中查阅并归纳总结出一个较为通用的解释：文化是相对于政治、经济而言的人类全部精神活动及其活动产品。

（二）安全文化

"发展决不能以牺牲安全为代价"，这是总书记的教导，也是安全生产与应急管理工作者的崇高职责。但真正保护好劳动者的生命安全与健康，意味着全社会事无巨细的艰苦努力，意味着通过努力营造浓郁的安全文化氛围，从而使安全的理念内化于心、外化于行。

安全文化与其他文化一样是人类文明的产物，具有复杂性并呈现出多样性。因此，安全文化也有很多种不同定义。在此，我们认为，安全文化是存在于社会、群体或个人当中的种种有关安全的素质和态度的总和，并表现于一个单位或一个群体的集体人格中。

当前已普遍被社会认同的理念为安全文化建设是做好安全生产工作的基础保障。安全文化只有真正落地、实施，才会显示出文化应有的魅力，才能真正发挥文化的强大力量。

（三）企业文化

企业文化是企业在经营实践中逐步形成的，为全体员工所遵守的，带有本组织特点的使命、愿景、价值观和经营理念，以及这些理念在经营实践、管理制度、员工行为方式与企业对外形象的体现。

在企业中，安全文化往往是附着于企业文化而呈现的，是企业文化的一个重要构成部分。所以，企业安全文化建设必须创建适合本企业发展的模式。各个企业的情况千差万别，具体的企业文化形态也应该呈现出丰富的多样性。这使得每一家企业的安全文化，都带着各自的特性，通过深层的思想传递到外在表层，直接表现在企业员工和管理者的日常行为之中。

（四）安全与应急培训文化

对于高危行业企业，企业员工所共同认同和遵循的价值观、信念与行为方式至关重要，决定着企业的生死存亡，而安全意识的增强与安全技能的提升，只有通过培训才能更加快捷地实现。在安全与应急培训越来越普及、越来越重要的今天，安全与应急培训也逐步呈现了自身的行业特性，并凝聚成一种文化模式。

安全与应急培训文化，是安全与应急培训的管理与组织者、施训与受训者以及其他相关的社会公众在各种类型的培训活动中所集体呈现的价值理念与行为习惯。

二、安全文化的延伸与借鉴

（一）东西方文化差异与思维表现

中华传统文化从先秦诸子的学说开始，如四书五经、《道德经》《庄子》等，再到国画、书法，无不是形象的、直觉的，包含着因想象而产生的超脱、超越，这种形态是综合的，也是模糊的，强调的是天人合一。与之相比，西方现代文明从黑格尔的哲学到牛顿的力学，再到达·芬奇的油画，以及其他的许多艺术作品，都是具象的、写实的，在写实的过程中，使事物变得非常精妙。所以西方社会极其强调法治观念、契约精神，表现出有逻辑的分析、判断、推理，追求的是精确。

东西方文化的差异，使得人们在面对类似的事物时，会从不同的角度进行思考与行动。映射在企业安全管理中，杜邦公司强调的是"一切事故都是可以避免的"，日本兴起的则是5S理念——整理、整顿、清扫、清洁、素养。然而，这些先进的理念虽然使不少企业有所受益，但是在学习过程中往往也花费了很大的代价，尤其是一旦放松，效果就会大打折扣。这与文化的"水土"有关。

谷歌公司曾做过一个内部研究，通过对公司自1998年成立以来的雇佣、解雇及升职数据进行统计分析，得到"令人惊讶"的结论：比起技术水平，另外几项软技能对于谷歌高层员工的成功更为重要。这些软技能包括沟通与聆听、批判性思考、洞察力、同情心、解决问题的能力等。也就是说，谷歌公司最杰出的一批员工，成功的原因并不是依赖他们的技术水平，而是因为他们具备人文方面的技能，或者说情商。

"人文方面的技能"与文化底蕴息息相关。"人文"简单地说，就是重视人的文化，是指人类文化中的先进与核心部分。习近平总书记指出，"中华文化源远流长，积淀着中华民族最深层的精神追求，代表着中华民族独特的精神标识""优秀传统文化可以说是中华民族永远不能离别的精神家园"。

(二) 传统文化中的安全考量

既然优秀传统文化是中华民族永远不能离别的精神家园，那么做任何工作，都应该从这里出发，让深厚的文化基础，帮助人们看得更远、走得更远。尤其是谈到安全生产工作时，其出发点和落脚点，都会归结到安全文化上。

如何在安全文化中"嵌入"传统文化，是一个值得探索的全新课题。中华传统文化在国人的生活中无时无处不在体现，还常常渗透于思维的各个方面。但由于其往往事关心灵、思想层面，在与实际事物结合时，又很可能呈现出"无用"状态。

无用之用，方为大用。近年来，大力弘扬中华传统文化，成为整个社会的共识。在习近平总书记治国理政的重要思想中，忧患意识和责任意识，是其鲜明的底色，而这恰恰也是安全与应急工作的底色。

国人的安全文化修养水平，与源远流长的中华传统文化息息相关。例如，习近平总书记强调过的一句话"安而不忘危，存而不忘亡，治而不忘乱"，就出自被儒家尊为"五经"之首的《易经》。其原文是："君子安而不忘危，存而不忘亡，治而不忘乱，是以身安而国家可保也。"

习近平总书记《在省部级主要领导干部学习贯彻党的十八届五中全会精神专题研讨班上的讲话》等文章中，引用过一句话："不患寡而患不均，不患贫而患不安。"这是《论语》中，孔子对社会的洞察。孔子认为，民众最大的担忧，不是贫穷，而是"不安"。这个安，可以理解为安居乐业的安，在做安全生产工作时，也可以引申为安全的安。

"中庸之道"是中华传统文化中信奉的做人之根本。这在我们的生活中、与安全相关的事物中，处处有体现。不偏不倚，折中调和的处世态度，是古人靠着自己朴素的思想，由思考而得来的智慧。中庸之道为存续中华文明的血脉与族群发挥了作用。这也从一个方面印证了为什么世界四大古文明中，只有中华文明存续下来。

习近平总书记还曾引用《道德经》中的名句"为之于未有，治之于未乱"再次告诫全党要增强忧患意识，学会"下先手棋"，方能立于不败。对各类优秀文化的培育，正是为"下先手棋"奠定基础。

面对博大精深的中华传统文化，在极为有限的篇幅里，只能针对安全文化建设的目标进行简单梳理，供大家分享与体会。

(三) "安全文化"和"安全与应急培训文化"

安全与应急培训文化是安全文化与培训工作的联结者与承载者。一方面，安全与应急培训文化是安全文化的重要组成部分，二者在精神走向上有很高的契合度。另一方面，安全与应急培训工作是安全文化得以传播的重要途径，通过各类培训才能更好地使安全理念得到广泛传播。

培训文化与安全文化在交汇融合中产生了新的魅力。需要澄清的是，安全与应急培训文化并不是安全与应急文化的简单分支，或有指向的具体化。安全与应急培训文化是安全与应急工作的理念与教育培训理念在这一点上的交汇与融合，是在新的碰撞中的一次升华，二者虽然在精神走向上有很高的契合度，但在具体表现形态上，却有各自不同特点的实践表达。

三、构建安全与应急培训文化

人类创造文化并享受着文化带来的成果,文化反过来熏陶人、塑造人。安全与应急培训文化在很大程度上影响着培训质量的提升与培训效果的体现。

一名合格的培训教师不仅仅需要"传道、授业、解惑",同时也要培养与传播优秀的文化理念,在传播安全与应急文化的同时,通过培训,塑造崭新的安全与应急培训文化。

(一) 安全与应急培训文化的4个层面

借鉴人们较为认可的安全文化阐述,一个良好的安全与应急培训文化体系,同样包括4个层面:

(1) 理念层。其是指教育培训工作的愿景、使命、核心价值观,如培训机构的经营理念、受训者的学习态度、培训教师的培训目的等。

(2) 物质层。其主要包括培训的场地条件、设施条件、先进培训技术的运用情况、培训活动开展的频次与有效性、师资力量的配备等。这些都是体现在物质层面的,需要可量化的人力物力投入的部分。

(3) 制度层。其适合培训机构或具备培训条件的企业,进一步更好地开展培训的有关制度、流程、规范等,在制度上对培训活动给予保障。

(4) 行为层。其主要包括培训的管理与组织者、施训与受训者以及其他相关的人员在培训过程中的行为。尤其是在对培训质量要求与培训结果进行考核时,是否能实事求是、公正无私地以质量与效果作为根本依据。

(二) 安全与应急培训文化的"落地"

成型的安全与应急培训文化,意味着所有的培训相关者在他们的培训工作或考试考核的过程中,基于自身的认知与体验,在培训的态度及行为中所呈现出的风格。这种认知与体验普遍存在于人们心中,组成了在人们相互影响、相互渗透中所形成的安全与应急培训价值观。

这与更广泛意义上的企业文化类似。客户的感受通过企业员工的行为而产生,所以企业文化建设的一个落地点,就是通过文化的导向,来改变员工的行为,使员工的工作行为能够为客户带来最佳的体验,从而能够通过不断提升客户体验而获得更多忠实的客户,以更多忠实的客户促进企业可持续发展。同时,随着企业的可持续发展,进一步推动企业价值提升与股东价值回报,实现永续经营的目标。

安全与应急培训文化虽未完全成熟,却因新生而充满活力,是优秀文化培育的一个"机遇"。安全与应急培训文化的构建,应包含以下几个方面:

(1) 构建安全与应急培训愿景。

无论是培训机构还是自行开展培训的企业,都应有清晰的培训目标,有对培训效果尽可能高远的期待。为了由"虚"到"实",可以在充分研究并讨论的基础上,建立一个实实在在的文本,对整体的培训战略进行尽可能详尽的文字性描述,并进行一定的诠释。这个过程既是一种记录,也是一种构建。

例如对企业来说,在具体的培训效果以及即将实施的培训战略中,对管理层的培训期望是什么?对员工的培训期望又是什么?对师资的要求是什么?对所有培训相关人员的行为方式有哪些规范要求？将这些内容组合在一起，形成一本企业安全培训文化手册，有条件的企业同时可以在企业内部进行宣传灌输，如体现在企业内刊、办公环境布置、文化展板、文化墙制作等当中，从形式上构建一个尽可能完整的企业安全与应急培训文化形态。

（2）落实安全与应急培训工作制度。

通过一系列的建设活动，把停留于理念层面的愿景，总结并融入制度层面，并与施训者与受训者的实际行为相结合。可以说，完善的培训工作制度的落实，是安全与应急培训文化建设的初步落地，将在员工对安全与应急培训的认知过程中，进一步丰富其理念并进一步完善。

文化的构建，是为了提升员工接受安全与应急培训的自觉性，需要员工被激发一种自内而外的自省能力。这种能力，本应该从人性的自我觉察、自我觉悟的根本能力上去培养，这个才是文化应有的范畴。

但在优秀的安全与应急培训文化尚未成熟，一些企业与员工的认知尚存在薄弱环节的情况下，认真制定各种严格的规章制度，落实各项责任，开展高质量的教育和培训活动等，都是必要的。通过制度的定位、规范，使安全与应急培训的正确理念逐渐形成，并成为自身潜移默化的部分，为文化的萌生奠定基础。

（3）形成高质量的培训规划、实施与考核闭环。

安全与应急培训文化建设有其特殊性，由于其创建与实施对象目前往往在企业，所以一般以企业相关工作进行考量。

安全与应急培训文化同企业文化建设的基本思路类似，需要将企业的安全与应急管理融入培训实践当中。其中，安全与应急培训文化落地的程序和路径非常重要，应结合安全与应急工作的专业技术特点，在精心设计中全力推进。只有当所有的安全与应急培训管理制度、流程，都融入了企业的核心价值观中，安全与应急培训文化才有可能逐步成型，并成为企业文化的一个有力支撑，在企业发展过程中起到积极的保障作用。

当安全与应急培训工作仍然是一种责任、一种工作任务的时候，意味着相关的工作还在进行当中，甚至只是刚刚起步。只有当培训相关各方都将安全与应急培训当作一种自觉的思想和意识的时候，才是文化开始萌芽和成长的时候。

四、培训教师——先进文化的传播者

任何文化都有先进、落后、腐朽甚至反动之分。文化的积极影响，是通过塑造人的道德情操、提高人的内在素养来实现的，优秀的培训文化对安全与应急培训将会起到良好的促进作用，对教师与学员的个体提升也会起到积极的作用。而陈旧的培训理念，甚至在培训与考试过程中的形式主义、弄虚作假，所起到的破坏作用显而易见。

对于培养人、教育人的教师来说，在优秀文化的传播方面，始终被赋予了特殊的任务与使命，其主要有以下几个方面：

（一）教师有传播先进培训文化的使命

安全与应急培训教师作为教师队伍中的一员，需要关注并学习教育部正式印发实施的有关各类教师职业行为规范的文件。这些文件的颁布，对教师提高政治素质、传播优秀文化、积极奉献社会等方面提出了明确要求，目的是为了加强师德师风建设，为教师严格自

我约束、规范职业行为、加强自我修养提供基本遵循。

教师作为经常性教学工作的实施者，必须保持"有信念、有责任、有作为"的精神状态，在传授专业知识的同时，还要用科学的理论武装学生，用渊博的知识教育学生，用优良的风范影响学生，用崇高的精神塑造学生，这正是传播发展先进文化的题中之义。

（二）教师有传播先进培训文化的手段

改革创新是发展前进的动力，也是目前安全生产与应急管理工作急需的精神状态。培训教师要紧紧追踪形势任务的发展，以对党和人民负责、对学员负责的精神，了解用人单位需求与学员发展需要，遵循教学规律和人才培养规律，不断地推进教学改革和学术创新，在增强教学的针对性、指导性、操作性和有效性的同时，传播先进的培训文化理念。

一是优化教学内容。及时将本专业的新情况、新内容、新方法、新手段、新经验吸收到教学中来，不断整合，吐故纳新，使教学内容充满时代气息和生动新意。

二是优化课程设置。根据本机构或院校的师资力量、培养目标、各专业特点，及时对课程设置做调整，突出专业优势，有利于学员了解最新的安全生产管理发展方向，有更大的独立思考空间。

三是改进教学方法。应灵活运用研讨式、学导式、案例式、答辩式、报告式等教学方法，切实改变"满堂灌"的单调教学模式，活跃教学气氛、形成教学互动，促进学学相长、教学相长，使正确的培训理念深入学员心中。

四是创新完善教学形式。不断完善、规范和运用模拟仿真、实操教学、第二课堂等行之有效的形式，深化第一课堂的教学，突出素质能力的锻炼，用先进文化占领学员的思想阵地，从而提高学员安全与应急知识及能力素养，培养他们与之相关的思维能力、学习能力、组织能力与管理能力。

还有其他许多举措与手段，既是践行应急管理改革与创新、传播先进文化理念、培养合格人才的重要内容，也是有效载体，又是关键环节。作为培训教师，应掌握并熟练运用相关的教学技能，在改革创新中传播和发展先进文化。

（三）教师有传播先进培训文化的动力

在教育培训工作中，人们越来越深刻地认识到教师是诸多要素中最为能动的要素。教师对学生的实际影响力要比以前我们理解的广泛且长远。要促进学生的发展，必须追求教师的发展。这一切，都为当今教师的专业发展提供了一个更宏远的视野、更深刻的理由和更广阔的空间。在这个空间中充分展现自身的职业精彩，是每一名优秀教师向往并渴望的。

尤其是当安全与应急培训工作正经历着鱼龙混杂与逐步规范、固守传统与积极创新的矛盾与冲突中，社会各界对培训工作的期望值越来越高，这些期望很大程度上直接或间接地被寄予教师身上。教师塑造优秀培训文化的意愿与能力，决定着整个培训事业的走向与水平，决定着自身的职业发展与提升，已成为广大培训教师自身的强烈诉求。

（四）教师应增强营造浓郁培训文化氛围的能力

教师作为培训文化的塑造者，自身的文化感知能力非常重要。提升自身文化素养的方法很多，尤其是安全生产与应急管理工作的自身特性，使其与热爱生命、以人为本息息相关。而世界上所有伟大的哲学、宗教与艺术，无一不是起源于对生命的热忱，以及人类对死亡饱含的敬意。

西方的苏格拉底认为哲学就是"习死之学",如果把死亡看明白了,生命当中的许多东西就放下了,如名与利、熙熙攘攘地来与往。放下这些,生命才能更通透、更自由、更美好。

而表现在中国传统文化中,形态却截然相反。正因为敬畏,中国人在生活中却忌讳谈生死。子路曾经请教孔子关于死的问题,孔子说:"不知生,焉知死。"意思是说,要先把活着的事儿搞明白了,才能搞明白死亡的事。

所以,了解并熟悉中国传统文化常识,理解国人有关思维方式,是其中的一个有效途径。教师可在自身学习并研究传统文化的基础上,通过一定的方式将其溶解并融入培训内容中,使安全文化与传统文化等高,使安全文化带着传统文化的印记,植根于全体员工心里。当传统文化被"植入"安全文化范畴,安全与应急培训文化也会在成长与成熟中逐渐萌生。

文化传统不同,思维方式与行为便有所不同,这里没有绝对的优劣与高低之分,需要对角度的精准把握。角度对了,就能找准着力点,就能四两拨千斤。所谓的传统文化的"植入",实际上是一种包容与理解,一种更好的接受与表达。

总体来说,对安全与应急培训教师的要求,离不开与时代精神的相通,多层复合结构的专业素质,胜任社会高要求的理解和沟通能力以及培训管理能力与教学研究能力等。一些学者认为,教师的职业理想是其献身于教育工作的根本动力,教师的知识水平是其从事教育工作的前提条件,教师的教育观念是其从事教育工作的心理背景,教师的教学监控能力是其从事教育教学活动的核心要素,教师的教学行为是其素质的外化形式。安全与应急培训教师同样应具备以时代精神为主体的思想品德修养,具备"学为人师,行为世范"的崇高理念,增强以人文学科知识为内涵的文化修养,建设以开拓创新为核心的自身能力。

参 考 文 献

[1] 史丹,李晓华,李鹏飞."十四五"时期中国工业发展战略研究[J].中国工业经济,2020.
[2] 任仲文.应急管理领导干部读本[M].北京:人民日报出版社,2020.
[3] 王宏伟.新时代应急管理通论[M].北京:应急管理出版社,2019.
[4] 邹贵亮.运用"π"理念推进应急管理体系和能力现代化[N].中国应急管理报,2020-03-17(7).
[5] 吴超,孙胜,胡鸿.现代安全教育学及其应用[M].北京:化学工业出版社,2016.
[6] 周正勇,周彪.职业培训师修炼之道[M].北京:中国铁道出版社,2017.
[7] 吕世兴,孙之鹏.中国煤炭职工教育史:1949—1999[M].北京:煤炭工业出版社,2010.
[8]《劳动保护》编辑部.劳动保护安全生产60年大事记(一)(1949—1959)[J].劳动保护,2009.
[9] 国家安全生产应急救援指挥中心.安全生产应急管理[M].北京:煤炭工业出版社,2007.
[10] 钱洪伟.我国应急管理教育事业发展历程及展望[J].中国急救复苏与灾害医学杂志,2019.
[11] 夏保成.起步与探索:我国的应急管理教育历程[J].科技促进发展,2010.
[12] 李雪峰,等.应急管理通论[M].北京:中国人民大学出版社,2018.
[13] 夏凤琴,姜淑梅.教育心理学[M].北京:清华大学出版社,2015.
[14] 陈素明,高福辉,王立志.以能力建设为基础的现代培训[M].北京:中国石化出版社,2006.
[15] 陈国海,霍文宇.员工培训与开发[M].北京:清华大学出版社,2019.
[16] 任康磊.培训管理实操从入门到精通[M].北京:人民邮电出版社,2019.
[17] 马成功,梁若冰,鲍洪晶.培训管理从入门到精通[M].北京:清华大学出版社,2019.
[18] 李经合.企业培训机构功能与定位的发展模式探索[J].石油教育,2011.
[19] 韩鹤进,黄梅.高校与企业在产学研合作中的角色定位[J].中国高校科技,2015.
[20] 周荣江.企业培训中心的定位与发展[J].梅山科技,2006.
[21] 曹成刚,杨正强.基于校企深度合作的新生代农民工教育培训探析[J].高等农业教育,2014.
[22] 张华,张骥.风险管理之屏障思维[M].北京:应急管理出版社,2020.
[23] 黄荣怀,陈庚,张进宝.网络课程开发指南[M].北京:高等教育出版社,2010.
[24] 周元春,杨毅.基于ADDIE模型的中职微课教学设计[J].教育信息技术,2020.
[25] 李春榆,张倩苇.基于SAM敏捷迭代模型的在线课程设计与开发策略研究[J].电脑知识与技术,2018.